현장실무에서 관리자들이 꼭 알아야 할 NCS 기반

# 식품위생관리

이진미 저

현장실무에서 관리자들이 꼭 알아야 할 NCS 기반

# 식품위생관리

# 머리말

외식산업에서의 위생관리 목적은 고객에게 제공하는 음식으로 인해 발생하는 건강상의 위해로부터 고객들을 보호하는 것으로 볼 수 있습니다. 일반 외식업소인 호텔 및 레스토랑, 단체급식소에서 발생하는 위생사고는 대형사고의 특성을 지니게 되며, 인명에도 영향을 줄 수 있는 중요한 사안입니다. 따라서 위생관리는 고객만족경영의 제일 우선 조건으로서 그 중요성이 부각되고 있는 실정입니다. 외식산업 관리자들은 위생관리에 관련된 기본 지식을 숙지하고 실천할 수 있어야 하며, 외식업소에서는 위생시스템 환경 조성에 대한 끊임없는 시설 투자와 교육 여건을 마련해야 합니다.

기존에 발간된 식품위생 관련 책들이 많이 있지만, 본서에서는 현장실무에서 종업원들이 꼭 알고 있어야 하는 내용과 미국 레스토랑협회(National Restaurant Association : NRA)의 위생교육 자료집을 참고로 현장 준비를 하고 있는 미래의 외식산업 관리자들이 꼭 알아두어야 할 내용을 핵심적으로 구성하였습니다.

특히 NCS(국가직무능력표준, National Competency Standards)에서 규정하고 있는 음식조리서비스와 식품가공분야 공통능력단위인 위생관리, 안전관리, 위생 및 안전총괄에서 정의하고 있는 능력단위요소를 포함하도록 구성되어 있습니다.

현장에서 필요로 하는 위생 전문인력을 위한 기초 교육자료로 활용되었으면 하는 바람과 함께 책 집필에 도움을 주신 분들께 고마운 마음을 전하며, 기회를 허락해 주시고 능력을 주신 하나님께 깊은 감사를 드립니다.

2016년 2월

이진미

식품위생관리

# Contents

식품위생관리

# Contents

Chapter 12

## 위생 및 안전총괄(안전관리) · 241

현장실무에서 관리자들이 꼭 알아야 할 NCS 기반 **식품위생관리**
Essentials of Safety & Sanitation for Foodservice Employees

- 식품위생의 정의
- 식품안전 관련요소
- 식품위생 관련법규의 목적
- 식품의 위해성 요인
- 식품위생 관련기관

# 외식산업에서의 식품위생관리의 중요성 | 01

# 01 외식산업에서의 식품위생관리의 중요성

외식을 할 때 고객들은 안전한 식품을 깨끗한 환경에서 먹기를 기대한다. 위생(sanitation)이란 라틴어의 'sanitas'로 건강을 의미하는데, 급식소에서 위생은 식품이 질병을 유발하는 물질(미생물이나 다른 해로운 물질)에 오염되지 않도록 취급하거나 조리하여 고객에게 안전한 상태로 공급하는 것을 의미한다.

과거에는 더운 여름철에만 발생했던 위생사고가 오늘날 현대사회에서는 1년 내내 보고되고 있다. 이러한 사고 발생의 증가는 수입식품, 새로운 식중독균, 유전자 조작식품, take-out 식품의 증가, 노인인구증가, 종업원 이직률 증가에 따른 훈련의 결핍 등이 요인으로 작용하여, 위생사고의 위험성이 높아지고 있다.

식품위생은 식품의 성장, 생산, 제조로부터 최종적으로 사람이 섭취하기까지의 모든 단계에 걸친 식품의 안전성, 건전성 및 완전 무결성을 확보하기 위하여 필요한 수단으로 정의될 수 있으며, 우리나라에서는 1962년에 식품위생법으로 공포되어 계속 개정되어 오고 있다.

식품위생법 제1조에서 명시한 바와 같이 이 법은 식품으로 인한 위생상의 위해 방지와 식품영양의 질적 향상을 도모함으로써 국민 보건의 증진에 기여함을 목적으로 한다. 식품위생관리를 제대로 시행하지 않을 경우의 비용 손실 측면을 살펴보면 고객감소와 매출감소, 대중전파로 인한 이미지 상실, 법정 소송, 보험료 인상, 종업원 사기 저하로 인한 이직률 증가, 이에 따른 재훈련비용의 증가 등을 고려할 수 있다. 최근 위생은 식품 안전 시스템(food safety system)의 한 부분으로 식중독을 유발하는 요인을 중점적으로 관리하는 것을 주 내용으로 하고 있다.

음식물의 안전성과 관련된 요소는 다음의 3가지로 분류할 수 있다.

① 식품 : 모든 식품은 안전하지 않으며, 납품 시 식품(특히 동물성 식품)은 세균에 오염되어 있을 수 있다. 식재료가 들어왔을 때부터 저장, 조리, 공급을 위생적으로 해야 한다.

② 사람 : 가장 위험한 요소가 될 수 있다. 조리원에 대한 철저한 위생교육과 훈련뿐만 아니라 고객의 비위생적인 행동에 대한 대책을 마련해야 한다.

③ 기구·설비 : 비위생적인 작업 환경과 부적절한 기구, 설비를 적절히 개선해야 한다.

**▣ 다음의 문항에 대하여 맞으면 T, 틀리면 F로 표시하세요.**

- 제대로 씻지 않은 손은 식중독을 발생하게 하는 원인이 될 수 있다. ( )
- 오염된 식품을 섭취했을 때 유치원생들이 어른보다 식중독 발생 확률이 더 높다. ( )
- 날 닭고기를 만지고 손을 씻지 않은 상태에서 요리한 닭고기를 만질 경우 교차 오염 가능성이 있다. ( )
- 식중독 발생 우려가 높은 식품은 마른 식품, 단백질 함량이 낮은 식품, 산이 강한 식품이다. ( )

답 : T, T, T, F

식품위생 관련법규의 목적은 식품에서 발생할 수 있는 위험으로부터 국민을 보호하기 위한 것이다. 이것은 최소한 기준이며 강제력을 가지고 있으므로 급식관리자는 이 법규사항을 반드시 지켜야 하며, 위생과 관련된 표준을 지속적으로 보장하려는 노력을 해야 한다.

식품의 위해성 요인은 식중독과 감염병, 기생충, 위생해충 등이며, 식품 자체의 발암성 물질, 화학성물질, 식품첨가물 등 다양한 원인물질에 의해서도 생성된다. 생성 요인별로 분류하면 내인성, 외인성, 유기성으로 구별할 수 있다.

① 내인성 : 식품의 원재료 자체에 함유되어 있는 유독·유해성분으로 복어독, 마비성 조개독, 시안 배당체, 버섯독 등이 대표적인 예이다.

② 외인성 : 생육·생산·제조 및 유통과정 중에 외부에서 혼입되거나 이행된 것으로 세균성

식중독, 곰팡이독, 경구감염병균, 기생충, 유해성 식품첨가물, 잔류농약, 용기·포장재의 유독성분, 환경오염으로 인한 유독성분 등이 대표적인 예이다.

③ 유기성 : 식품의 제조·저장과정 중의 반응생성물, 유독·유해성 물질을 의미한다.

### ♣ 식품위생 관련기관

**식품의약품안전처(www.mfds.go.kr)**

2013년 식의약안전관리 컨트롤타워로 식품의약품안전청에서 식품의약품안전처로 정부조직이 개편되어 식품영양안전국, 농축수산물안전국, 의약품안전국, 바이오생약국, 의료기기안전국으로 나뉘어 업무를 보며, 식품영양안전국에서 영양안전정책, 식생활안전, 식중독예방, 신소재식품과로 나뉘어 담당하고 있다.

# 식품오염 영향 요소 | 02

# 02 식품오염 영향 요소

## 1. 미생물의 정의

자연계에서 육안으로는 볼 수 없고 현미경의 도움으로 관찰할 수 있는 작은 생물을 미생물이라 한다. 식품위생학에서 취급하는 미생물은 주로 세균, 곰팡이, 효모, 원생동물, 조류 및 virus 등의 병원 미생물이다. 각종 미생물의 크기를 【그림 2-1】에 나타내었다.

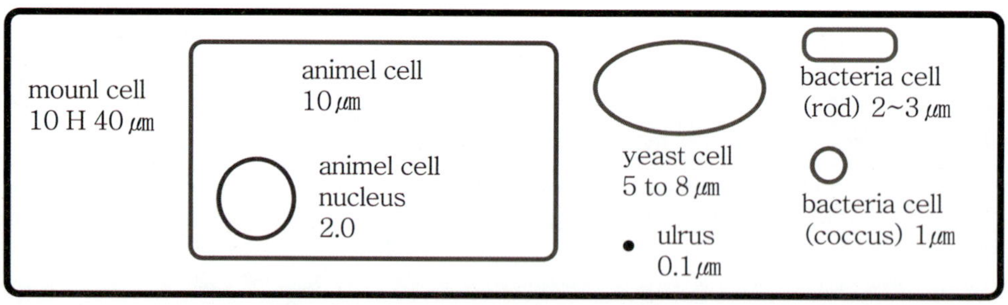


【그림 2-1】 미생물의 크기

거의 모든 식품은 토양과 물, 식물, 식품기구, 소화기관, 식품취급자, 동물사료, 동물의 가죽, 공기와 먼지 등의 오염원으로부터 끊임없이 오염되기 때문에 균이 없는 것은 거의 없다고 할 수 있으며, 각각의 식품에는 고유의 미생물총(microflora)이 있다. 그러나 일반적으로 비병원 미생물이라서 식품위생상 큰 문제가 되지는 않는다. 다만 병원미생물이 오염되면 식품 위생상 문제가 된다.

대부분의 미생물은 사람이나 일반 생물에 대하여 무해하지만 숙주에 기생하여 장해를 주거나 질병(diseases)을 유발할 수 있다. 그리고 유기물의 부패(putrefaction) 및 지구상의 물질순환에 관여하며, 발효(fermentation)를 통한 식품산업에서의 응용, 유용물질의 생성에 크게 기여하고 있다.

### (1) 고유의 미생물총(*microbial flora*)

음식에서 발생할 수 있는 미생물은 유익성(benefical), 병원성(pathogenic), 부패성(cause spoilage) 3종류가 있다. 유익성을 가진 미생물은 이스트나 젖산박테리아를 통해 발효과정을 거쳐 새로운 음식이나 식재료를 만들어 낼 수 있다. 부패성 미생물은 효소활동을 통하여 향, 조직감 또는 색이 변하게 한다. 병원성 미생물은 중독 또는 감염의 형태로 인간의 질병을 유발할 수 있다.

미생물은 세균(bacteria), 곰팡이(mold), 효모(yeast), 바이러스(virus) 등으로 구성되어 있다. 미생물은 최적 발육 산소조건에 따라 호기성, 미호기성, 통성 혐기성, 절대 혐기성균으로 나누어지며, 증식온도에 따라 고온균(thermophiles : 45~75℃), 중온균(mesophiles : 20~45℃), 저온균(psychrophiles : 0~20℃) 등으로 나뉜다. 수소이온 농도에 따라 세균은 중성에서 잘 생육하고 효모와 곰팡이는 약산성(pH 5.0~6.0)에서 잘 생육한다. 수분의 요구성에 따라 건조한 환경에서는 곰팡이가 가장 강하고 다음으로 효모, 세균의 순이다. 탄소원, 질소원, 무기물, 비타민류 등의 영양성분이 생육을 위해 필요하다.

## 2. 세균

식중독을 일으키는 세균의 기본 특성은 다음과 같다.

### ♣ 식중독을 일으키는 세균의 기본 특성

- 원시핵세포를 가지고 있는 하등의 단세포 생물이며 2분열법에 의해서 증식한다.
- 식품, 물, 인간, 곤충 등 다양한 경로를 통해 감염된다.
- 일부 박테리아는 냉동환경에서도 살아남는다.
- 포자를 형성하기도 한다.
- 식품 부패를 유발하기도 하고 질병을 초래하기도 한다.
- 증식하면서 독소를 생성하기도 한다.

세균이 성장하기 위해서는 다음의 조건이 필요하다.

### ♣ 세균이 성장하기 위한 조건

FAT TOM

- Food(식품), Acidity(산도), Time(시간), Temperature(온도), Oxygen(산소), Moisture(수분)
  – 식품, 적절한 산도, 적정한 온도, 적정한 시간, 적정한 산소, 충분한 수분

세균은 형태에 따라 구균(coccus), 간균(rod), 나선균(spirillum)으로 나뉜다. 구균은 그 세균의 배열에 따라 단구균, 쌍구균, 사련구균, 팔련구균, 포도알구균, 연쇄상구균 등으로 나뉜다.

또한, 세균은 형태학적으로 편모를 가지는 세균과 가지지 않는 세균으로 나눌 수가 있다. 즉, 세포의 한끝에 1개의 편모가 부착된 것은 단모균, 양끝에 각각 1개씩 부착된 것은 양모균, 세포의 한끝 또는 양끝에 다수의 편모가 부착된 것은 속모균, 균체 주위에 많은 편모가 부착된 것은 주모균이라 한다. 세균 분류 기준의 하나는 Gram 염색법(Gram's stain)으로 양성균과 음성균을 구별한다.

세균은 공기, 물, 흙 등 어느 곳에나 존재하며 수분이 많은 식품을 잘 변질시킨다. 세균은 순수한 물이나 순수한 고체, 건강한 동식물 조직 내에는 존재하지 않는다. 세균은 산성 내에서

생육이 억제되며 중성과 약알칼리 영역에서 잘 자란다. 내열성과 내건성이 높은 휴면상태의 포자를 형성하는 *Bacillus*속, *Clostridium*속 등의 세균도 있다. 병원성 대장균, 병원성 비브리오, 장티푸스균, 살모넬라균 등의 대부분의 병원성 세균은 중온균에 속한다. 세균은 Gram 염색반응에 따라 Gram 양성균과 Gram 음성균으로 분류되며 대표적인 미생물은 다음과 같다.

### (1) *Bacillus*속

호기성 또는 통성 혐기성의 포자를 형성하는 Gram 양성 간균이며 중온균도 있고, 고온균도 있다. 토양, 공기 등 자연계에 널리 분포하고 있으며, 이 균의 포자는 80~100℃에서 수 분 ~ 수십 분 가열해도 사멸하지 않고, 가열처리한 식품을 부패시키는 균도 있다. 여름철에 밥이나 빵을 방치하였을 때 부패가 일어나는 것은 가열할 때 살아남은 포자가 발아해서 증식하기 때문이다. 전분질 식품에서 급속히 증속하여 전분을 분해하며 산을 생성하고, 콩류나 가열 어패류 등 단백질 식품을 부패시키는 경우에는 암모니아를 생성한다. 대표적인 균종은 *Bacillus subtilis*로 전분질 식품에 우세하며 28~40℃가 발육의 적온이다. *B. licheniformis*는 빵의 rope 현상을 일으킨다. *B. cereus*는 김밥 등에 증식하여 식중독을 일으키기도 하며, *B. anthracis*는 인축공통감염병인 탄저병의 원인균이다. *Bacillus coagulans*는 병조림 식품, 햄, 소시지 등과 고온 보존된 어육소시지의 부패균으로 문제가 되고 있다.

**표 2-1** 바실러스균

| 항목 | 내용 |
|---|---|
| 미생물 | 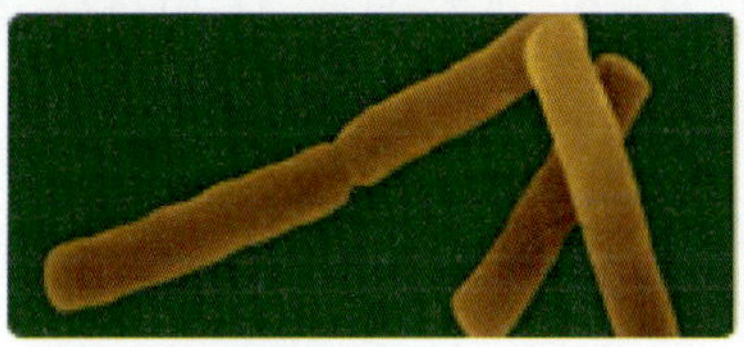 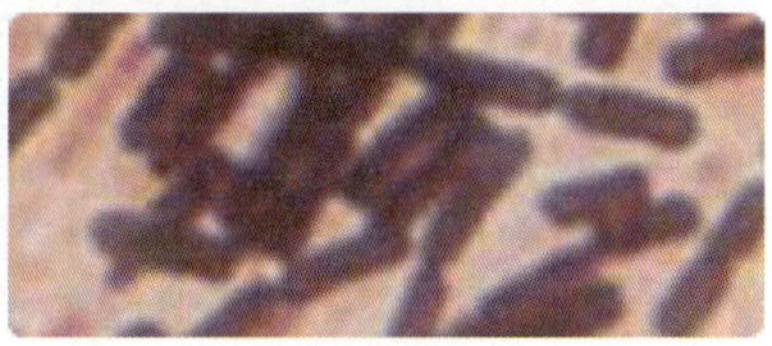 |
| 특성 | • 토양 세균의 일종으로 사람의 생활환경을 비롯하여 토양, 농장, 산야, 하천, 먼지, 오수 등 자연계에 널리 분포하고 있다.<br>• 바실러스 세레우스는 135℃에서 4시간의 가열에도 견디는 내열성의 포자를 형성하는 Gram 양성의 호기성 간균으로 편모를 갖고 있다.<br>• 바실러스 세레우스가 생산하는 설사형 독소(diarrhetic toxin)는 장내에서 생성되는 열, 산, 알칼리, 단백질 가수분해 효소에 민감한 반면, 구토형 독소(emetic toxin)는 예외적으로 열(126℃에서 90분 이상 동안), 산, 알칼리, 단백질 가수 분해효소에 저항력을 갖는다. |

| 발병시기 | 구토형(1~5시간), 설사형(8~15시간) |
|---|---|
| 주요증상 | 구토형 증상은 메스꺼움, 구토, 복통, 설사 |
| 원인식품 | 설사형은 향신료 사용 요리, 육류 및 채소의 수프, 푸딩 등이 대표적 원인 식품이고, 구토형은 주로 쌀밥, 볶음밥 등이 원인이다. |
| 감염원 및 감염경로 | 토양 상재균으로 자연계에 널리 분포하며 토양과 밀접한 관계가 있는 식품 원재료와 그 가공조리식품이 식중독 원인식품이다. |
| 예방대책 | • 곡류, 채소류는 세척하여 사용해야 한다.<br>• 조리된 음식은 장기간 실온방치를 금지하고, 4℃ 이하에서 냉장 보관한다.<br>• 저온보존이 부적절한 김밥 같은 식품은 조리 후 바로 섭취해야 한다. |

출처: 식품의약품안전처

### (2) *Clostridium*속

Gram 양성의 간균으로 내열성이 강한 아포를 형성하는 세균으로 중온성과 호염성 균이 포함되어 있다. 주모균으로 운동성이 있으며 토양에 널리 분포되어 있고 절대혐기성균이므로 멸균이 불완전한 통조림 식품이나 햄, 소시지 등에서 문제가 된다. *Clostridium botulinum*의 포자는 내열성이 강하고, 균종에 따라 강한 독소를 생성하므로 통조림 살균의 제일 큰 목적은 이 균의 포자를 죽이는 데 있다. 이밖에도 *C. perfringens*, *C. tetani* 등도 식중독이나 병원성 세균이다. *C. thermo saccharolyticum*균은 탄수화물을 분해시키는 내열성균으로 통조림 식품의 품질 변화의 원인균이기도 하다. *Bacillus*속과 마찬가지로 *Clostridium*속의 포자는 열이나 건조에 대하여 저항성이 강하므로 적당히 가열처리한 가공식품에서는 아포가 생존·증식하여 식품의 품질을 떨어뜨리므로 식품의 제조·보존 시 위생상 중요하게 취급된다. 우리나라에서는 식품 중 포자형성균에 대한 규제가 없으나, 일본에서는 식품 등에 첨가하는 설탕 등에 대하여 아포 수의 기준이 정해져 있다. 우리나라에서는 1995년, 먹는 샘물은 아포형성 아황산환원 혐기성균 음성일 것을 규정하여 지도·감독하고 있다.

**표 2-2** 보툴리눔균

| 항목 | 내용 |
|---|---|
| 미생물 | 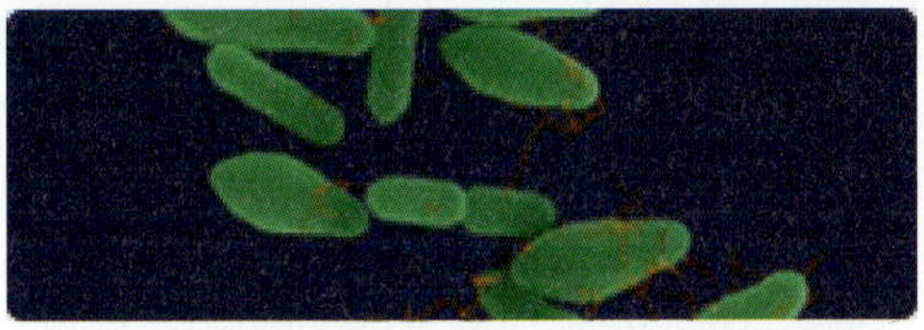 |
| 특성 | • Gram 양성의 편성혐기성 간균이며 세포 한쪽 끝에 난 원형의 아포를 형성하며 운동성이 있다.<br>• 항원성에 따라 A, B, $C_1$, $C_2$, D, E, F 및 G형 등 8종의 독소가 있으며 사람에게 식중독을 일으키는 것은 A형, B형, E형 및 F형 균으로 A형이 가장 치명적이다.<br>• 독소는 매우 독성이 강하여 마우스 경구 치사량은 0.001㎍이며 0.1㎍ 정도로 인간에게 중독을 일으킬 수 있으나, 열에 불안정하여 80℃, 20분과 100℃, 1~2분 가열로 파괴된다. |
| 발병시기 | 8~36시간 |
| 주요증상 | 현기증, 두통, 신경 장애, 호흡 곤란 |
| 원인식품 | • 통조림, 병조림, 레토르트 식품, 식육, 소시지 생선 등이 있다.<br>• 통조림, 햄, 소시지, 육제품의 소비가 많은 구미에서는 A형, B형 균에 의한 식중독이 많고, E형 균은 일본, 캐나다, 러시아, 스칸디나비아 제국 등에서 주로 발생한다. |
| 감염원 및 감염경로 | • 토양, 바다, 개천, 호수 및 동물의 분변에 분포하며 어류, 갑각류의 장관 등에도 널리 분포해 있다.<br>• 이 균에 오염되어 있는 육류, 채소, 어류 등의 식품 원재료를 부적절하게 처리하면 포자가 사멸하지 않고 생존하게 되며 환경조건이 혐기적일 때 아포가 발아하여 증식하면서 식중독을 발생시킬 정도의 독소를 생산하게 되어 식중독을 유발한다. |
| 예방대책 | • 식품 원재료에는 포자가 있을 가능성이 높으므로 채소와 곡물을 반드시 깨끗이 세척하고 생선 등 어류는 신선한 것으로 조리해야 한다.<br>• 식품 원재료를 가공(조리) 및 기타 통조림·병조림으로 제조할 때에 120℃에서 4분이나 100℃에서 30분간 가열하여 포자를 완전히 사멸시켜야 한다.<br>• 이 균의 독소는 단시간의 가열로 불활성화하므로 이 식중독을 예방하려면 통조림·병조림 및 기타 저장식품도 반드시 가열 후 섭취해야 한다. |

출처: 식품의약품안전처

## (3) *Vibrio*속

이 균은 Gram 음성으로 포자를 만들지 않는 주모성의 편모를 가진 간균이고 균의 증식에 나트륨이온($Na^+$)이 필요한 호염성인 $Na^+$균과 $Na^+$이 없는 담수에서도 증식할 수 있는 비호염성균으로 나눌 수 있다. 호염성인 균종에서 대표적인 것이 장염비브리오라고 불리는 *Vibrio parahaemolyticus*, 패혈증 비브리오균인 *V. vulnificus*이다. 장염비브리오균은 우리나라와 일본에서, 특히 하절기 어패류에 의한 식중독 원인의 대부분을 차지한다. 그 이유는 우리나라 사람들이 생선회 등 살아 있는 어패류를 먹는 습관이 있기 때문이다. $Na^+$이 없는 곳에서도 증식할 수 있는 종류는 *V. cholerae, V. mimicus*가 있고, 콜레라는 *V. cholerae*에 의해 발병한다.

**표 2-3** 장염비브리오균

| 항목 | 내용 |
|---|---|
| 미생물 | 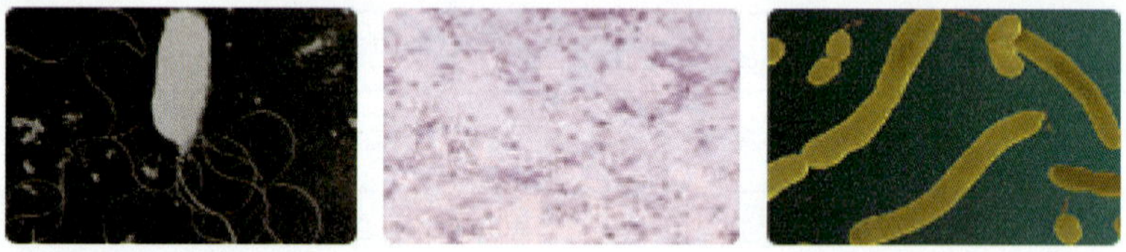 |
| 특성 | • 해수세균의 일종으로 2~4%의 소금물에서 잘 생육하며 해수온도가 15℃ 이상이 되면 급격히 증식한다.<br>• 짧은 쉼표 모양의 형태를 나타내며, 포자와 협막은 없다. |
| 발병시기 | 평균 12시간 |
| 주요증상 | 복통, 설사, 발열, 구토 |
| 원인식품 | 어패류, 생선회, 수산식품(게장, 생선회, 오징어무침, 꼬막무침 등) |
| 감염원 및 감염경로 | • 해수 중에 서식하는 장염비브리오균의 증식이 적합한 하절기에 근해의 오징어, 문어 등 연체동물과 고등어, 아지 등 어류, 조개 등 패류의 체표와 내장, 아가미 등에 부착해 있다가 근육으로 이행되거나 유통과정 중에 증식하여 식중독을 일으킨다.<br>• 특히 어패류의 체표와 내장 및 아가미 등에 부착되어 있다가 이를 조리한 사람의 손과 기구로부터 다른 식품에 2차 오염되어 식중독을 발생시키기도 한다. |
| 예방대책 | • 어패류는 수돗물로 잘 씻고, 횟감용 칼과 도마는 구분하여 사용해야 한다.<br>• 오염된 조리 기구는 세정, 열탕 처리하여 2차 오염을 방지해야 한다.<br>• 가능한 한 생식을 피하고, 이 균은 60℃에서 5분, 55℃에서 10분의 가열로써 쉽게 사멸하므로 반드시 식품을 가열한 후 섭취한다. |

출처: 식품의약품안전처

## (4) *Listeria*속

아이스크림이나 수산냉동품 등에서 검출되는 Gram 양성균인 *Listeria monocytogenes*가 식중독균으로 알려져 있으며, 일반 병원균이 발육할 수 없는 5℃에서도 증식할 수 있는 특성을 가지고 있다. 식품 표면에 부착하면 biofilm을 형성하여 세척해도 잘 제거되지 않으므로 저온 식품의 위생상 매우 중요하고 냉장이나 냉동식품 수·출입 시에 검사항목으로 요구될 때가 많다.

**표 2-4 리스테리아균**

| 항목 | 내용 |
|---|---|
| 미생물 | 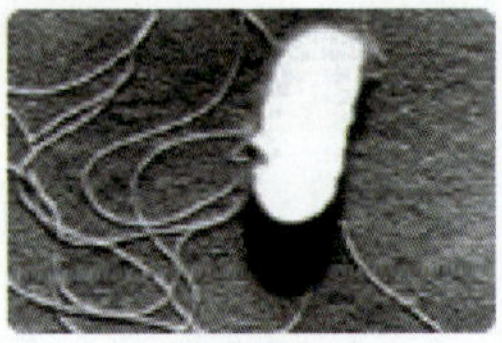 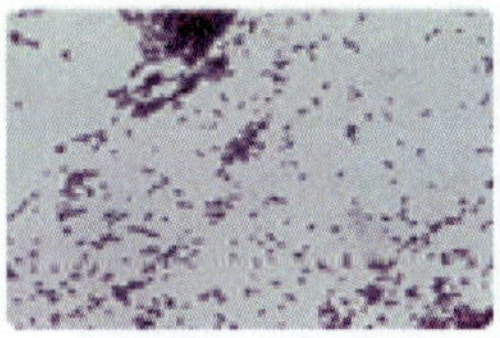 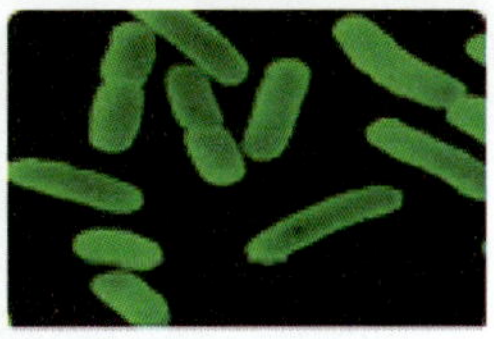 |
| 특성 | • Gram 양성의 통성 혐기성균으로 주모성 편모를 이용하여 움직인다.<br>• 인수공통 병원균으로 냉장온도에서도 생존하여 증식할 수 있으나 일반적으로 냉동 온도인 −18℃에서는 증식하지 못한다. |
| 발병시기 | 9~48시간(위관장성), 2~6주(침습성) |
| 주요증상 | 발열, 근육통, 오심, 설사 |
| 원인식품 | 원유, 살균처리하지 아니한 우유, 핫도그, 치즈(특히 소프트치즈), 아이스크림, 소시지 및 건조소시지, 가공·비가공 가금육, 비가공 식육 등 식육제품과 비가공·훈연생성 및 채소류 등이 있다. |
| 감염원 및 감염경로 | 부적절한 축산제품의 취급·처리 및 적절하지 못한 물의 사용(재배·처리) 등으로 오염되며 자연환경에 널리 분포되어 있기 때문에 근본적 오염방지는 어려우나 위생적으로 식품 제조 및 취급 시 이로 인한 위해를 줄일 수 있다. |
| 예방대책 | • 살균하지 않은 우유를 섭취하지 말아야 한다.<br>• 냉장 보관 온도(4℃ 이하) 관리를 철저하게 해야 한다.<br>• 고염농도, 저온상태의 환경에서도 잘 적응하여 성장하기 때문에 균의 오염 예방이 매우 어려우므로 식품 제조 단계에서의 균의 오염방지 및 제거가 가장 최선의 방법이다. |

출처: 식품의약품안전처

## (5) *Salmonella*속

*Salmonella*속 세균은 자연계에 널리 분포하고 있는 세균으로서 장내 세균과에 속하는 Gram 음성, 아포를 생성하지 않는 간균으로 그 종류가 많은데 혈청형별로 세분화하면 현재 1,900여 종이 알려져 있다. *Salmonella*속 세균 중 약 50여 종은 식중독과도 관계가 있으며 포유동물 조류, 파충류 등에도 검출되고 있다. *Salmonella*속에는 *Salmonella typhi*와 같이 법정 감염병의 원인 세균도 있고 *S.typhimurium*, *S.enteritidis*와 같은 식중독 세균도 포함되어 있다. 특히 *Salmonella*속 세균은 달걀, 닭고기, 돼지고기 등에서 자주 검출되어 식품위생상 사회 문제가 되는 경우가 많고 동물사료에 대한 세균검사 시에도 *Salmonella*균 검사를 중요시하고 있다.

**표 2-5** 살모넬라균

| 항목 | 내용 |
|---|---|
| 미생물 | 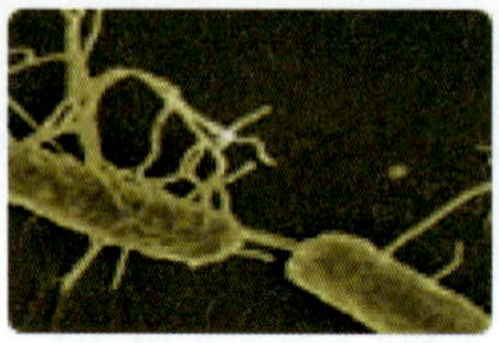 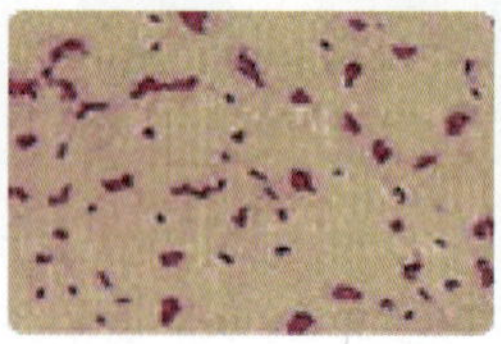  |
| 특성 | • 2~3×0.6㎛의 포자를 형성하지 않는 Gram 음성 간균으로 운동성이 있다.<br>• 60℃에서 20분 동안 가열하면 사멸하나 토양 및 수중에서는 비교적 오래 생존한다.<br>• 균이 생체 내로 침입하면 장내에서 분열·증식되어 독소가 생산되나 독성은 비교적 약한 편이다. |
| 발병시기 | 8~48시간(균종에 따라 다양) |
| 주요증상 | 복통, 설사, 구토, 발열 |
| 원인식품 | 부적절하게 가열한 동물성 단백질 식품(우유, 유제품, 고기와 그 가공품, 가금류의 알과 그 가공품, 어패류와 그 가공품)과 식물성 단백질 식품(채소 등 복합조리식품), 생선묵, 생선요리와 육류를 포함한 생선 등의 어패류와 불완전하게 조리된 그 가공품, 면류, 야채, 샐러드, 마요네즈, 도시락 등 복합조리식품 등이 원인이다. |
| 감염원 및 감염경로 | 사람, 가축, 가금류, 개, 고양이, 기타 애완동물, 가축·가금류의 식육 및 가금류의 알, 하수와 하천수 등 자연환경 등에 균이 존재하며, 보균자의 손과 발 등 2차 오염에 의한 오염식품을 섭취할 때에도 감염될 수 있다. |
| 예방대책 | • 조리 후 식품을 가능한 한 신속히 섭취하도록 하며 남은 음식은 4℃ 이하에서 저온 보관한다.<br>• 식품을 74℃에서 1분 이상 가열 조리한 후 섭취한다.<br>• 조리에 사용된 기구 등은 세척·소독하여 2차 오염을 방지한다. |

출처: 식품의약품안전처

## (6) *Staphylococcus*

*Staphylococcus*는 Micrococciaceae과에 속하는 Gram 양성 구균으로 현재 23균종 4아종으로 분류되어 있다. 황색포도알구균(*Staphylococcus aureus*)은 사람이나 동물에서 화농성 질환, 패혈증 또는 식중독의 원인균으로 알려져 있으며, 건강한 사람의 비강·인후·피부 등을 비롯해, 우리를 둘러싸고 있는 주위 환경에 널리 분포되어 있다. 황색포도알구균 식중독은 음식물 내에서 증식하는 과정 중 생산된 균체외 독소(장독소, enterotoxin)를 사람이 음식물과 함께 섭취하여 일어나는 대표적인 독소형 식중독이다.

**표 2-6** 황색포도알구균

| 항목 | 내용 |
|---|---|
| 미생물 | 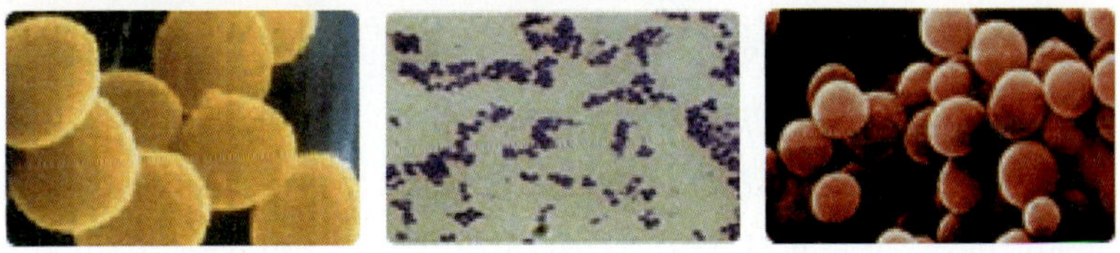 |
| 특성 | • 균이 식품 중에서 증식하여 생산한 장독소(enterotoxin)를 함유한 식품을 섭취할 때 일어나는 독소형 식중독균으로 4~5개 정도의 구균이 모여 있는 경우가 많아 포도알구균이라 부른다.<br>• 소금농도가 높은 곳에서도 증식하며 특히 건조 상태에서 저항성이 강하여 식품이나 가검물 등에서 장기간(수개월) 생존하여 식중독을 유발한다.<br>• 60℃, 30분의 가열로 균은 거의 사멸하나 식중독 원인 물질인 장독소는 내열성이 강하여 100℃에서 60분간 가열해야 파괴된다. |
| 발병시기 | 1~5시간(평균 3시간) |
| 주요증상 | 구토, 설사, 복통, 오심 |
| 원인식품 | 육류 및 그 가공품과 우유, 크림, 버터, 치즈 등과 이들을 재료로 한 과자류와 유제품, 밥, 김밥, 도시락, 두부 등과 복합조리식품 및 크림, 소스, 어육 연제품 등이 있다. |
| 감염원 및 감염경로 | 토양, 하수 등의 자연계에 널리 분포하며 건강인의 약 30%가 이 균을 보균하고 있으므로 코 안이나 피부에 상재하고 있는 황색포도알구균이 식품에 혼입될 가능성이 있다. |
| 예방대책 | • 식품취급자는 손을 청결히 하며 손에 창상 또는 화농상을 입거나 신체 다른 부위에 화농이 있으면 식품을 취급해서는 안 된다.<br>• 식품 제조에 필요한 모든 기구와 기기 등을 청결히 유지하여 2차 오염을 방지한다.<br>• 식품은 적당량을 조속히 조리한 후 모두 섭취하고, 식품이 남았을 경우에는 실온에 방치하지 말고 4℃ 이하에 냉장 보관한다. |

출처: 식품의약품안전처

## (7) *Campylobacter*속

*Campylobacter*균은 산소 3~15%의 미호기성 환경에서 발육하는 0.5~5×0.2~0.5㎛ 크기의 Grma 음성 나선균이다. *Campylobacter*균에 의한 인체 감염증으로는 위장염뿐만 아니라 패혈증이나 수막염 등의 전신성 감염증도 나타난다. 그중 *C. jojuni*는 위장염을 일으키는 빈도가 높으며 자주 집단 식중독을 일으키기도 하여, 장염 발병균으로 가장 중요한 위치를 차지하고 있다. *C. coli*는 검출빈도는 높지 않지만, 설사증에서 검출되고 있다. 한편, *C. fetus*는 수의학 영역에서 반추동물의 유산이나 불임의 원인이 되어 관심의 대상이었지만, 사람의 패혈증이나 수막염 등의 중증의 사례에서도 검출되어 *C. jejuni*와 같이 주목을 받게 되었다.

## (8) *Yersinia*속

*Yersinia*속은 현재 10종 이상의 균종으로 분류되어 있지만, 이 중에서 사람에게 병을 일으키는 것은 *Y. pestis, Y. pseudotuberculosis, Y. eneteocolitica* 3종 뿐이다. *Y. pestis*는 페스트의 원인균이며 우리나라의 법정 감염병으로 지정되어 있으나 1920년대 이후로 국내에서 발생한 예는 없다. 또한 감염경로가 식품과 직접적인 관계가 없다. 따라서 식품위생에 관계된 것은 *Y. pestis* 이외의 2종, 즉 *Y. pseudotuberculosis*와 *Y. enterocolitica*이며 특히 *Y. enterocolitica*는 북미, 유럽, 일본 등에서는 식중독 원인균으로 지정되어 있다.

**표 2-7** 여시니아균

| 항목 | 내용 |
|---|---|
| 미생물 | 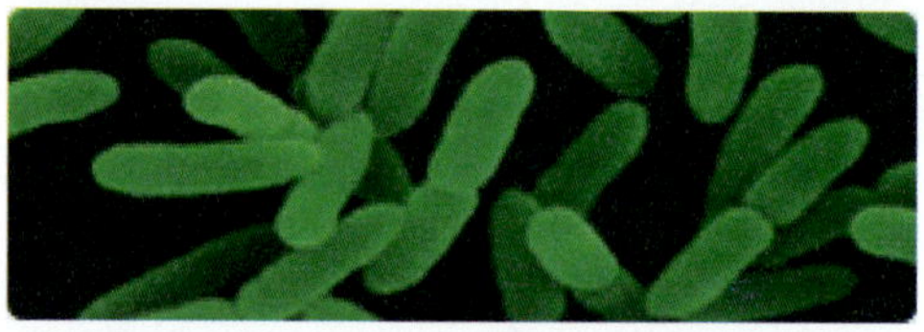 |
| 특성 | • Gram 음성의 단간균으로 운동성이 있으며, 다른 장내세균은 증식할 수 없는 0~5℃의 냉장고에서도 발육이 가능한 전형적인 저온세균이다.<br>• 진공포장에서도 증식할 수 있는 특성과 저온발육 특성으로 인하여 식품의 취급·보존에 방심할 수 있는 가을과 초겨울에 식중독 발생의 원인이 될 수 있다. |
| 발병시기 | 평균 2~5일 |
| 주요증상 | 복통, 설사, 발열, 기타 증상 |

| 원인식품 | 오물, 오염된 물, 돼지고기, 양고기, 쇠고기, 생우유, 아이스크림 등 |
|---|---|
| 감염원 및 감염경로 | • 감염원과 감염경로는 살모넬라 식중독의 경우와 유사하며, 도살된 돼지와 소 등의 육류가 감염원이며, 쥐가 균을 매개하기도 하며, 동물의 분변과 함께 배출되어 음료수나 식품에 오염되는 것으로 추정된다.<br>• 저온성균이므로 저온보관 상태에서도 균이 증식하여 식중독을 발생시킨다. |
| 예방대책 | • 돈육 취급 시 조리기구와 손을 깨끗이 세척·소독한다.<br>• 저온에서 생육이 억제되지 않으며 균이 0℃에서도 증식이 가능한 점을 고려할 때 냉장 및 냉동육과 그 제품의 유통과정에도 주의해야 한다. |

출처: 식품의약품안전처

## (9) Micorcoccus속

Gram 양성의 구균이며 포자를 형성하지 못하고 열에 약하다. 단백질 식품의 부패균으로 중요하다. 토양, 물, 공기를 통하여 식품을 오염시키며, 오염되기 쉬운 식품으로는 수산연제품, 앙금류, 어패류 등이 있다.

## (10) *Pseudomonas*속

Gram 음성이며, 포자를 만들지 않는 단모성 편모를 가진 간균이다. 어류, 패류, 육가공품, 우유, 달걀, 채소 등의 가장 중요한 부패세균이며, 특히 저온에서 저장되는 식품의 부패에는 가장 큰 역할을 한다. *Pseoudomona fluorescens*는 수용성의 형광색소를 생성하기 때문에 형광균이라고도 하며, 보존제나 항생물질에 대한 저항성이 강하다.

## (11) 장내세균과 Enterobacteriacease

식품에서 세균을 검사하는 목적은 식품이 위생적으로 다루어졌는가를 타진하며, 식품의 보존성을 검토하고, 식품이 위생상의 안전성을 알아보기 위한 것이다. 생균 수를 측정함으로써 첫 번째와 두 번째 목적은 어느 정도 성취 가능하나 식품의 안정성은 그렇지 않다. 생균 수가 적더라도 콜레라균이나 장티푸스 원인 세균과 같은 병원성 세균이 검출되면 위생상의 안전성은 없는 식품이다. 하지만 병원성세균을 모두 검사한다는 것은 현실적으로 어려우므로 위생적으로 지표가 되는 세균을 정하여 식품의 안전성을 평가할 수 있다. 이러한 지표가 되는 세균을 위생지표 세균(sanitary indicative bacteria)이라고 하며 보통 대장균군, 분변계 대장균, 장구균 등이 해당된다.

### ① 대장균군(Coliform group)

대장균군이란 lactose를 분해하여 acid와 gas를 생성하는 Gram 음성균으로서 아포를 형성하지 않으며 호기성 또는 통성 혐기성인 간균을 총칭한다. 대장균군은 세균 분류상의 학명은 아니나. 이러한 균들은 온혈동물의 장관에 상재하며, 분변 1g에 $10^8$~$10^{11}$cell 정도 있고, 검사방법이 간단하고 국제적으로도 통일되어 있어서 식품이나 물의 위생지표 세균으로도 많이 활용되고 있다. 이 균을 위생지표균으로 활용하는 이유는 병원성은 없으나, 이 균이 검출되면 같은 장내 세균과에 속하는 병원성이 있는 *Salmonella, Shigella*와 같은 세균의 존재 가능성도 있기 때문이다. 그러나 이와 같은 성질을 가진 세균은 자연계에서도 널리 분포하고 있기 때문에 대장균군이 검출되었다고 반드시 분변에 오염되었다는 것은 아니다.

### ② 분변계 대장균(Fecal coliform)

대장균군 중에서 *Escherichia coli(E. coli)* 배지에서 배양할 때 44.5℃에서 발육하고 유당을 분해하여 가스와 산을 생산하는 균을 분변계 대장균군(fecal coliform)이라고 하는데, 분변오염의 지표로서 대장균군보다 정확하다. 특히 indole 생산(I), methyl red 반응(M), Voges-Proskauer 반응(Vi) 및 citrate 반응(C)의 네 가지 성상에 의한 IMViC 시험 양상이 [++−−]인 것을 *E. coli*(대장균)라 한다.

이러한 *E. coli* 중에서 일반 세균학적 특성은 차이가 없으나 혈청형에서 차이가 나며 설사를 주증상으로 하는 일군의 대장균을 병원성 대장균이라 한다. 여기에서도 그 독성발현 특성에 따라 4종류로 나뉘고 있으며, 이 중에서 세포독소를 생성하는 *E. coli* $O_{157}$ : $H_7$은 장관출혈성 대장균이라 하여 최근에 식품위생상 크게 문제를 일으키고 있다.

보통, 분변성 대장균군이나 대장균은 대장균군과 비교할 때 사람 및 동물의 분변에 존재하는 확률이 높다. 또한 자연계에서 쉽게 사멸하기 때문에 식품 중에 분변성 대장균군이나 대장균이 존재하는 것은 이 식품이 취급과정에서 직·간접적으로 분변오염이 된 것으로 생각할 수 있다. 따라서 이들이 검출된 식품은 대장균군이 검출된 경우보다도 한층 불결하게 취급된 것으로 추측되므로 그만큼 장관계 병원균의 오염 가능성이 높다고 할 수 있다. 일반적으로 대장균이 검출된 식품은 분변계 대장균군의 경우보다 더욱 오염 가능성이 높다.

### ③ 장구균(*Enterococcus*)

장구균이 대장균군 대신 분변오염 지표세균으로 주목을 받고 있는 이유는 ① 사람 및 동물의 장관 내에 높은 비율로 존재하고 있으며, ② 자연계에서는 증식하지 않고 토양이나 물 등에서 대장균군에 비하여 훨씬 적게 검출된다는 특징을 가지고 있기 때문이다.

사람이나 동물의 종류에 따라 상재하는 장구균의 균종이 다르므로 사람, 가축 또는 야생동물 등 유래가 다른 분변오염을 구별하여 검출하는 것도 가능하다. 그러나 분변오염 지표세균으로 주목받기 시작한 역사가 짧아, 확실한 시험법이 확립되어 있지 않다. 오염지표균으로서 대장균과 장구균을 비교하면 【표 2-8】과 같다.

장구균은 *Enterococcus*라 부르며 Bergey's manual에서는 *Streptococcus*속에 포괄되어 있었다. 그러나 새로운 분류에서는 *Streptococcus*속을 3속으로 독립시켜 *Streptococcus*속 외에 *Enterococcus*속, *Lactococcus*속이 제창되었다. *Enterococcus*속은 통성 혐기성, Gram 양성 구균, 카탈라아제 음성, 짧은 연쇄상 및 쌍구형 배열을 나타내는 구균이며, 6.5% NaCl 또는 40% 담즙산염에서도 발육하며, 에스쿨린을 분해하고 *pyrrolidonyl arylamidase*를 생산하는 균이다. 보통 45℃에서도 발육하지만 일부 예외의 균종이 있다. 어떤 종은 운동성을 가지며, 1~5개의 편모가 있다.

장구균에 속하는 대표적인 균종으로는 *Enterococcus faecalis, E. facium, E. hirae, E. durans* 등의 13종이 있으며 대장균 군과 마찬가지로 단일 균종을 가리키는 것이 아니고 한 그룹의 세균을 총칭하는 것이다.

분변성 연쇄상구균(Fecal *Streptococus*)이라 하는 경우는 사람과 동물의 분변에 상재하는 연쇄상구균을 총칭하는 것으로 *Enterococcus*가 주요한 균종이다.

**표 2-8** 오염지표균으로서의 대장균과 장구균(腸球菌)의 비교

| 특성 | 대장균군 | 장구균 |
|---|---|---|
| 형태 | 간균(桿菌) | 구균(球菌) |
| Gram 염색성 | 음성 | 양성 |
| 장관 내 균 | 분변 1g 중 $10^7$~$10^9$ | 분변 1g 중 $10^5$~$10^8$ |
| 각종 동물의 분변에서의 검출상황 | 동물에 따라서는 불검출 | 대부분 동물에서 검출 |
| 장관 이외에서의 검출상황 | 일반적으로 낮다 | 일반적으로 높다 |
| 외계에서의 저항성 | 약하다 | 강하다 |
| 동결에 대한 저항성 | 약하다 | 강하다 |
| 냉동식품에서의 생잔성(生殘性) | 일반적으로 낮다 | 일반적으로 높다 |
| 건조식품에서의 생잔성(生殘性) | 낮다 | 높다 |
| 생선·채소에서의 검출 | 낮다 | 일반적으로 높다 |

| 날고기에서의 검출 | 일반적으로 낮다 | 일반적으로 낮다 |
|---|---|---|
| 절인 고기에서의 검출 | 낮거나 없다 | 일반적으로 높다 |
| 식품매개 장관계 병원균과의 관계 | 일반적으로 크다 | 보다 적다 |
| 비장관계 식품매개 병원균과의 관계 | 적다 | 적다 |

출처: 식품의약품안전처

**표 2-9** 병원성대장균 $O_{157}$ : $H_7$

| 항목 | 내용 |
|---|---|
| 미생물 | 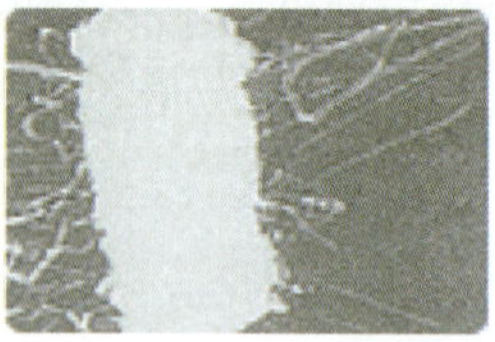 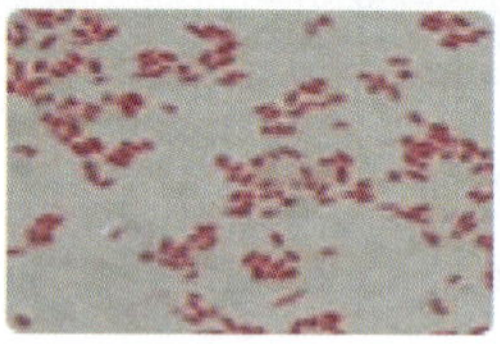 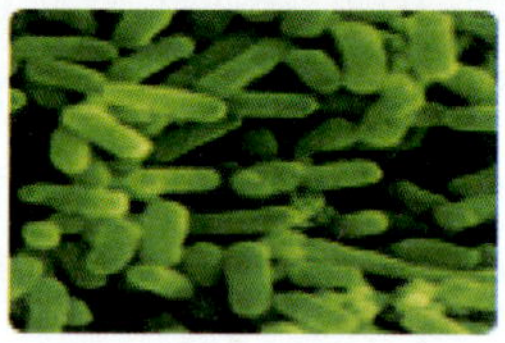 |
| 특성 | • 유당을 분해하여 산과 가스를 생산하는 통성혐기성균으로 운동성이 있다. 대장의 정상 상재균인 대장균은 대부분 식중독의 원인이 되지는 않지만 유아에게 전염성 설사증이나 성인에게 급성 장염을 일으키는 대장균이 있는데 이것을 병원성 대장균(pathogenic *E. coli*)이라고 한다.<br>• 병원성 대장균 중 베로독소(verotoxin)를 생성하여 대장점막에 궤양을 유발하여 조직을 짓무르게 하고 출혈을 유발시키는 대장균을 장관출혈성 대장균이라고 부른다.<br>• 장관출혈성대장균은 혈청형에 따라 $O_{26}$, $O_{103}$, $O_{104}$, $O_{146}$, $O_{157}$ 등이 있으며 대표적인 균이 대장균 $O_{157}$ : $H_7$이다. |
| 발병시기 | 12~72시간(균종에 따라 다양) |
| 주요증상 | 설사, 복통, 발열, 구토 |
| 원인식품 | • 광범위하게 분포하기 때문에 환자와 보균자의 분변으로부터 직·간접적으로 오염된 식품이면 모두 원인식품이 될 수 있다.<br>• 햄, 치즈, 소시지, 채소 샐러드, 분유, 두부, 음료수, 어패류, 도시락, 급식 등이 주요 원인 식품이다. |
| 감염원 및 감염경로 | • 이 균은 환자나 보균자의 분변과 소, 돼지와 개, 고양이 등의 분변에 존재하며 보균자가 화장실을 비위생적으로 사용할 때도 감염 가능하다.<br>• 자연계에서는 하천수와 어패류 등에서 분리 검출되므로 1차 및 2차 오염으로 감염될 수 있다. |
| 예방대책 | • 조리기구(칼, 도마 등) 구분 사용으로 2차 오염을 방지해야 한다.<br>• 생육과 조리된 음식을 구분하여 보관해야 한다.<br>• 다진 고기는 중심부 온도를 74℃로 하여 1분 이상 가열해야 한다. |

출처: 식품의약품안전처

### (12) 젖산균(Lactic acid bacteria)

Gram 양성이며 구균과 간균으로 나뉘며 산소분압이 낮은 곳에서 잘 증식한다. 치즈, 버터 등의 제조 시에 starter로서 첨가되며, 육류와 버터를 산패시키고 육류, 소시지, 햄 등에서 잘 증식하여 표면에 점질물을 생성하고 이취의 원인이 되기도 한다.

## 3. 바이러스

Virus는 단백질 외각(coat)과 이것에 싸여 있는 핵산으로 구성되어 있으며 정상세포와는 달리 독자적으로 재생산을 비롯한 대사활동을 할 수 없고, 숙주 세포가 있어야 증식할 수 있는 절대기생성 세포 내 생물(obligate intracellular parasite)에 속한다. Virus는 DNA나 RNA 중 한 종류의 핵산만을 보유하고 있다. 숙주에 따라 식물 virus, 동물 virus, bacteriophage로 크게 분류할 수 있다. 크기는 0.02~0.3㎛ 정도이므로 일반 광학현미경으로는 관찰할 수 없으며 전자현미경으로 관찰할 수 있다. 주요 virus로는 경구감염에 의한 유행성 간염을 일으키는 A형 간염 virus, 혈청감염을 일으키는 B, C, D형 virus, 후천성 면역결핍증(acquired immunodeficiency syndrome)을 일으키는 HIV(human immunodeficiency virus)라는 virus, 소아마비를 일으키는 poliomyelitis virus, 호흡기계 감염을 일으키는 influenza virus, 암이나 종양을 유발하는 virus 등이 있다.

## 4. 곰팡이

곰팡이는 진핵세포 구조를 가진 다세포 생물로서 균사에 의해 모양이 실처럼 보인다고 해서 사상균(filamentous fungus)이라고도 한다. 곰팡이의 포자는 자연계에 널리 존재하므로 포자가 증식하여 식품을 오염시키며 발육환경이 적합하면 발아하여 증식한다. 곰팡이는 호기성이므로 주로 식품의 외부에 증식하나, 내부가 통기성이면 침입 증식한다. 곰팡이의 일반적인 성질은 건조에 잘 견디고 증식범위는 pH 2~9로 넓으나, 산성영역에서 잘 증식하는 acidophiles이며 대체로 30℃ 부근에서 잘 증식하는 미생물이다. 증식속도는 세균보다 느리지만 세균이 증식하지 못하는 건조식품(수분 13~15)에서도 온도가 적당하면 증식하며, 당이나 식염농도가 높은 식품에서도 증식하여 식품을 변질시킨다.

곰팡이는 효소생산이나 장류, 치즈, 주류 등 발효식품에 유익하게 이용되지만 유해색소나 유독물질(곰팡이독, mycotoxin)을 생산하는 것도 있다. 마이코톡신(mycotoxin)은 곰팡이독을 말하는데, 곰팡이가 생산하는 2차 대사산물로서 인간과 동물에 급성 또는 만성적인 장해를 일으키는 물질을 총칭한다. Mycotoxin의 경구적인 침입으로 일어나는 건강장해를 진균중독증 또는 곰팡이중독증(mycotoxicosis)이라 부른다. 원인 식품으로서는 곡류, 콩류 및 가공식품 등 탄수화물이 풍부한 식품에 많다. 오래전부터 맥각중독이 알려져 있었으나, 1960년에 영국에서 발견된 aflatoxin이 강력한 발암물질이라는 사실로 인해 mycotoxin의 유독성이 전 세계에 인식되었다. 식생활에 있어서 쌀의 섭취와 발효양조식품의 섭취량이 많은 것, 여름철 기후의 고온다습한 성질로 곰팡이의 번식이 많은 것 등으로 인해 mycotoxin은 식품위생상 중요한 과제가 되었다. Mycotoxin 생산 곰팡이로서는 *Aspergillus, Penicillium, Fusarium*속 등이 알려져 있으며, 현재까지 300종 이상의 mycotoxin이 검출되고 있다. 이들 mycotoxin은 어느 것이나 비교적 저분자 물질로서 병원미생물이 생산하는 독소가 고분자 물질인 것과는 다르다. 또 곰팡이는 일반적으로 열에 대해 약하여 50~60℃에서 10분만 가열해도 대부분 사멸하지만 mycotoxin은 비교적 열에 안정하므로 진균독에 오염된 식품은 가열처리해도 활성화하지 않고 그대로 독성이 유지되어 식품위생상 문제가 되고 있다. Mycotoxin에 의한 간장해, 신장장해, 신경장해, 위장장해, 조혈장해 등의 질환이 확인되고 있으며 특히 발암과의 연관성이 강하게 의심되고 있다. 현재 200종의 여러 곰팡이들이 인간이나 동물들을 중독시키는 mycotoxin을 형성할 수 있다.

**표 2-10 바이러스에 의한 식중독**

| 식중독명 | Hepatitis A | Norwalk Virus Gastroenteritis | Rotavirus Gastroenterites |
|---|---|---|---|
| 박테리아명 | Hepatovirus or hepatitis A virus | Norwalk and Norwalk-like viral agents | Rotavirus |
| 질병 유형 | 감염 | 감염 | 감염 |
| 증상 | 피곤, 두통, 현기증, 식욕부진, 구토, 복통 | 현기증, 구토, 설사, 복통, 두통, 약간의 미열 | 구토 및 설사, 복통, 약간의 미열 (어른보다는 아동에게 발생) |
| 잠복기간 | 10~50일, 평균 30일 | 평균 1~2일 | 평균 1~3일 |
| 발병기간 | • 1~2주<br>• 심한 경우는 수개월 | 평균 1~3일 | 평균 4~8일 |
| 급원 | 소장, 분변에 오염된 물 | 소장, 분변에 오염된 물 | 소장, 분변에 오염된 물 |

| 발병 가능 식품 | 물, 얼음, 조개류, 샐러드, 샌드위치, 과일 및 과일 주스, 우유 및 유제품, 채소류, 조리완제품 등 | 물, 조개류, 채소류, 과일, 오염된 물 | • 물과 얼음<br>• 조리완제품(샐러드류 등)<br>• 오염된 물 |
|---|---|---|---|
| 예방 방법 | • 안전한 공급처로부터 조개류 구매<br>• 손으로부터의 교차 오염 방지<br>• 철저한 개인위생습관<br>• 식품이 닿는 부분은 청소하고 위생처리<br>• 소독된 물 사용 | • 안전한 공급처로부터 조개류 구매<br>• 손으로부터의 교차 오염 방지<br>• 식품취급자의 철저한 개인위생습관(practice good personal hygienc)<br>• 음식의 내부 온도를 철저히 지킴<br>• 소독된 물 사용 | • 식품취급자의 철저한 개인위생습관(practice good personal hygiene)<br>• 음식의 내부 온도를 철저히 지킴<br>• 소독된 물 사용 |

Townsend는 인체나 가축에서 빈번히 일어나는 중요한 곰팡이독소를 중심으로 장해가 일어나는 생체 내의 주된 기관이나 부위에 따라 다음과 같이 분류하였다.

### (1) *Aspergillus*속(누룩곰팡이속)

*Aspergillus*속은 식품에서 보편적으로 발견되는 곰팡이로서 130여 종이 알려져 있고 *A. oryzae*, *A. sojae* 등은 전분당화력과 단백질분해력이 강하므로 된장, 간장 제조에 쓰이며, *A. niger*는 유기산을 잘 생산한다. 강력한 간암 발명물질인 aflatoxin을 생산하는 *A. flavus*도 있다. 또 *A. glaucus*는 수분요구도가 매우 낮으며 고농도의 당이나 식염 중에서도 잘 발육한다.

### (2) *Penicillium*속(푸른곰팡이속)

식품에서 흔히 볼 수 있는 것은 푸른곰팡이이다. 감귤을 비롯한 과일의 연부병(軟腐病)의 원인이 되는 곰팡이로 *P. expansum*, *P. digitatum*이 알려져 있고, *P. islandicum*이나 *P. citrinum*같이 황변미(yellow rice)의 원인 곰팡이도 있다.

유용 곰팡이로는 치즈 숙성에 사용되는 *P. camemberti*(camembert cheese 제조 시)나 *P. roqueforti*(blue cheese 제조 시)가 있고 *penicillium* 생산 시에는 *P. notatum*, *P. chrysogenum*이 이용된다.

### (3) *Mucor*속(털곰팡이속)

털곰팡이라고 불리는 이 곰팡이는 식품의 변질에도 관여하지만 식품 제조에도 많이 이용한다. *M. racenosus*는 전분의 당화나 치즈의 숙성에 이용하지만 채소나 과실의 변패에도 작용한다. *M. miehei*는 리파아제 생산에 이용한다.

### (4) *Rhizopus*속(거미줄곰팡이속)

거미줄곰팡이라고도 불리고 있는데, *R. nigricans*는 빵에 잘 번식하므로 빵곰팡이(bread molds)라고도 불리며, 고구마 연부병의 원인균이다. 일부는 쇠고기에 번식하여 검은 반점(black spot)을 일으킨다. 이 밖에 채소, 과일, 감귤, 딸기 등의 변패에도 작용한다.

### (5) *Fusarium*속(붉은곰팡이속)

균사는 엷은 분홍색·자색·황색 등을 띠며 과일·채소 등의 변패에 관여한다. Zearalenone, fumonisin, moniliformin 등의 곰팡이독을 생산하는 종이 알려져 있으며, 저온에서 식중독성 무백혈구증(alimentary toxic aleukia, ATA)을 일으키는 유독물질을 생산하는 *F. poae, F. sporotrichioides* 등이 알려져 있다.

**♣ 간장독**

동물의 간경변, 간종양 및 간세포 괴사의 원인 물질들로 간암을 일으키는 aflatoxin이 대표적이다. 이 밖에 rubratoxin A, cyclopiazonic acid, stterigmatocystin, islanditoxin, luteoskyrin, ochratoxin A 등이 있다.

**♣ 신장독**

신장에 급성 및 만성장해를 일으키는 물질들로서 citrinin, citremycetin, kojic acid 등은 장기투여에 의하여 만성적 신장장해를 일으키는 것이 일반적이다.

**♣ 신경독**

뇌 및 중추신경계에 장해를 일으키는 곰팡이 독소들로서 patulin, maltorzine, citreoviridin 등이 알려져 있다.

♣ **광과민성 피부성 물질**

사람이 햇볕을 쬐면 피부염 증상을 일으키는 원인물질로 sporidesmin, psoralens 등이 보고되어 있다. 그 밖에 saframine, zearalenone, fusariogenin이나 fusarium독 등이 사람이나 가축의 중독사고에서 발견되고 있다.

## 5. 효모

효모는 곰팡이와 같은 진균류(fungi)에 속하지만 일반적인 곰팡이와 달리 균사를 만들지 않고 단세포로 되어 있고 증식은 주로 출아법(budding)에 의한다. 효모는 공기의 존재와 무관하게 자라는 통성 혐기성 미생물로서 알코올발효능이 강한 종류가 많아서 예전부터 양조, 알코올 제조, 제빵 등에 이용해 왔으며 균체는 식량 및 사료용의 단백질, 비타민, 핵산물실의 원료 등으로 이용하기도 한다. 하지만 때로는 된장, 간장, 맥주, 포도주, 청량음료, 꿀 등을 변질시키기도 한다. 세포 형태는 구형이나 타원형을 나타나는 것이 많지만 소시지형와 레몬형 등도 있어 다양하다. 곰팡이보다는 생육에 수분이 많이 필요하지만 세균보다는 적다. 증식할 수 있는 pH 범위도 넓고(pH 2.0~8.5) 곰팡이와 같이 약산성에서 잘 자란다.

### (1) *Saccharomyces*속

다극 출아에 의해서 번식하며 식품공업, 특히 발효공업에 가장 관계가 깊은 효모이다. 당을 발효해서 $CO_2$와 ethyl alcohol을 생성한다. 대표종은 *S. cerevisiae*이며 빵효모, 청주효모, 상면 맥주효모(top yeast) 등이 여기에 속한다. *S. carlsbergensis*는 하면 맥주효모(bottom yeast)인데, top yeast에 비하여 낮은 온도에서 발효작용이 왕성하고 한국, 일본, 미국 등에서 생산하는 맥주는 거의 bottom yeast를 쓰고 있다. 한편 *S. pastoranus*는 맥주를 혼탁시키는 유해균으로 알려져 있다. Saccharomysces sake는 청주의 제조에 사용한다.

### (2) *Candida*속

형태는 곰팡이와 비슷한 위균사를 만드는 효모이며, 단세포 단백질 생산에 이용하기도 한다. 신선한 간 쇠고기(fresh ground beef)에서 가장 흔하게 발견되는 효모이다. *C. tropicalis*는 식품에서 가장 많이 발견되는 종이다. *C. utilis*는 pentose 동화력이나 비타민 $B_1$ 집적력이 강한 효모인데 펄프 폐액을 원료로 하여 사료효모의 생산에도 이용한다.

이 밖에 *C. lipolytica*는 버터의 변패에 관여하며, *C. albican*과 같은 피부질환이나 부인들의 candidosis의 원인 미생물이다.

### (3) Film yeast

Sauerkraut, pickles와 같은 산성 식품의 표면에 증식하여 막을 형성하는 효모를 통틀어 film yeast(산막효모)라 한다. 여기에는 *Pichia*속, *Hansenula*속, *Debaryomyces*속, *Trichosporon*속 등이 있다. 특히 *D. hansenii*는 식염이 24%(수분활성 0.65) 되는 제품에도 증식하여 표면에 막을 형성할 수 있다.

## 6. 자연독

### (1) 식물성 천연 독성물질

#### 1) 식물성 자연독

식물 중에는 항상 유독성분을 함유하는 것과 특정 부위나 특정 시기에만 유독성분을 함유하는 것이 있다. 식용식물 중에서 유독성분을 함유하는 것을 섭취하거나 식용식물로 오인하여 섭취하는 경우가 있다. 식물성 자연독은 버섯 종류가 대부분을 차지하나 그 외에도 감자·청매·은행 등 거의 모든 식물이 함량의 차이는 있으나 유독성분을 가지고 있다고 해도 과언이 아니다.

#### 2) 독버섯류

현재 우리나라에는 독버섯이 50여 종인데, 맹독성인 독버섯은 극히 소수인 20여 종으로 파악되고 있다. 산간지방에서 버섯의 발생에 적합한 계절인 추석 전후에 버섯 중독 사고가 가끔 일어나고 있으나 의료체계의 미비로 제대로 보고되지 않고 있다.

**♣ 섭취오류에 의한 식물성 자연식중독의 발생 예**

- 식용으로 오인하여 독버섯류 섭취 시
- 유독 부위를 제거하지 않고 감자 등을 섭취 시
- 특정 시기에 유독화한 것을 모르고 청매 등을 섭취 시

### ① 대표적인 독버섯

- **화경버섯** : 송이과 화경버섯속에 분류되며, 표면은 황갈색인데, 작은 인편이 있고 이후에 자갈색·암갈색이 된다. 독성성분은 lampterol로 알려졌으나 illudin S와 동일한 물질임이 알려져 illudin S로 되었다. 이 물질과 중독증상과의 관계는 명확하지 않으며, 증상으로는 구토·복통·설사 등 심한 위장장해를 일으키고, 특히 구토가 오래 지속된다.
- **알광대버섯** : 광대버섯과에 속하며 여름과 가을에 침엽수림·활엽수림대의 땅 위에 기생하며, 세계적으로 분포되어 있는 독버섯으로 가장 유명하다. 독성성분으로 환상 peptide 구조를 가지는 amatoxin군, phallotoxin군, virotoxi군 등이 있다. 중독증상은 격렬한 콜레라성 증상인 설사·구토·복통에 이어 간장·신장조직의 괴사가 진행되고, 혼수상태에 빠져 사망한다.
- **외대버섯** : 독성성분은 불명이고, 중독되면 복통·구토·설사 등의 급성 위장장해를 나타낸다.
- **미치광이버섯** : 끈적버섯과 미치광이버섯속에 분류되며, 여름과 가을에 활엽수, 드물게는 침엽수의 죽은 나무에 군생한다. 환각작용물질인 psilocybin이 분리되었으며, 섭취 시 환각 등을 수반하는 흥분작용이 나타나고, 우리나라 분류상 갈황색 미치광이버섯이라 불린다.
- **깔때기버섯** : 가을철에 대나무밭·잡목림 지대 등에서 군생하며, 독성성분으로 clitidine, acromelic acid A, B가 분리된다. 중독반응은 식후 4~5일 지나서 손발의 끝이 붉어지고 불에 덴 것 같은 통증이 느껴지는 것이다. 1개월 이상 지속되기도 하나 치명적이지 않다.

#### ♣ 그 밖에 알려진 버섯

- 마귀곰보버섯
- 두엄먹물버섯
- 땀버섯속
- 목장말똥버섯
- 붉은싸리버섯
- 노랑다발버섯
- 무변색무당버섯
- 큰붉은젖버섯
- 독청버섯

### ② 유독성분

버섯의 대표적인 독성분인 muscarine은 맹독성이며, 땀버섯에 가장 많고, 광대버섯, 마귀광대버섯 등에도 함유되어 있으며, 부교감신경을 흥분시켜 땀이 나고 맥박이 느려지면서 각종 체액의 분비항진, 축동, 호흡곤란, 위장의 경련성 수축, 구토, 설시, 방광 및 자궁수축 등을 일으킨다.

그 외에 muscaridine, choline, meurine, phaline, agaricic acid 등이 있다.

### ③ 버섯의 독성성분

버섯의 독성 분류는 다음과 같다.

#### ♣ 버섯류의 관련 독성분

- 간장·신장에 장해를 주는 치명적인 맹독
- 주로 자율신경계에 작용하는 독
- 주로 중추신경계에 작용하는 독
- 주로 위장을 자극하는 독
- 손발 끝의 종창, 괴사 등의 통증을 유발하는 독

### ④ 중독증상

버섯에 의한 중독증상을 위장장애형(화경버섯, 외대버섯 등), 콜레라 증상형(알광대버섯, 독우산광대버섯 등), 신경계장애형(광대버섯, 마귀광대버섯, 땀버섯 등), 혈액독형(마귀곰보버섯 등), 뇌증형(미치광이버섯, 외대버섯 등) 등 5개로 분류하고 있으며, 위장형 중독, 콜레라형 중독, 뇌증형 중독의 3가지로도 분류하고 있다.

### ⑤ 버섯의 감별법

경험적으로 민간에 전승되어 내려온 독버섯의 감별법은 다음과 같다.

#### ♣ 독버섯의 감별법

- 줄기가 세로로 쪼개지는 것은 무독하다(식용 가능).
- 색이 아름답고 진하거나 선명한 것은 유독하다.
- 악취가 나는 것은 유독하다.
- 줄기에 턱이 있는 것이나 거친 것은 유독하다.
- 유즙을 분비하거나 점성의 액이 나오거나 공기 중에서 변색되는 것은 유독하다.
- 쓴맛, 신맛을 가진 것은 유독하다.
- 버섯을 끓여 나오는 증기에 은수저를 넣었을 때 검게 변하면 유독하다.

### 3) 유독성분을 함유하는 식용식물

#### ① 감자

유독성분으로 solanine을 함유한다. 별로 유해하지 않으나 감자의 발아 부위와 일광에 노출되어 생기는 녹색 부위에 0.1 이상을 함유하므로 다량 섭취 시 식중독 유발 가능성이 있다. 중독증상은 복통·설사·구토·발열·의식불명·두통·언어장애·현기증·졸음 등이며, 섭취 후 수 시간의 잠복기를 거쳐 발견된다. 예방법으로는 감자의 껍질을 벗겨 발아 부위와 녹색 부위를 제거하여 섭취하고 썩은 감자에는 sepsine이 생성되어 중독을 일으키므로 주의한다.

#### ② cyan 배당체 함유식물

청매(미숙한 매실), 살구씨, 복숭아씨 등에는 amygdalin이란 cyan 배당체가 함유되어 있어 인체 장내에서 청산을 생성한다. 청산은 유독한 산으로 치명적인 중독의 원인이 된다. 섭취 후 30~60분경에 발생하며, 숙성한 과육은 안전하나 숙성 전의 과실로 만든 매실주 등에는 amygdalin이 약간 들어있어 주의해야 한나. 그 외에도 숙성 전 과실로 담근 매실주, 오색두(미얀마콩), 수수, 은행의 종자 등에도 들어있다. 중독증상으로는 두통·구토·설사·복통 등의 소화기계 증상을 시작으로 호흡곤란, 전신의 강직성 경련이 일어나고, 심하면 호흡중추마비로 사망하기도 한다. 예방대책으로 물에 오래 끓여 청산을 휘발시키거나 물로 깨끗이 씻어 유독성분을 제거해 준다.

#### ③ 목화

목화의 종자, 뿌리, 줄기에 gossypol이라는 독성분을 함유하고 있어 정제가 덜된 면실유와 cake(기름 짠 후의 찌꺼기)에 함유되어 있고, 중독증상은 심부전·심비대·간장해·황달·장기출혈 등이 있다.

#### ④ 피마자

종자에 ricin, ricinine 등의 유독성분과 allergy 성분을 함유하고 있어 복통, 구토, 설사와 allergy 증세 등을 보인다. Ricin은 독성이 매우 강하나 열에 쉽게 파괴되며, 피자마 외에도 많은 식물의 잎, 뿌리 및 구근과 특히 콩고 식물의 종자에 널리 분포되어 있으며, 적혈구를 응집시키는 특수한 단백질이다. Ricin은 피마자기름을 용매로 추출한 후 용매를 제거하는 과정에서 제거된다.

#### ⑤ 콩류

대두, 완두콩, 땅콩, 강낭콩에는 protease 활성의 억제물질과 강한 용혈작용물질인 saponin, sapogenin이 들어 있다. 대두에는 5~6종 이상의 트립신 억제물질이 존재하며, 이들은 효소기능을 상실케 한다. 그러나 가열처리로 억제물질은 그 활성을 잃는다.

### 4) 오용하기 쉬운 유독식물

#### ① 독미나리

Cicutoxin이라는 유독성분을 함유하고 있으며, 섭취 후 수분, 늦어도 2시간 이내에 발병하여 10~20시간 후 사망한다. 증상은 침 흘림, 구역질, 구토, 발한에 이어 호흡곤란, 정신착란, 경련 등이 있다.

#### ② 기타

그 외에도 독공목, 붓순나무, 흰독말풀, 미치광이풀, 바꽃, 꽃무릇, 독보리(유독성 alkaloid인 temuline) 등이 있다.

### 5) 발암성 물질을 함유하는 식용식물

#### ① 고사리

고사리에 가축의 비뇨기나 장관의 출혈을 일으키고 급성중독으로 죽게 하는 물질이 존재한다는 사실이 영국에서 확인되었다. 그 후 소는 방광에 종양이 발생하였고, 쥐는 암 발생과 함께 기형 유발성도 있음이 확인되었다. 고사리의 떫고 쓴맛을 우려내는 처리로 쉽게 원인물질을 분해하여 발암성을 제거할 수 있다.

#### ② 소철

흔히 관상용으로 키우지만 줄기와 종자에 있는 전분이 정제가 덜된 것을 섭취하면 그 속에 함유된 독성분에 의해 중독을 일으킨다. 독성분은 cycasin이라는 배당체의 일종이며, 장내 세균의 효소에 의해 분해되면서 포도당과 함께 작용하여 유독물질을 생산하고, 간장·신장·소장 등에 종양을 발생시킨다.

#### ③ 사사프라스

녹나무식물로 뿌리에서 나오는 사사프라스유(油)는 청량음료의 향료로 사용한다. 이 기름은 뿌리를 증류해서 얻는 황색 또는 황적색의 정유이다. 그러나 기름 중에 발암물질인 safrole이

다량 함유되어 있어 사용이 금지되어 있으며, 이 유독물질은 대회향유에도 들어 있다.

**④ 기타**

그 외에도 pyrrolizidine alkaloid 함유식물인 국화과, 지칫과, 콩과의 식물도 있다.

## (2) 동물성 천연 독성물질

동물성 자연독은 대부분 어패류에 함유되어 있으며, 그 대표적인 것이 복어이다. 복어 이외에도 독성분을 가진 어류는 많이 알려져 있는데, 대부분 열대산호초에서 서식하고 있는 것들이다. 패류 중에도 매패·권패 등 먹이연쇄와 관련되어 유독성분을 함유하는 경우가 많다.

### 1) 복어

**① 독성**

복어의 독성은 종류, 부위(장기), 계절, 개체, 지역 등에 따라 달라진다. 그 중 매리복, 복섬, 검복의 독력이 가장 강하다.

육질부는 다소 독이 있는 종류도 있지만, 정상적인 섭취량이면 중독되는 일은 거의 없고, 정소와 혈액도 무독한 것이 많다. 난소와 간장의 독은 맹독이나 강독으로 복어중독의 주원인이 될 정도로 대단히 강하고, 그 다음은 장의 독력이 강한 편이다.

**② 복어독**

복어의 독은 tetrodotoxin이라 하여 무색의 침상결정으로 무미·무취하고, 열에 강하며, 난소를 비롯하여 간, 장(창자), 피부의 순으로 독성분을 함유하고 있다. 또 이 독은 불용성 약염기성 물질로 유기용매에도 녹지 않고, 100℃에서 4시간 가열해도 파괴되지 않는 내열성의 특성을 가지고 있다.

**③ 중독 증상**

섭취 후 30분 내에 발생하기도 하지만, 대개 3~6시간 사이에 발생한다. 사망률은 40~80%로 높은 편이다. 중독증상은 입술, 혀끝, 사지말단의 마비로 시작하여 두통, 구토가 일어나고, 운동신경과 지각에 마비가 온다. 그 결과 혈압저하, 마비에 의한 호흡곤란이 나타난다.

**④ 예방과 치료**

복어요리전문가가 요리한 것을 섭취하고, 알을 위시하여 난소, 간, 내장, 껍질 등에 독성이 많으므로 이런 부위는 먹지 않는다. 폐기된 독성을 철저히 처리하여 다른 사람이 섭취하는 일이 없도록 하며, 제거한 독성분이 가식부분으로 옮겨오지 않도록 주의해야 한다. 해독제가 없으므로 중독 초기에는 응급처치로 구토와 설사를 유도하거나 위세척에 의한 위장 내의 독소제거를 시도해야 하며, 불필요한 운동은 금지시켜야 한다. 혈압저하 시에는 강심제와 혈압상승제 투여, 호흡곤란에는 호흡촉진제 투여나 인공호흡을 실시한다. 그러나 대개는 경과가 빨라서 치료하기 전에 사망하는 경우가 많다.

### 2) 조개류

조개중독은 특정지역에 국한해서 발생하고, 계절적으로는 독성이 증가하는 시기와 일치하는 것이 보통이다.

#### ① 마비성 조개중독

섭조개·홍합·대합조개·검은조개 등의 이매패에 의해서 일어난다. 유독성분은 saxitoxin이며, 시기적으로 5~9월, 특히 한여름철에 독성이 강하다. 잠복기는 식후 30분~3시간이며, 중독 증상은 마비증상, 언어장애, 운동장애, 침 흘림, 두통, 입 마름, 심장박동항진, 연하곤란, 근육통이 있고, 의식은 뚜렷하지만, 호흡곤란으로 사망하기도 한다. 치사율은 10% 정도이다. 치료에는 특효약이 없고, 채취시기를 조절하거나 출하 전 감시체계의 강화 등이 예방책이 될 수 있다.

#### ② venerupin 중독

모시조개·바지락·굴 등의 이매패의 의하여 일어나는 식중독으로 일본에서 바지락을 섭취하고 334명의 중독환자를 발생시킨 이래로 계속적으로 일어나고 있다. 우리나라에서도 일어나는 중독으로 주증상은 불쾌감, 권태감, 식욕부진, 복통, 오심, 구토, 변비이고, 피하에 반드시 출혈반점이 나타난다. 중증일 경우는 토형, 뇌증상이 나타나고 의식장애를 일으켜 7일 이내에 사망하고, 이 독은 잠복기가 1~2일이며, 100℃에서 1시간 가열해도 파괴되지 않는다. 경증인 경우도 회복기간이 길어 노인이나 어린이는 후유증을 호소하게 된다.

#### ③ 설사성 조개중독

섭조개·가리비·백합·민들조개 등 다수의 이매패가 독화하여 발생하는 설사가 주요증상인 식중독이다.

④ 기타

그 외에도 tetramine중독, 수량중독 등이 있다.

기타 어류의 중독으로 독꼬치중독과 ciguatera중독, 돗돔중독 등이 있으며, 어종에 따라 중독증상이 다른 경우가 많으므로 어류를 섭취할 때 주위해야 한다.

## 7. 감염병

감염성을 가진 병원성미생물이 사람의 피부, 입 및 호흡기 등으로 침입하여 감염을 일으키는 것을 감염병이라고 한다. 이러한 감염병이 유행하기 위해서는 감염원(병원체를 내포하는 모든 것), 감염경로(병원체 전파수단이 되는 모든 환경오염인) 및 감수성 숙주가 있어야 한다. 또한 감염병이 생성되는 과정은 일반적으로 6개 항목에 걸쳐 연쇄적으로 일어난다.

이와 같이 과정은 연쇄적으로 일어나므로 어느 하나라도 빠지게 되면 감염병은 발생하지 않는다. 식품위생상 문제가 되는 것은 음식물을 매개로 한 경구감염병과 인축공통감염병이다.

이들 감염병은 주로 세균이나 바이러스(virus)에 의해서 일어나지만, 원생동물에 의한 경우도 있다. 그 대표적인 예는 경구감염병에 속하는 아메바성 이질과 인축공통감염병에 속하는 *toxoplasma* 감염인데, 이들의 특징은 원충의 체내 침입에서 감염 또는 발병하기까지의 과정이 극히 완만하여 오랜 기생상태가 지속된다.

**표 2-11** 법정 감염병의 분류

| 구분 | 제1군 감염병 | 제2군 감염병 | 제3군 감염병 | 제4군 감염병 | 지정감염병 | |
|---|---|---|---|---|---|---|
| 특성 | 발생 즉시 환자격리필요 (6 종) | 예방접종대상 (10 종) | 모니터 예방 홍보 중점 (18 종) | 감염병관리 대책긴급수립 (19 종) | 유행여부조사 · 감시 (26 종) | |
| 질환 | • 콜레라<br>• 페스트<br>• 장티푸스<br>• 파라티푸스 세균성이질<br>• 장출혈성 대장균 감염증 | • 디프테리아<br>• 백일해<br>• 파상풍<br>• 홍역<br>• 유행성이하선염<br>• 풍진<br>• 폴리오<br>• B형간염 ( 표 )<br>• 일본뇌염<br>• 수두 | • 말라리아<br>• 결핵<br>• 한센병<br>• 성병 ( 표 )<br>• 성홍열<br>• 수막구균성수막염<br>• 레지오넬라증<br>• 비브리오패혈증<br>• 발진티푸스<br>• 발진열<br>• 쯔쯔가무시증<br>• 렙토스피라증<br>• 브루셀라증<br>• 탄저<br>• 공수병<br>• 신증후군출혈열<br>• 인플루엔 ( 표 )<br>• 후천성면역 결핍증 (AIDS) | • 황열<br>• 뎅기열<br>• 마버그열<br>• 에볼라열<br>• 라싸열<br>• 리슈마니아증<br>• 바베시아증<br>• 아프리카수면병<br>• 크립토스포리디움증<br>• 주혈흡충증<br>• 요우스<br>• 핀타<br>• 두창<br>• 보툴리눔독소증<br>• 중증급성호흡기 증후군 (SARS)<br>• 조류인플루엔자 인체감염증<br>• 야토병<br>• Q열<br>• 신종감염병증후군 | 〈 환자감시대상 〉<br>• A형간염 ( 표 )<br>• C형간염 ( 표 )<br>• 반코마이신내성 황색포도알구균 (VRSA) 감염증 ( 표 )<br>• 샤가스병 ( 표 )<br>• 광동주혈선충증 ( 표 )<br>• 유극악구충증 ( 표 )<br>• 사상충증 ( 표 )<br>• 포충증 ( 표 )<br>• 크로이츠펠트 야콥병 (CJD) 및 변종 크로이츠펠트 – 야콥병 (vCJD)( 표 )<br>• 웨스트나일열 | 〈 병원체감시대상 〉<br>• 살모넬라균 감염증 ( 실 )<br>• 장염비브리오균 감염증 ( 실 )<br>• 장독소성대장균 감염증 (ETEC)( 실 )<br>• 장침습성대장균 감염증 (EIEC)( 실 )<br>• 장병원성대장균 감염증 (EPEC)( 실 )<br>• 캄필로박터균 감염증 ( 실 )<br>• 클로스트리듐퍼프린젠스<br>• 감염증 ( 실 )<br>• 황색포도알구균 감염증 ( 실 )<br>• 바실러스세레우스균 감염증 ( 실 )<br>• 예르시니아 엔테로콜리티카 감염증 ( 실 )<br>• 리스테리아 모노사이토제네스 감염증 ( 실 )<br>• 그룹 A 형 로타바이러스감염증 ( 실 )<br>• 아스트로바이러스 감염증 ( 실 )<br>• 장내아데노 바이러스 감염증 ( 실 )<br>• 노로바이러스 감염증 ( 실 )<br>• 이질아메바 감염증 ( 실 )<br>• 람블편모충 감염증 ( 실 ) |
| 신고 | 즉시 | 즉시 | 7 일 이내 | 즉시 | 7 일 이내 | – |
| 보고시기 | 즉시 | 매주 | 매주 | 즉시 | 매주 | 월 1 회 |

(표) : 표본감시대상감염병
(실) : 실험실감시대상감염병

출처: 식품의약품안전처

## (1) 경구감염병

경구감염병은 식품 또는 식기구, 손가락, 완구 등을 통하여 경구적으로 감염되는 감염병을 말하며, 일명 소화기계 감염병이라고도 한다. 경구감염병과 세균성 식중독의 차이점은 【표 2-12】와 같다.

**표 2-12 경구감염병과 세균성 식중독의 차이점**

| 구 분 | 경구감염병 | 세균성 식중독 |
|---|---|---|
| 미생물 균체의 양 | 미량이라도 감염 가능하다 | 다량 있어야 가능하다 |
| 잠복기간 | 길다 | 비교적 짧다 |
| 2차 감염 | 자주 일어난다 | 일어나지 않는다 |
| 예방조치 | 거의 불가능하다 | 균의 증식을 막으면 가능하다 |
| 면역성 | 면역성이 있는 경우가 많다 | 일반적으로 없다 |

즉 감염병환자나 보균자로부터 배출된 병원미생물에 오염된 식품을 섭취함으로써 일어나는 것으로 이질, 장티푸스, 파라티푸스, 콜레라 등이 있다. 경구감염병과 세균성 식중독은 식품이 매개체라는 점과 초기의 임상증상이 비슷하지만 차이점도 있다.

이 외에도 성홍열이나 디프테리아 등은 보통 음식물이 감염경로가 되지는 않으나 경구적으로 감염을 일으키는 경우가 있으며, 경구감염병의 분류는 다음과 같다.

**♣ 경구감염병의 분류**

- 세균성 감염 : 세균성 이질, 장티푸스, 파라티푸스, 콜레라 등
- virus성 감염 : 폴리오(급성회백수염), 전염성 설사증, 천열, 유행성 간염 등
- 기생충성 감염 : 아메바성 이질 등

### 1) 콜레라

소화기계 감염병 중 가장 급성이다.

#### ① 병원체

콜라레균(*Vibrio choleras*)이며 장염*Vibrio*로 분류한다. 균체는 콤마 모양으로 협막과 포자는 없으며 1개의 편모를 가지고 있어 활발하게 운동한다. 저항력이 약하여 56℃에서 15분간 끓이면 사멸한다.

#### ② 잠복기 및 임상증상

잠복기는 12~48시간에서 최장 5일 정도이다. 주증상은 수양성 설사, 구토, 탈수 등이며 맥박이 약해진다. 치사율은 10~80%에 달하나 조기치료 시 5% 이하로 낮출 수 있다.

#### ③ 감염원 및 감염경로

감염원은 환자나 보균자의 분변 또는 토물이며 해수, 음료수, 식품 특히 오염된 어패류 등을 통해 감염된다.

### 2) 장티푸스

#### ① 병원체

*Salmonella*속의 장내세균으로 Gram 음성의 간균이다. 편모가 8~12개로 활발한 운동을 한다. 사람이 유일한 숙주이며 동물에게는 감염되지 않는다. 저항성이 비교적 강하여 분변에서 수 주 이상 생존하지만, 깨끗한 물에는 영양분이 없으므로 빨리 사멸한다.

#### ② 잠복기 및 임상증상

잠복기는 1~2주일(평균 2~12일)이다. 장티푸스는 급성 열병으로 두통, 식욕부진, 전신권태 및 오한이 발생하다가 발열로 이어진다. 치사율은 10% 정도이나 조기치료에 의해 낮출 수 있다.

#### ③ 감염원 · 감염경로 및 예방

환자나 보균자의 배설물이 중요한 오염원이며, 균에 오염된 물과 식품 또는 비위생적으로 제조된 식품 내에서 잘 증식한다. 오염된 생과일, 생채소, 우유, 유제품 및 어패류 등이 매개물이 된다. 예방법은 환자와 보균자 색출 및 격리, 환자 관리, 분뇨·식기구·물·음식물의 위생처리 및 소독과 예방접종 등이다.

### 3) 세균성 이질

고열과 소화기계 증상을 동반하는 질환으로 비위생적인 생활지역 및 국가에서 많이 발생한다.

**① 병원체**

이균질(*Salmonella*)로 Gram 양성 간균이며 포자와 편모는 없다. 운동성이 없고 열에 약하여 55℃에서 30분, 60℃에서 10분간 가열하면 사멸한다. 1% 석탄산에는 16~30분 내 사멸한다.

**② 잠복기 및 임상증상**

잠복기는 2~7일이다. 잦은 설사가 주증상이며 발열, 두통, 오한, 복통, 전신의 권태감과 식욕부진 등의 증상이 나타난다. 발열 시 대개 38~39℃의 고열을 나타내며 40℃를 넘기도 한다(2~3일 후 하강). 음식물 감염 시 잠복기가 짧고 메스꺼움과 구토 증상도 보인다. 어린이의 경우 전신증상, 고열, 경련 등 뇌 신경증상을 일으키기도 한다.

**③ 감염원 · 감염경로 및 예방**

환자와 보균자의 분변, 오염된 식품이나 음료수를 통한 경구감염이 주가 된다. 음식물을 오염시키는 파리가 주요 매개체가 되므로 주의한다. 그 외 예방법은 장티푸스와 유사하다.

### 4) 아메바성 이질

열대와 아열대지방에서 주로 발병하며, 온대지방에서도 불현성 감염이 많다.

**① 병원체**

원충인 이질 아메바에 의해 발생한다. 대부분 소장 및 대장의 조직 내에 기생하며 발육기에 따라 영양형, 포낭전기형 및 포낭형으로 나뉜다. 영양형은 저항성이 약하여 배출 후 12시간 안에 사멸하나, 포낭형은 저항성이 강하여 12일간 생존한다. 열과 건조에 약하여 90℃에서 사멸한다.

**② 잠복기 및 임상증상**

잠복기는 3~4주일이며 설사 증상은 세균성 이질만큼 심하지 않아 1일 수~십수 회 정도이다.

**③ 감염원 및 감염경로**

환자나 포낭보유자의 분변을 통해 배출된 원충이나 포장으로, 음료수나 식품, 곤충 및 쥐 등에 의해 감염된다. 예방법은 장티푸스와 유사하며 면역이 되지 않아 예방접종이 필요 없다.

### 5) 유행성 간염

어린이, 청년, 특히 집단생활자 가운데 많이 발생한다.

#### ① 병원체

A형(infectious hepatitis), B형(serumhepatitis) 및 Non-A, Non-B형(hepatitis type C) 등이 있다. 유행성 간염은 바이러스 A형에 의해 주로 일어난다. 소독제는 효과가 없으며 1ppm의 염소를 함유한 물에 30분간 처리해도 사멸하지 않는다. 건조 상태에서는 14개월간 생존 가능하다.

#### ② 잠복기 및 임상증상

잠복기는 20~40일(평균 25일) 정도이며 오심, 구토 및 설사 후 오한, 38℃의 발열, 식욕감퇴, 심한 권태감 등의 증상을 보인다. 5~7일이 지나면 열이 내리고 황달이 생기며 보통 3~4주, 때로는 수개월간 계속된다. 회복기에 접어들면 2~6주면 치유된다.

#### ③ 감염원 및 감염경로

감염원은 환자의 분변과 오염된 음료수 및 식품이다. 예방법은 감염자의 식품 취급을 금하고 물을 끓여서 마시며, $\gamma$-globulin의 근육주사로 잠정적인 면역을 얻는다.

### 6) 급성회백수염

소아마비라고도 하며 마비를 일으키는 일종의 급성열성질환이다.

#### ① 병원체

장관계 바이러스의 일종인 회백수염 바이러스(poliomyelitis virus)이다. 면역학적으로 Ⅰ형, Ⅱ형, Ⅲ형의 3종이 있으며 약품에 대한 저항력이 강하나 열에는 쉽게 파괴된다(50℃ 30분간, 자외선, $H_2O_2$). 0.05ppm의 유리염소를 함유한 물속에서 10분 내에 불활성화한다. 백신 개발 전까지 5세 이하(특히 1~2세, 여아)의 어린이에게 많이 발병한다.

#### ② 잠복기 및 임상증상

잠복기는 1~3주(평균 12일)이다. 가벼운 감기 증상 후 두통, 발열, 메스꺼움, 구토, 설사, 변비 등의 위장증상을 보이다가 며칠 후 열이 내린다. 마비형의 경우 이후에 다시 39℃ 정도의 발열이 시작되고 현기증과 두통·근육통 등의 신경증상과 근육마비가 일어난다.

#### ③ 감염원 및 감염경로

환자 및 감염자의 분변이나 인후분비물을 통해 감염되며 환자와 접촉 시 오염된 음식물로 인해 경구감염되기도 한다. 유행지역에서는 환자의 배설물, 파리, 하수도 등에서 바이러스가 검출된다. 예방법은 예방접종으로 생백신이 널리 사용된다.

### 7) 파라티푸스

증상이 가벼운 급성감염병이다.

#### ① 병원체

*Salmonella paratyphi* A, B, C균으로 주모성 간균이며 포자와 협막은 없다.

#### ② 잠복기 및 임상증상

잠복기는 3~6일이다. 증상은 장티푸스와 비슷하나 치사율은 낮다.

### 8) 전염성 설사증

1948년 일본에서 유행한 바이러스에 의한 설사증이다.

#### ① 잠복기 및 임상증상

잠복기는 2~3일이며 4~7일 후에 회복된다. 복부 팽만감, 메스꺼움, 식욕부진, 발열, 1일 5~20회 정도의 심한 수양성 설사를 동반한다. 어린이에게는 발병하지 않으며 여름보다 겨울에 많이 발생한다.

#### ② 감염원 및 감염경로

환자의 분변에서만 바이러스가 배출되며 식품이나 음료수가 오염되어 경구감염되기도 한다. 바이러스가 함유된 수양변은 미량이라도 감염력이 있다.

### 9) 성홍열

전신에서 특징적인 발진을 볼 수 있는 질병이다.

#### ① 병원체

Gram 양성인 용혈성 연쇄상구균이다. 성홍열은 이른 봄(5월)이나 겨울에 많이 발생하며 5~10세의 어린이에게 잘 감염된다.

#### ② 잠복기 및 임상증상

잠복기는 3~7일이며 목이 심하게 아프고 40℃ 전후의 고열이 발생한다. 전신에 담적색의 발진이 생겨 퍼져나간다.

#### ③ 감염원 및 감염경로

감염 매개체는 우유나 식품이므로 목장이나 식품취급소의 위생에 특히 주의해야 한다.

### 10) 천열

1972년 일본에서 유행한 '이즈미'를 말한다. 급성발진성 질환으로 어린이에게 집단적으로 발병하며(2~10세) 20세 이상은 거의 없다. 4~5월, 10~11월에 많이 발생한다.

#### ① 잠복기 및 임상증상

잠복기는 1~18일(평균 7~9일)이며 메스꺼움, 구토, 복통, 설사 등의 위장증상이 나타난다.

#### ② 감염원 및 감염경로

환자 또는 보균자의 분변이 감염원이며, 오염된 식품이나 음료수를 통해서도 감염될 수 있다. 예방법은 장티푸스와 유사하며 환자의 분변과 인후분비물 처리, 경구 및 상처로 인한 감염 예방에 특히 유의한다.

## (2) 인축공통감염병

**♣ 인축공통감염병의 예방대책**

- 가축의 건강관리, 예방접종을 철저히 하여 가축 간의 감염병 유행을 예방하고 병에 걸린 동물을 조기 발견하여 격리 또는 도살하고 소독을 철저히 할 것
- 도축장이나 우유처리장의 검사를 엄격히 하여 병에 걸린 동물을 식품으로 취급하거나 판매하는 것을 금지할 것
- 외국에서 수입되는 가축이나 고기, 유제품에 대해 검역을 엄격히 하고, 감시를 철저히 할 것

### 1) 결핵

폐를 비롯한 장기에 감염되는 만성감염병이다.

#### ① 병원체

결핵균(*Mycobacterium tuberculosis*)으로 간균이며 건조에 강하나 직사일광 및 열에는 약하다. 사람에 침입하는 인형균, 소에 침입하는 우형균, 조류에 침입하는 조형균이 있다. 이 중 우형 결핵균은 사람에게도 감염되어 식품위생상 문제가 되는데, 결핵에 감염된 우유를 먹인 유아에게 감염되는 것이 대표적이다.

#### ② 잠복기 및 임상증상

정확한 잠복기는 알 수 없으며 결핵에 감염되면 감염부위와 그 소속 임파절에 병변이 생긴다. 우형균은 뼈나 관절에 침입하여 경부림프선 결핵을 일으킨다. 피로감, 무기력, 체중감소, 빈혈 등의 전신 증상뿐만 아니라 기침, 각혈, 호흡곤란 등의 국소적 증상이 나타난다.

#### ③ 감염원 및 감염경로

- 우형균 : 결핵에 감염된 소에서 생산된 우유나 고기 섭취 시 감염된다.
- 인형균 : 호흡기를 통한 감염 이외에 감염된 소나 돼지의 고기 섭취 시 감염된다.
- 조형균 : 사람에게 감염되는 경우는 드물지만, 소화기나 기도를 통해 감염되기도 한다.

#### ④ 예방

정기적인 tuberculin 반응을 실시하여 결핵을 조기발견하며, 반응이 음성이면 BCG 접종을 실시한다. 결핵에 감염된 쇠고기나 우유의 식용을 금지하고 우유는 살균처리를 철저하게 한다.

### 2) 탄저

소, 말, 양 등의 초식동물 사이에 유행하는 급성열성질병이다.

#### ① 병원체

*Bacillus anthracis*로 호기성의 Gram 양성 유포자간균이다. 조직 내에서 협막을 형성하며, 100℃의 습열에도 쉽게 사멸하지 않아 고압멸균방법이 필요하다. 10% formalin에서 15분간 처리하면 사멸한다. 모든 가축, 야수에도 감염되는 주요한 가축 감염병이며, 사람에 대해서도 감염성이 있어 위독한 증상을 일으킨다.

② **잠복기 및 임상증상**

잠복기는 1~4일이다. 감염 부위에 따라 피부탄저, 장탄저 및 폐탄저로 나뉘며 사람이 감염되는 것은 피부탄저이다. 탄저균이 침입하면 발적, 종창, 수포 등을 일으키며 침윤 중심부는 궤양 및 림프질염이 발생한다. 포자를 흡입하여 폐탄저를 일으키면 급성 기관지 폐렴증세를 나타내며 패혈증으로 사망하기도 한다. 감염된 고기 섭취로 인해 장탄저가 발생하면 설사 및 구토 증상이 나타난다.

③ **감염원 · 감염경로 및 예방**

탄저균에 감염된 수육을 조리하지 않고 섭취하였을 때 그리고 식품취급자의 상처를 통한 감염이 많다. 수육을 취급하는 사람 감염된 고기에 의해 경구감염으로 장탄저를 일으킬 수 있다. 가축 예방접종, 도살장 위생처리 및 발병한 가축 발견·격리를 철저히 하고 수육은 고압증기멸균에 의해 충분한 가열한다. 동물의 털이나 모피를 취급하는 사람은 기도를 통한 폐탄저 감염의 위험이 있으므로 작업장의 소독과 위생관리를 철저하게 해야 한다.

### 3) 파상열

소, 돼지 및 염소 등에 전염성의 유산을 일으키는 질환이다.

① **병원체**

*Brucella*균으로 Gram 음성의 단간균이며 운동량은 없고 포자를 형성하지 않는다. malta 열균(양, 산양)인 *Brucella melitensis*, 돼지 유산균인 *Brucella suis*, 소 유산균인 *Brucella abortus*등의 3가지 형이 있다. 열에 대한 저항력이 약하여 58℃에서 10~15분간 가열하면 사멸하나 건조에는 저항력이 강하다.

② **잠복기 및 임상증상**

잠복기는 대체로 5~21일이며 피부나 입을 통해 감염된다. 소, 양, 돼지 등의 자궁점막과 태막에 염증을 일으켜 유산의 원인이 되는 것이 특징이며 2차적으로 사람에게 침입하여 질환을 일으킨다. 사람의 경우 열이 나는 동안에 발한, 불면, 관절이나 근육의 동통 등의 증상이 나타나고 드물게 간이나 비장이 붓고 패혈증을 일으키기도 한다.

③ **감염원 · 감염경로 및 예방**

병에 걸린 동물의 고기, 유즙 및 유제품 등을 통해 경구감염된다. 예방법은 탄저와 비슷하다. 소, 산양, 돼지 등의 관리를 철저히 하여 이환된 가축을 선별·격리하고 우유는 살균을 철저히 한다.

### 4) 야토병

설치류 동물 사이에 유행하는 감염병이다.

#### ① 병원체

야토병균으로 호기성 Gram 음성 간균이며 현막은 있으나 편모가 없어서 운동성이 없다. 소독제에 대한 감수성이 아주 높고 열에 약하다. 56~58℃에서 10분 이내에 사멸하고, 0.1% formaldehyde 용액에서 24시간 이내에 사멸한다. 소독제는 cresol이 효과적이다.

#### ② 잠복기 및 임상증상

잠복기는 1~10일(보통 3일)이며 잠복기가 지난 후 오한, 전율과 함께 열이 난다. 주로 소화기관으로부터 감염될 때 발열하며 곤충감염이나 피부접촉에 의한 감염의 경우 림프샘의 종양이 주증상이다.

#### ③ 감염원 · 감염경로 및 예방

균을 보유한 흡혈곤충(이, 파리, 진드기 등)과 설치류 동물의 상호간 접촉에 의해 감염된다. 사람에게는 병에 걸린 토끼고기나 모피에 의해 경구감염되거나 피부·점막에 균이 침입하여 발병한다. 감염원이 되는 동물의 접촉에 주의하고 조리 시 손에 상처가 없도록 하며 수육은 충분히 가열하여 섭취한다.

### 5) 돈단독

돼지에게 패혈증을 일으키는 질병이다.

#### ① 병원체

단독균으로 Gram 양성의 간균이며 포자를 만들지 않고 편모가 없다. 55℃에서 15분 정도 가열 시 사멸하며 formalin은 2% 용액으로 처리하면 10분이면 사멸한다. 석탄산에 대한 저항력은 강하다.

#### ② 잠복기 및 임상증상

잠복기는 10~20일이다. 돼지에 많이 나타나며 패혈증상, 관절염, 심장장애 등이 나타난다. 사람의 경우 병원균 침입 부위가 빨갛게 붓거나 아프고 가끔 발열이 있으며 보통 1~4주 정도면 회복하지만 심할 경우 패혈증으로 사망에 이를 수도 있다.

③ **감염원 · 감염경로 및 예방**

돼지와 관계된 직업인이 많이 감염된다. 수의사, 도살장 종업원, 식육 판매자 등이 취급 중 상처를 입으면 그 부위에 균이 침입하여 감염되는 경우가 많다. 가축의 경우 돼지 외에 양, 소, 말 등에서도 돈단독균이 검출된다. 예방을 위해 이환동물은 조기 발견하여 격리 및 치료를 하고 소독과 예방접종을 철저히 한다. 예방접종에는 약독생균 백신 또는 사균 백신을 사용한다.

### 6) Q열

가축이나 사람에게 공통되는 급성감염병이다.

① **병원체**

*Coxiella burnetti*로 구상 또는 간상이며 운동성은 없다. 건조에 대한 저항성이 크다.

② **잠복기 및 임상증상**

동물은 증상이 뚜렷하지 않으며 사람의 경우 호흡기계의 증상이 나타난다. 급격한 오한, 쇠약, 발열, 두통이 일어나며 발열(38~40℃)은 4~5일부터 2~3주간 계속된다.

③ **감염원 · 감염경로 및 예방**

오스트레일리아에서 처음 발견되었으며 제1숙주는 쥐, 캥거루, 소 등으로 알려져 있다. 미국의 경우 소나 양 등이 제1숙주이다. 사람은 확실하지 않으나 rickettsia가 함유된 먼지 등에 의한 공기감염이 많다. 오염된 우유에 의해 감염되거나 동물과 직접 접촉하여 감염되기도 한다. 감염경로가 불분명하여 예방이 곤란하나 진드기 등 흡혈곤충의 박멸이 필요하다.

### 7) 렙토스피라증(Weil's disease)

① **병원체**

*Leptospiroisis canicola* 등의 병원체이다.

② **잠복기 및 임상증상**

잠복기는 5~7일이며 39~40℃의 고열과 오한, 전율이 시작되어 두통, 요통, 근육통으로 이어진다. 1~5일 정도 식욕감퇴, 림프샘 종양 등의 증상을 보인다. 중증의 경우 황달기에 들어서고 이후 점막출혈, 간 비대, 심장·순환계 및 신장장애를 일으킨다.

③ **감염원 · 감염경로 및 예방**

소, 돼지, 개, 쥐 등에게 감염된다. 특히 이환된 쥐의 오줌에 의해 오염된 물이나 식품 섭취 시 사람 또는 가축에게 발병한다. 사균 백신접종, 손발의 세척 및 쥐의 구제 등이 필요하다.

### 8) 리스테리아

① **병원체**

*Listeria monocytogenes*로 Gram 음성의 무포자 간균이다.

② **잠복기 및 임상증상**

잠복기는 3일~수 주일이며 증상은 수막염, 패혈증 및 임산부의 자궁내막염 등이다.

③ **감염원 · 감염경로**

가축(소, 말, 양)이나 가금류(닭, 오리)에게 감염되는 질환이며 감염된 동물과 직접 접촉하거나 오염된 식육 및 유제품을 섭취 시 사람에게 감염된다.

## 8. 기생충에 의한 식중독

대개 토양이나 식품을 통해 침투하는 기생충은 그 병원체의 다양성, 분포양상 및 위해성 등으로 보아 중요한 풍토병이 되어 있다. 예로부터 우리나라는 지리적 조건에 의하여 여러 나라의 침입으로 인한 경제적인 빈곤과 관습 때문에 인분을 사용하였다. 보건지식의 결여로 토양이 인분의 기생충으로 인해 오염되며 그 오염된 토양으로부터 다시 우리의 생활환경, 식품, 특히 채소나 과일 등이 오염되어 사람이 이것을 섭취함으로써 기생충 감염 순환의 경로가 되어 왔다. 하지만 최근 국민소득이 증가하고 사회·경제적으로 안정됨에 따라 기생충의 감염양상도 큰 변화를 가져왔다.

기생충 중에는 유충시기에 숙주를 바꾸는 경우가 있는데, 이 경우 유충시기의 숙주를 중간숙주라 하고, 성충시대의 숙주를 종말숙주라 한다. 또한 유충시기에 두 번 숙주를 바꾸는 경우 처음 숙주를 제1중간숙주, 나중 숙주를 제2중간숙주라 한다. 그리고 기생충의 충란이나 유충이 식품에 부착되어 충란이 부화하고 유충이 되고 다시 유충이 식품에 부착하여 발생하는 동양모양선충과 유충이 포장된 충란이 식품에서 살아남아 회충·요충으로 식품 내에 존재하게 되어 매개하는 중간숙주를 필요로 하는 기생충 등도 있을 수 있다.

현재 문제가 되고 있는 인체기생충은 육안으로 볼 수 있는 정도의 크기를 가진 것이 있는가 하면, 현미경을 통해서만 볼 수 있는 것도 있다. 우리나라 국민의 기생충 감염에 있어서 특이한 점은 감염자의 대부분이 회충, 요충, 편충, 구충에 의해 나타나고 있으며, 동물성식품을 통한 감염을 제외하면 모두 토양에 의해 감염되는 경우와 채소, 어패류, 갑각류(패류) 등의 일반식품의 섭취를 통해 감염되는 경우가 많은데, 대부분이 이것을 생식함으로써 문제가 되고 있다. 동물성식품을 통해 감염되는 경우를 다시 세분해 보면, 동물이 중간숙주이고, 인간이 종말숙주가 되는 경우가 있으며, 중간숙주인 동물을 섭취하여 유충이 사람의 체내에 그대로 머무르게 되는 중간숙주의 역할을 하는 경우도 있다.

### (1) 채소를 통하여 감염되는 기생충

우리나라에서는 대부분의 기생충이 채소로부터 감염되는데, 이는 농촌에서 분뇨를 이용해서 채소의 비료로 사용하고 있기 때문이다. 이것은 분뇨의 채소 성장에 대한 특이성 때문인데, 분뇨는 채소의 섬유질을 적게 하고 채소를 빨리 성장시키며, 다른 비료에 비하여 경제적일 뿐만 아니라 입수가 용이한 속효성 비료이다. 그래서 분뇨를 많이 사용하고 있지만 이런 채소류를 생식으로 식용함으로써 기생충의 감염원이 되는 경우가 많다. 따라서 이런 기생충의 감염을 예방하기 위해서는 분뇨를 완전 숙성시켜 사용해야 하고 감염된 열매가 있는 채소를 충분히 조리하거나 청정 채소를 보급해야 한다. 또한 용변 후에는 손의 청결유지를 위해 물로 깨끗이 씻어내는 것이 좋다.

#### 1) 선충류

**① 회충(*Ascaris lumbricoides*)**

- 우리나라의 대표적인 기생충이다.
- 감염 : 분뇨 속의 충란이 채소에 부착되어 이 채소를 충분히 가열하지 않거나 생식할 경우 감염된다. 회충의 수정란은 외계에서 1~2주 동안 감염능력을 갖춘 성숙란이 주로 채소를 통해 경구감염된다. 채소에 부착된 수정란은 장에서 부화(유충)하여 혈류를 통해 폐·식도·위 등을 거쳐 소장으로 이동, 성충으로 기생한다. 일반적으로 기생 후 산란기까지 약 60~70일이 걸린다. 현재 우리나라에서는 3~6월, 9~11월에 밭 토양에서 가장 많이 발생하며 잎이 큰 엽채류에 특히 많은 회충란이 부착된다.
- 증상 : 권태, 피로, 두통, 발열 등이며 어린이의 경우 흙을 먹는 이미증이 나타나기도 한다. 이 외에 식욕감퇴, 구토, 복통, 현기증, 정신착란 등의 증상이 있다.

- 예방 : 약제에 쉽게 사멸하지 않으므로(1% 승홍수에도 쉽게 죽지 않음) 저항성을 파악하여 위해작용을 방지해야 한다. 난각 속의 자충(성숙란)은 열에 약하여 70℃에서 수 초, 50℃에서 1시간 처리하면 살충효과를 볼 수 있다. 채소는 1~2% 중성세제에 담근 후 흐르는 물에 헹구고(90% 정도 제거), 차아염소산 용액(200~300배 희석액)에 감갔다 흐르는 물에 세척하면 더욱 효과적이다. 그 외에 인분 사용을 금하고 청정채소를 보급하며 감염 시 구충제를 복용해야 한다.

**② 구충(십이지장충; *Ancylostma duodenale*)**

- 세계적으로 널리 분포해 있고 우리나라에서는 최북방 일부를 제외한 전 지역, 특히 남부 지역에 많이 분포해 있다. 도시보다 농촌에서 감염률이 높다.
- 감염 : 기생 부위는 십이지장보다 조금 아래쪽인 공장이며, 날카로운 이로 장벽에 붙어 있어 이동성이 없다. 충란은 분변 배출 시 적당한 온도와 습기(30℃ 내외)가 제공되면 약 2주 후에 자충이 되고 2~2일 경과 후 약 2배 길이가 되며 두 번째 탈피 후 감염형(피낭자충)이 된다. 피낭자충으로 오염된 식품 또는 물을 섭취하거나 피낭자충이 피부를 뚫고 들어감으로써 감염된다. 체내에 있는 자충은 폐에 들어간 후 기관과 식도를 거쳐 소장에서 성충으로 기생한다. 경구감염 시 직접 장관에서 발육하며 성충까지 약 5~6주가 소요된다.
- 증상 : 빈혈증장(특히 뇌빈혈), 소화장애, 피부장애, 신경장애 증상을 보이며 저항력이 약해서 합병증이 나타난다. 어린이의 경우 인체발육과 지능발달이 더뎌지고 이미증으로 인해 산미가 강한 음식을 찾고, 미숙한 과일이나 생쌀을 먹게 된다.
- 예방 : 유충은 70℃에서 1초, 저온(7~8℃)에서는 6일 이내에 사멸하며 직사광선과 소독제에 저항력이 약하다. 분뇨는 2~3개월 방치하면 거의 모든 충란이 사멸한다. 예방을 위해 오염된 흙에 맨발로 다니지 말고 분변 사용을 금지하며, 가열조리와 채소 세척 등 위생관리를 철저히 하고 구충제를 복용해야 한다.

**③ 요충(*Enterobius vermicularis*)**

- 감염 : 주로 집단 감염되며 어른보다 어린이에게 많이 감염된다. 요충은 소장 하부에 기생하는 매우 작은 백색의 기생충으로 일반적으로 야간에 항문 주위나 회음부로 이동하여 산란한 후 다시 장으로 들어가 기생한다.
- 증상 : 항문이나 회음부에 소양증이 생기고 심하게 긁으면 발작이나 찰상이 생긴다. 어린이의 경우 무의식 중에 손을 입에 넣어 감염되는 경우가 많으며 수면방해로 발육에 지장이 생기고 신경질이 심해져 수척해진다.

- 예방 : 손의 청결 유지와 소독을 철저히 한다. 채소류는 가열조리하여 섭취한다. 요충의 예방은 집단적으로 시행해야 하고 환자가 발생하면 치료 외에도 침구와 의류를 자주 교환 및 세탁해야 한다.

#### ④ 편충(*Trichocephalus trichiurus*)

세계 각처에서 발견되며 발현률 또한 높다. 열대 및 아열대 지방에서 많이 나타나며 우리나라에서도 감염률이 높은 기생충이다.

- 감염 : 맹장과 대장 상부에 기생하는 40mm 정도의 선충이다. 성충은 채찍 모양이며 수중 또는 습한 토양 중에서 발육하여 육충이 된다. 외부에서는 부화하지 않는다. 육충은 감염 이 후 점막을 따라 맹장까지 내려가 기생한다.
- 증상 및 예방 : 심한 증세를 나타내는 일이 별로 없고 기생 수가 보통 10마리로 증상이 거의 나타나지 않기 때문에 경시되는 경향이 있다. 어린아이의 경우 특별한 자각증세는 없으나 신경쇠약을 나타낼 수 있다. 예방법은 회충과 같다.

#### ⑤ 동양모양선충(*Trichostrongylus orientalis*)

- 감염 : 섬세한 털 모양의 기생충으로 색은 단홍색 또는 회백색이다. 분변에 섞여 나온 충란, 토양에서 부화한 감염형 유충에 오염된 채소나 손 등을 통해 경구감염되며 때로는 김치를 통해 감염되기도 한다. 경피감염은 잘 일어나지 않는다. 온도변화나 화학약품에 비교적 저항력이 강하다.
- 증상 : 다수가 기생하지 않는 한 뚜렷한 자각증세가 나타나지 않는다.

#### ⑥ 분선충(*Strongyloides stercoralis*)

분선충은 기성세대와 자유세대에 따라 그 모양이 다르다. 기성세대는 수컷의 모양은 아직 알려져 있지 않고 암컷은 5.6mm의 원통형으로 소장 내에서 기생한다. 충란의 크기는 0.07~0.043mm이며 유충까지 발육하여 분변과 함께 배출된다. 자유세대는 수컷이 0.07mm, 암컷은 1.0mm이다. 양 세대 모두 자궁 내에 난자가 들어있다. 보통 경피 감염되지만 때때로 경구감염의 경우도 있다.

### 2) 원충류

#### ① 아메바성 이질(*Amoebic dysenrery*)

1873년 러시아인 이질환자의 분변 내에서 처음으로 발견되었다. 생활패턴과 밀접한 관계가 있다.

- 종류 : 영양형(운동형, trophozoite; vegetative form), 피로전기형(precyxite form ; minuta form), 포낭형(낭자형, cystic form ; cyst), 유악영양형(metacystic form, 소장에서 탈낭)

#### ② 람블편모충(*Fiardia lamblia*)

세계적으로 분포하나 열대 및 아열대에 많으며 어른보다 어린아이에게 많이 발생한다. 종류는 영양형과 포낭형이 있으며 분변에 섞여 나온 포낭에 의해 감염된다. 아메바성 이질과 같이 채소에 부착하여 전파되나, 오염된 손에 의해 직접 전파되는 경우도 많다. 외부에서 장시간 생존 가능하고, 십이지장이나 담낭에 기생하며 설사, 복통, 빈혈 등의 원인이 된다.

## (2) 육류, 어패류, 갑각류를 통하여 감염되는 기생충

일반적으로 육류를 통하여 감염되는 기생충병은 흔하지 않다. 육류는 대개 가열 처리한 요리로 섭취하기 때문이며, 특히 우리나라는 수육의 섭취량이 많지 않기 때문이다. 다만 육회와 같이 생식을 하는 경우가 가끔 있는데, 이때 무구조충이 기생할 우려가 있다. 이와 반면에 어패류 및 갑각류에 의하여 매개되는 기생충은 일본이나 우리나라와 같이 생식을 많이 하는 곳에서 문제가 야기되는 기생충이다.

### 1) 선충류

#### ① 선모충(*Trichinella spiralis*)

- 감염률은 낮으나 전 세계적으로 분포한다. 남아메리카 및 동양에는 드물게 나타나는 것으로, 중국·일본에서 보고된 사례가 있고 우리나라에는 아직 보고된 예는 없다.
- 감염 : 자연계에서는 쥐가 중간숙주인데 돼지, 개, 여우가 피낭유충이 있는 죽은 쥐를 먹었을 때 감염된다. 여기서 생긴 자충이 장관의 현관과 임파관을 통해 전시의 근육과 근섬유 사이에 피낭으로 기생한다. 사람은 돼지고기에 의해 감염된다. 한 숙주에서 성충과 유충을 발견할 수 있는 것이 특징이다. trichina의 경우 동물조직 내에 피낭자충 형태로 기생하고 있는데, 이것이 사람의 체내에 들어가면 위에서 탈낭한 후 자충은 십이지장 또는 공장상부점막에서 2~4일 정도 성숙하여 성충이 된다. 피낭유충을 가진 고기를 사람이 먹으면 소장에서 곧 성충이 되며, 유충이 혈류를 따라 근육에 이르게 되면 발육하여 나선성이 된다. 성충기와 유충기가 같은 숙주 안에 있기 때문에 발육기에도 외부로 나가지 않는다.

• 증상 : 장점막에서 상피조직을 자극하여 염증을 일으킨다. 구토, 오심, 복통 등 급성식중독으로 생각되는 증상을 보이며 안근, 호흡기근육과 위장증상, 발열과 근육통, 현저한 안검부종 등이 나타난다.

• 예방 : 사람은 돼지고기에 의해 감염되므로 위생적인 돼지 사육과 돈육의 충분한 가열 등에 중점을 두어야 한다.

### ② 아니사키스충(*Anisakis*)

• 해산물에 의해 감염되며, 해산물의 생식을 많이 하는 일본에서 가장 문제가 된다. 고래의 분변에서 배출된 충란이 제1중간숙주인 크릴새우, 바다갑각류, 플랑크톤, 물벼룩 등에게 섭취되고, 제2중간숙주인 해선어류(고등어, 대구, 오징어, 명태, 조기 등)의 복강에서 약 2cm까지 발육한 후 바다 포유동물들이 이를 섭취하면 위에서 성충이 된다.

• 감염 및 증상 : 사람은 종말숙주가 아니므로 인체 내에서는 비교적 단시일에 사멸한다. 주로 소화관에 궤양, 종양, 봉와직염을 일으키며, 병변이 활발한 경우 격렬한 복통으로 개복수술이 필요할 때도 있다. 위장 벽 점막에 콩알 크기의 호산구성 육종이 생기는 것이 특징이다.

• 예방 : 예방을 위해 생식을 금하는 것이 가장 좋으나, 생식을 할 경우 복근육을 생회로 먹지 않도록 주의한다. 저항력이 약하므로 생선 등을 냉동·냉장하면 감염능력이 저하한다. 조미료에 저항력이 강한 편이나 겨자에는 약한 것이 특징이다. 생선을 조리할 때는 내부의 장기를 완전히 제거하고 복강을 잘 세척한다.

### ③ 유극악구충(*Gnathostoma spinigerum*)

• 타이, 인도, 말레이시아, 중국, 일본 등 극동 지방에 분포한다. 개의 분변에 섞여 있던 충란이 물속으로 들어가 제1중간숙주인 물벼룩을 거쳐 제2중간숙주인 가물치, 뱀장어, Glossobius, Therapon, Clarias속의 민물고기와 양서류, 파충류, 조류, 갑각류, 포유류 등에 의해 감염된다.

• 감염 및 증상 : 사람의 경우 어류 내의 유충에 의해 감염되는데, 제3기 유충이 위·소장을 거쳐 간으로 들어간 후 전신, 특히 피하조직에서 특유의 이동성 피부종양을 일으킨다. 파행 중 발적, 가려움증 등을 수반한다. 사람에게 기생한 유충은 수년 동안 피하에서 출현과 소실을 반복한다.

• 예방 : 담수어(가물치 등)의 생식을 금하며, 돼지고기나 닭고기 등은 충분히 익혀서 섭취한다.

## 2) 조충류

### ① 유구조충(*Taenia solium*)

- 돼지고기 촌충 또는 갈고리촌충이라 한다. 주로 돼지고기에 의해 감염되며 우리나라에도 흔히 나타난다. 민촌충과 비슷하나 두부에 갈고리를 가지고 있으며, 흡변과 갈고리를 이용하여 주로 소장 상부 점막에 밀착해 있다. 약 1,000개의 체절로 되어 있다.
- 감염 : 분변과 함께 배출된 체절이나 충란이 중간숙주인 돼지나 사람, 기타 포유동물에 의해 섭취되면 소장에서 부화하여 유구유충이 유리된다. 이 유충이 장벽을 뚫고 혈류를 따라 각 조직으로 이동하여 유구낭충이 된다.
- 증상 : 인체에서는 뇌, 눈, 근육, 심장, 신장, 피하조직, 혀 등에 기생하여 위험한 증세를 보이기도 한다. 수년 내지 수십 년간 기생하므로 빈혈을 일으키는 경우도 있다. 낭충의 저항력이 상당히 강하여 상온에서 42일간 생존할 수 있다. 냉장에도 저항력이 강하며, 일시적인 염장이나 훈육제품에서도 생존한다.
- 예방 : 생식이나 불안전한 가열조리식품, 염장육·훈제육 등에 주의하고, 특히 돼지고기를 가열하지 않은 채 섭취하지 않는다.

### ② 무구조충(*Taeniasaginta*)

- 일명 민촌충이라 한다. 길이 4~20cm, 머리는 구형이며 흡반과 유사한 것이 4개 달려 있고 고리가 없는 것이 특징이다.
- 감염 및 증상 : 감염자의 분변에 충란이 섞여 있는 경우도 있으나, 대부분 떨어진 체절의 형태로 배출되며, 중간숙주인 소의 십이지장에 도달하여 무구유충이 유리된다. 혈류, 임파류를 통해 근육, 기타 조직으로 운반되어 약 2개월 후에 무구낭충이 된다. 조직 안에서 9개월 정도 생존하는데, 이 상태의 쇠고기를 생식하거나 충분히 가열하지 않고 섭취했을 때 사람에게 감염된다. 낭충은 근육, 임파선, 식도, 콩팥 등에 존재하며, 조충은 소장에 기생한다. 발육할 경우 배변 시는 물론, 걸어다니거나 잠을 잘 때도 다수의 체절이 떨어져 나오므로 불쾌감을 느끼게 된다. 사람에 따라 복부 압통, 식욕의 이상항진, 오심, 구토, 빈혈 및 체중감소 등의 증상이 나타난다.
- 예방 : 소의 사료나 목초 등이 생분뇨에 오염되지 않도록 하여 소가 감염될 기회를 주지 않아야 한다. 쇠고기의 생식을 피하고 충분히 가열하여 섭취한다.

③ **광절열두조충(*Diphyllobothrium latum*)**

- 회백색 촌충이라 한다.
- 감염 : 분변으로 배출된 충란이 물속에서 제1중간숙주인 물벼룩 내에서 유충이 되고, 제2중간숙주인 담수어 및 반남수어(농어, 연어, 숭어, 꼬치이 등)가 이 물벼룩을 섭취하면 근육이나 간에서 전의미충이 성장하여 유백색의 의미충이 된다. 어육 속의 저항력은 상당히 강하여 건조, 염장 또는 냉동시켜도 죽지 않는다. 고온에는 약하여 50℃에서 수 분 내에 죽는다. 근육 속까지 열이 전도되기까지 약 10분 정도의 가열이 필요하다.
- 증상 : 사람의 경우 경구감염에 의해 소장에 기생하며, 증세가 심하지는 않으나 복통, 설사, 빈혈, 영양 장애 등을 일으킨다. 가장 고통스러운 것은 충체가 항문에서 나오는 것(광절)이다.
- 예방 : 의미충에 감염되어 있는 담수어나 반담수어 등을 섭취하지 말아야 하며, 감염원이 되는 연어나 송어 등의 생식을 피한다.

④ **스파르가눔(*Sparganoisis*)**

- 열두촌충유충과에 속하는 조충의 유충기를 스파르가눔이라 하는데 이것이 인체 내에 기생하여 일어나는 질병이 스파르가눔증이다. 개나 고양이 등이 중간숙주가 되며 사람은 비호적 숙주이다. 충낭의 크기는 엄지손가락 끝마디 정도이며 충체가 이동하지 않으면 충낭은 형성되지 않는다.
- 감염 : 제1중간숙주는 물벼룩, 제2중간숙주는 담수어, 뱀, 개구리 및 조류와 포유류, 사람이다. 중간숙주인 뱀이나 개구리 등에 폴레로세르코이드(열두촌충유충)로 기생한다. 유충은 체내에 들어오면 조직 내에 침입하여 성충으로 발육되지 않은 폴레로세르코이드 유충이므로 이들을 고충(스파르가눔증)이라 부른다. 유충은 기생 부위가 일정하지 않으나 피하결체조직과 지방조직에 주로 기생한다. 물벼룩에 오염된 물을 섭취하거나 뱀·개구리 등을 생으로 먹는 습관이 있을 경우 감염되기 쉽다.
- 증상 : 복벽, 서혜부, 음낭, 안와 등에 무통성 종양을 형성한다. 피하 등에 있을 경우에는 두통이나 동통, 소양감을 느낀다. 비뇨기 등에 기생할 경우 요통, 혈뇨와 더불어 자주 소변을 누고 싶은 것을 느끼게 된다.
- 예방 : 뱀, 개구리 등의 생식을 금하고 물은 끓여서 마신다.

## 3) 원충류

### ① 톡소플라스마(*Toxoplasma*)

- *Toxoplasma gondi*에 의하여 사람이나 포유동물, 조류에 일어나는 질병을 톡소플라스마증이라 하며 감염경로는 정확하지 않다. 본래 고양이의 소장점막이나 상피세포에 기생하는 포자충인데, 이의 증식형 충체가 많은 종류의 조류에 감염된다. 고양이, 토끼, 쥐, 양, 조류 등 광범위하며 사람도 포함된다. 사람을 포함한 거의 모든 온혈동물의 체내에서 살 수 있으며 중간숙주는 숙주로서의 특이성이 없다. 인체 내에서 두 가지 형의 충체로 기생한다. 증식형(영양형)은 도말표본상에서 초승달 모양을 띈 것으로 giemsa 염색 또는 Wright 염색으로 세포질은 청색, 핵은 적색으로 염색된다. 포낭형(cyst형)은 수많은 충체가 모인 주위에 포낭벽이 형성되어 감염과 연계된다.
- 감염 : 세포 내에 침입하여 포낭으로 장기간 세포 내에 생존한다. 오늘날 지구상 전 인구의 약 20~25%가 이 원충에 감염되어 있다고 생각되나, 대부분 불현성 감염이다. 중간숙주인 돼지, 고양이, 개 등의 동물과 사람에 의해 감염되며 분변에 의해서도 감염된다. 영양형은 생체 내에서 수일간 생존하며 냉동에서는 수 시간 정도에서 사멸하지만 포낭형은 영양형보다는 저항성이 강하여 냉동상태에서도 16일 이상 생존한다.
- 증상 : 임산부에게 유산이나 조산의 원인이 되며, 임신 초기에 감염되면 사산을 유발할 수 있다. 기타 중추신경계에 친화성이 있어 뇌수종, 뇌석회화, 맥락망막염 등을 일으킨다. 심할 경우 인체기생으로 인해 모체로부터 신생아에게 감염되는 것도 볼 수 있다. 태아로 감염이 이행되었을 경우 장애아의 출생, 안저질환, 임파선염 등을 일으킨다.
- 예방 : 돼지고기는 충분히 가열조리하여 섭취하고 고양이나 개 등 애완동물의 배설물에 의해 식품이 오염되는 것을 방지해야 한다. 감염 시 설파제, 항생제 스피라마이신을 장기 투여해야 한다.

## 4) 흡충류

### ① 간디스토마(*Clonorchis sinensis*)

- 간흡충이라 한다. 극동에만 분포하여 중국, 베트남, 일본, 대만, 필리핀, 한국 등에서 감염률이 높다. 우리나라에서는 북위 38° 이북과 제주도를 제외한 전 지역에 분포하며, 특히 낙동강 유역에 큰 유행지가 형성되어 있다. 성충은 창상 또는 나뭇잎처럼 길쭉하고 납작하며, 사람을 비롯하여 육식동물의 담관에 기생한다.

- 감염 : 충란은 숙주(사람, 개, 고양이, 돼지 등)의 분변으로 배출되어 하천 등의 물속에서 유충이 되고 제1중간숙주인 왜우렁이에게 포식된 후 부화하여 유모유충이 된다. 이후 포자낭충, 레디아, 유미유충이 된 다음 다시 물속에 유출되면 담수어(참붕어, 모래무치, 잉어, 피라미 등)에게 먹혀 피낭유충이 된다. 인체에 침입하며 탈각되어 유충이 된다. 생식으로 섭취하였을 때 유충은 담즙의 흐름을 좇아 역행하여 간의 담관세지에 자리잡고 25일 만에 성숙하여 기생한다.
- 증상 : 간장과 신장의 비대, 복수, 부종, 소화장애, 황달, 빈혈 등이 나타난다. 유충이 자라면서 담도를 막아 담즙 분비가 어려워지므로 위장장애도 발생한다. 간디스토마는 비교적 저항력이 강하여 식초에서 4일간, 포화식염수에서 2일간 처리해도 사멸하지 않는다.
- 예방 : 담수어의 생식을 피하고 충분히 가열조리하여 섭취한다. 왜우렁이를 없애는 것도 예방의 한 방법이다.

### ② 폐디스토마(*Paragonimus westermanii*)

- 1878년 Kerbert가 인도산 호랑이의 폐에서 발견하여 알려졌으며, 일명 폐흡충이라 한다. 전 세계적으로 분포하고 극동에 많으며 우리나라의 산간지대에도 유행지가 많다. 콩알 정도 크기의 편평한 자웅동체 흡충으로 폐조직에서 충란을 만들며 기생한다. 사람뿐 아니라 육식동물의 폐조직에도 충낭을 형성한다.
- 감염 : 물속에서 부화 가능하며 유모유충은 제1중간숙주인 다슬기에 침입한다. 다슬기의 체내에서 포자낭충, 제1대 레디아, 낭 레디아, 유미유충이 형성되며, 유미유충은 물속에 다시 유리되어 제2중간숙주인 참가재, 참게, 동남가재, 말똥가재 등 게나 가재에 침입하여 직경 0.4~3.4mm의 피낭유충이 되어 근육, 아가미, 내장에 주로 기생한다.
- 증상 및 예방 : 주증상은 기침, 혈담, 기관지염 등이며 충란은 기관지를 통해 담과 함께 배출되거나 분변을 통해 배출된다. 예방을 위해 담수산의 갑각류 생식을 피하고 게를 요리할 때는 피낭유충이 주위를 오염시키지 않도록 주의한다. 조리에 사용하는 조리기구와 손의 청결 및 소독이 필요하다.

### ③ 요코가와 흡충(*Metagonimus yokogawai*)

- 사람 이외에 개, 고양이, 돼지 등과 펠리컨 등의 어식 조류의 소장점막에 기생한다. 우리나라에는 1914년 이후 각 지역에서 발견되는데 특히 섬진강 유역이 유행지이며, 일본에서도 문제가 되고 있는 기생충이다.

- 감염·증상 및 예방 : 물속에 들어간 충란은 자충이 되어 제1중간숙주인 다슬기에서 cercaria로 발육한 다음 제2중간숙주인 담수어(특히 은어)의 근육에 침입하여 피낭유충이 된다. 사람이 생식을 할 때 증상은 보통 일어나지 않으나 다시 기생하면 만성 장카타르, 설사가 일어난다. 피낭유충은 일반적으로 열이나 화학약품에 저항성이 강하여 식초 등에 1시간, 0.3% 염산 및 간장에 6시간 동안 두어도 죽지 않으며, 70℃에서 5분간 가열해도 사멸하지 않는다. 예방을 위해 은어와 같은 민물고기의 생식은 피한다.

## 9. 화학성독

사람이 유독한 화학물질에 의해 오염된 식품을 섭취함으로써 중독증상을 일으키는 것을 화학성 식중독(chemical food poisoning)이라 한다. 1955년 일본에서 발생한 분유 비소 중독사건, minamata병, itai-itai병, 미강유 PCB 중독사건 등이 대표적이며, 화학물질에 의한 아급성 또는 만성독성도 큰 문제로 대두되고 있다.

우리나라에서 발생한 화학물질에 의한 주요식품 위해사건 및 논쟁의 예는 다음과 같다. 1965년 제과공업에서 표백제로 사용한 론갈리트 사건을 위시하여 1969년 발암성분으로 인하여 사용이 금지된 인공감미료 시클라메이트 사건, 1971년 횟가루두부 사건, 1973년 농약오염으로 인한 수박 식중독사건 등이 있었다. 그 밖에 타르색소가 검출되어 1천 통이 폐기된 1979년의 수입 고춧가루 사건, 1988년의 콩나물 농약사건, 1989년 제기된 포장재료의 유해성분 검출논쟁 등 크고 작은 사건들이 끊임없이 매스컴에 논란이 되어 왔다. 이러한 사건들은 때로 원인과 해결책이 발견되고 제시되기도 하였으나 단순히 논쟁으로 그치고 만 경우도 종종 있다. 무엇보다도 중요한 것은 식품의 최종선택자인 소비자들이 식품의 안전성에 대한 인식을 갖고 스스로 주의·예방하는 것이다. 식품의 유통경로는 길고 복잡하므로 모든 국민들이 관심을 기울여야 시중에 유통되는 식품의 품질이 건전하게 확립될 수 있다.

식품에 화학물질이 혼입되는 방법에 따라 분류하면 식품첨가물처럼 의도적으로 첨가하는 경우와 농작물에 살포한 농약이 그대로 잔류하는 경우(의도적이지 않은 경우) 2가지로 대별된다.

## ♣ 식품에 화학물질이 혼입되는 방법

- 고의 또는 오용에 의한 유해물질
- 제조·가공과정 중에 혼입되는 유해물질
- 기구·용기 및 포장재 등에서 용출·이행되는 유해물질
- 제조·가공 및 저장 중에 생성되는 유해물질
- 환경오염에 의한 유해물질
- 기타 원인에 의한 유해물질

대개 화학물질에 의한 식중독의 경우 독성물질의 체내 흡수가 빠르고 체내에 넓게 분포하여 중독수준에 달하면 특이한 작용에 의한 급성증상이 나타나며, 치사량을 초과하면 사망한다. 그러나 원인물질의 흡수가 소량이고 연속적으로 섭취되어 체내에 축적되는 경우 또는 적은 양이 미치는 작용이 누적되는 경우에는 만성중독이 일어난다.

### (1) 고의 또는 오용에 의한 식중독

식품첨가물의 사용 시 불허용첨가물의 사용·오용, 첨가물의 허용치 이상 과다사용, 불순한 첨가물 사용 등의 경우에 식중독이 일어나기 쉽다.

#### 1) 보존료

비교적 독성이 낮은 것으로 사용기준을 정해서 허가하나 그러한 보존료도 전혀 무해한 것은 아니다. 대상식품, 사용량에 관해서는 기준을 지키는 데 유의하지 않으면 안 된다. 허용되지 않은 보존료는 독성이 강하기 때문에 사용을 금지시킨 것이지만, 방부효과를 위해 혹은 경제적인 이유로 인해 자주 불법적으로 사용된다. 불법으로 사용된 보존료의 독성을 살펴보면 다음과 같다.

##### ① 붕산($H_3BO_3$)

보존료로 햄, 베이컨 등에 붕산이 사용되고 있으며, 과자 등에는 붕산($Na_2B_4O_7 \cdot 10H_2O$), 과붕산나트륨($NaBO_3 \cdot 4H_2O$)이 쓰이며, 방부효과는 비교적 약하다. 붕산은 체내 축적성이 있고, 세포원형질의 팽화, acidosis에 의한 대사장애를 유발하며 소화 효소작용을 억제하여 식욕감퇴와 소화불량을 일으킨다. 또한 영양소의 동화를 방해하여 체중의 감소와 장기의 출혈을 가져온다. 사람은 1~3g으로 중독을 일으키고, 8~17g으로 사망하기도 한다. 다량을 섭취한 경우 2~3시간 내에 구토, 설사, 허탈, 홍피증, 혼수상태에 빠져 3~5일 내로 사망한다.

### ② 불소화합물

불화수소(HF), 불화나트륨(NaF) 등은 무엇보다 상당히 강한 방부효력이 있기 때문에 공업용품의 방부 등에 이용한다. 식품에 혼입하는 것은 육류, 우유, 알코올음료 등의 방부살균, 이상발효 억제를 목적으로 하는데, 독성이 강하기 때문에 금지되어 있다.

중독증상은 급성 시에 구토, 복통, 경련, 호흡장애 등을 일으키고 장과 방광의 점막이 손상을 입는다. 만성중독을 일으키는 양은 1일 6mg 이상이며, 반상치를 나타내는 것 외에 불소증(골연화증, 체중감소, 빈혈 등)도 일으킨다. 중독기작은 세포에 직접 작용하여 칼슘대사를 저해한다.

### ③ 승홍($HgCl_2$)

강력한 살균작용이 있고, 의약품에서 방부제로 쓰이며 강해 주류 등에도 쓰이는 경우가 있다. 독물에 속하며, 독성은 상당히 심해서 사람에 대한 경구치사량은 평균 0.5g이다. 체내의 SH기와 결합하여 세포의 대사기능을 억제하며, 사구체, 세뇨관에 변성을 유발한다. 급성중독인 경우에는 구토·복통·요독증 등이 일어나며, 만성중독일 때에는 신장장애, 구내염 등을 일으킨다. 치사량은 0.2~1g이다.

### ④ Formaldehyde(HCHO)

묽은 수용액으로도 단백질을 변성시키며, 살균력과 방부력이 강하고 0.1% 용액에서 포자형성균이 사멸하며, 0.002% 용액에서는 세균발육을 완전히 저지시킨다. faormalin(formaldehyde의 약 35% 수용액)은 방부력이 강하고, 주류·장류·시럽·육제품에 사용되는 경우가 있는데, 독성이 강하다. 알칼리화제로 핵산의 $-NH_2$, $-OH$기와 결합하여 단백질을 불활성화시키고, 소화작용을 억제하며, 두통, 위경련, 식도나 위의 괴사, 순환장애, 현기증 등을 가져온다. 또한 체내에서 개미산(HCO-OH)으로 산화되어 배설되며 신장에 염증을 일으키고, 치사량은 10~20ml이다.

### ⑤ Hexamethylene tetramine(uroteopine)

Formaldehyde와 ammonia가 결합해서 생성되는 것으로 백색 인편상결정이며, 263℃ 부근에서 일부 분해·승화된다. 물에는 잘 녹고, 포름알데히드가 유리되면 방부효과가 있으므로 음식물에 첨가하는 경우가 있다. 의약품으로는 uroteopine이라는 이름의 요도살균제로서 사용되고 있으나 식용으로는 부적당하며, 피부에 발진을 일으키거나 신장·방광을 자극하며 혈뇨, 구토 등을 유발한다.

### ⑥ β-naphtol($C_{10}H_8O$)

백색능형결정으로 간장의 방부제로 일시 사용된 적이 있으나 독성이 강하여 사용이 금지되었다. 세포단백질의 변성과 점막이나 방광의 괴사를 일으키며, 급성증상은 구토, 복통, 경련, 현기증 등을 유발한다.

### ⑦ 기타

페놀 및 그 유도체로서 resorcinol, hydroquinone, pyrogallol, cresol 등이 있다. 석탄산(페놀류)은 구강, 인후, 위에 작열감을 주며, 괴사, 구토, 현기증을 일으키고 실신, 허탈, 호흡마비를 가져온다. 만성중독 시 전신권태, 두통, 현기증, 구토 등을 수반하고, 1~2g이면 중독되며, 치사량은 10~15g이다.

Thymol은 무색의 결정으로, 특유의 향기와 자극적인 맛이 있고, 다량 섭취에 따라 phenol에 의한 것과 같은 증상을 나타내는데 독성은 phenol의 약 1/10 정도이다. 로단초산 에틸 에스테르는 간장의 곰팡이 발육방지에 사용되기도 했으나, 독성이 강한 실용상 결점이 알려져 현재 금지되고 있다. Nitrofuran계 살균제에 속하는 nitrofuazon(5-nitrofural semicarbazone)은 황색 결정성 분말로서 다소 쓴맛이 있고, 어묵에 살균제로 사용된 일이 있으며, 현재는 두부의 보존료로 사용되기도 한다. 0.02~0.0001% 농도에서 호기성 아포형성균의 발육을 저지하고, 강한 살균력이 있다. 포도알구균, 장티푸스균, 살모넬라균 등을 더욱 낮은 농도에서 살균한다. Salicylic acid는 백색의 침상결정 또는 결정성 분말로 방부력이 강하고, 약산성 배지에서 미생물에 대한 항균효과를 나타내며, 보존료로서 과실주·식초·청주 등에 사용되어 왔으나 현재는 사용이 금지되어 있다. Nitrofurylacryl amide는 일반적으로 z-furan, 담황색 결정성분말로 어묵, 어패류의 건제품, 팥앙금, 두부 등에 방부제로 사용한 일이 있으나 만성중독으로 신장종창이 일어나 현재 사용 금지되었다.

## 2) 표백제

### ① 론갈리트

Rongalite($CH_2OHSO_2Na \cdot 2H_2O$)는 formalin에 산성아황산나트륨($NaHSO_3$)을 축합시킨 후 환원하여 만들며, 물에서 아황산이 유리되어 나오므로 환원작용에 의해 표백력이 강하다. 물엿의 표백에 쓰이는 경우도 있었으나 식품에 사용할 경우 산아황산 외에 상당량의 formaldehyde가 잔류되어 신장을 자극하는 등의 독성을 갖고 있어 1967년 론갈리트 중독 사건 이후부터 사용이 금지되었다.

### ② 삼염화질소

삼염화질소($NCl_3$)는 미국에서 밀가루의 표백에 사용되었으나, 독성이 강해서 삼염화질소로 처리한 밀가루로 개의 사육시험을 한 결과 히스테리성 증상이 있어 현재는 사용이 금지되었다.

### ③ 형광 표백제

형광염료는 상당히 큰 것으로 디아미노스틸벤계, 티아졸계, 벤지딘계 등이 있다. 압맥, 국수, 어육연제품 등의 가공식품을 희게 보이도록 하기 위해 형광염료를 쓰는 것은 허용되지 않는다. 형광염료로 사용될 가능성이 있는 물질은 diaminostilben sulfonic acid의 유도체이다.

## 3) 유해성 인공감미료

불허용의 dulcin은 비교적 독성이 강하고 다량 섭취한 경우 2~3일 후에 오심, 구토, 현기증 같은 증상이 나타나며, 4살 어린이가 dulcin 4g을 먹고 사망하는 등 독성으로 인한 많은 중독사고가 발생하여 사용이 금지되었다. 또 p-nitro-o-toluidine은 살인당 또는 원폭당이라고 하며, ethylene glycol, perillartine, cyclamate 등의 유해성 감미료가 있으나, 안전성과 위해성 때문에 사용이 금지되어 있다. 허용감미료도 다량을 섭취하면 중독을 일으키므로 주의를 요하고 있다. Sodium saccaharin은 신장에 장해를 준다.

## 4) 증량제

곡분, 설탕, 어분, 향신료 등을 위조할 목적으로 산성백토, 벤토나이트, 탄산칼슘, 탄산마그네슘, 규산알루미늄, 규산마그네슘, 규조토, 백도토, 석회 같은 영양적 가치가 없는 물질을 가하는 경우가 있다. 과량섭취 시 소화불량이나 복통, 설사, 구토뿐만 아니라 위장염을 가져올 수 있다.

# (2) 화학성 물질에 의한 식중독

## 1) Methyl alcohol(methanol)

주류의 위화에 쓰이며, 알코올발효에서 pectin이 존재하면 생성되기 때문에 포도주·사과주 등의 과실주에 함유되어 있고 정제 불충분한 에탄올이나 증류주에는 미량이 함유되어 있다. 식품위생상 메탄올을 0.5mg/ml(과실주는 1.0mg/ml) 이상 함유하는 주류는 판매나 소지를 금하고 있으며, 주요 증상은 다음과 같다.

♣ **메탄올의 증상**

메탄올은 배설이 완만하고 체내에서 산화 불충분으로 개미산, 포름알데히드 등을 생성하여 독성을 나타낸다. 중독량은 5~10ml이고, 치사량은 개인차가 크나, 대개 30~100ml이다. 일반적으로 섭취 후 몇 시간 이내에 중독을 나타낸다.

### 2) 농약

살균·살충·살서·제초제로서 독성이 강한 물질이며 살포 후 일정한 기간 동안 농작물의 표면에 부착하여 있거나 식물에 흡수되어 분해되지 않고 남아 있을 때가 있다.

농작물오염 외에 공기 중에 부유하거나, 농경지 유수와 함께 하천·해양에 유입되어 해산물이나 가축을 오염시켜 광범위한 식품오염을 유발할 가능성이 있다.

#### ① 유기인제

살균제와 살충제로 사용하며 parathion, malathin, diazinon이 있다. 주요 증상으로는 식중독을 일으키고, 식욕부진, 구토, 정신경련, 근력감퇴, 혈압상승 등이 나타난다. 예방법은 살포 시 흡입 주의와 수확 전 15일 이내에는 살포를 금지하는 것이다.

#### ② 유기염소제

살충제와 제초제로 사용하며, 유기인제에 비해 독성이 적지만, 잔류성이 크고 신경독과 복통, 설사, 구토, 두통, 시력감퇴, 전신권태가 나타나며, 예방은 유기인제와 동일하다. 대표적으로 DDT와 BHC가 있는데, 사용이 금지되어 있다.

#### ③ 유기수은제

종사소독, 토양살균, 도열병 방제 등에 살균제로 사용하며, 메틸염화수은, 메틸요오드화수은이 있다. 신경독과 신장독을 일으키며, 증상으로는 시야축소, 언어장애, 보행곤란, 정신착란 등이 있다.

## (3) 제조 · 가공 과정 중에 혼입되는 유해물질

### 1) 조제분유중독

- 급성 – 두통, 현기증, 구토, 복통, 설사, 시신경 염증으로 실명한다.
- 중증 – 마취상태에 빠져 호흡장애나 심장쇠약으로 사망할 수 있다.
- 만성 – 두통, 흉통, 신경염 등을 일으킨다.

1955년 일본에서 식품회사인 삼영제품의 조제분유로 인해 영유아에게서 식욕부진, 빈혈, 피부발진, 피부의 색소침착, 설사, 미열, 신경염, 흑피증, 각화증 등의 증상이 이어지다가 사망까지 이르게 된 사건이다. 원인은 분유의 안정제인 제2인산나트륨에 불순물로 비소가 20~30ppm 함유되어 있었던 것이었다. 이로 인해 유아 12,344명이 비소에 중독되었고, 그중 138명이 사망하였으며, 사건이 발생한지 14년이 지난 후에도 70~80% 정도의 어린이에게 후유증이 남아 보행불능, 언어장애, 피부종기, 난청, 약시, 복통 등이 나타나고 있다.

### 2) 미강유 중독

1968년 일본 큐슈지방에서 미강유를 사용하여 조리한 식품을 먹은 주민에게 색소침착·좌창·안검총창·취출물 등의 증상으로 나타났다. 미강유의 탈취공정 중에 열매체로 사용된 polyclorinated biphenyl(PCB, KC-400)가 파이프의 핀 홀에서 흘러나와 미강유에 혼입된 것이다. 미강유 중독사건으로 인정된 환자는 1,788명인데, 그 중 사망자는 112명이다.

### 3) 기구, 용기, 포장재 등에 기인하는 유해 · 유독물질

식품위생법 제3장 제8조에 '유독·유해물질이 들어 있거나 묻어 인체의 건강을 해할 우려가 있는 기구 및 용기·포장과 식품 또는 포장을 판매하거나 판매의 목적으로 제조·수입·저장·운반 또는 진열하거나 영업상 사용하지 못한다' 고 명시되어 있다.

동법 제3장 제9조에서 보건복지부장관은 국민보건상 특히 필요하다고 인정할 때에는 기구 및 용기·포장에 관한 규격 및 기준을 정할 수 있어, 식품 등의 규격 및 기준에 그 규격이 설정되어 있다. 【표 2-13】은 각종 포장재료에서 이행이 예상되는 물질을 나타낸 것이다.

**표 2-13** 포장재료에서 이행 예상되는 물질

| 포장재료 | 이행물질 |
|---|---|
| 지류(셀로판 포함) | 착색제(형광염료 포함), 충전제, sizing제, 펄프용 방부제(전유) |
| 금속제품 | 납(땜납에서 유래), 주석(도금에서 유래), 주석[도금에서 유래, 도료성분(monomer, 첨가제)] |
| 도자기, 법랑기구, 유리제품 | 납(유약, crystal glass 등), 그밖의 금속(유약, 안료 등) |
| 플라스틱 | 잔유 monomer(vinyl chloride, styrene, acrylonitrilic 등), 첨가제(안정제, 가조제, 산화방지제 등), 잔유촉매(금속, 과산화물 등) |

### ① 종이 및 가공지

종이는 목재펄프를 주원료로 하여 표백제, 사이징제, 점성물질조절제(silicides), 진료, 착색제 등의 첨가물을 가하여 제조한 것이다. 종이는 식품포장용을 제외하고는 대부분이 경제적인 이유로 종이원료인 신선한 펄프에서 탈묵·표백한 수십%의 오래된 종이를 혼합하거나 비위생적인 폐지로 만든 재생지가 오용된다. 일본 오사카 캔 포장지에서 41.3ppm의 PCB, PCT 등의 유해물질이 검출된 이후 용기포장에서는 5ppm 이하가 되도록 잠정적으로 규제하고 있다.

사용 금지된 형광염료를 첨가해 형광·표백하는데, 이들 중에는 발암성 논란이 있었던 점과 폐지를 재생하는 데 사용한다는 점을 감안하여, 형광 표백제가 있는 포장지는 식품에 사용하지 못하도록 규제하고 있다. 다만 파라핀 코팅 또는 합성수지 코팅하여 용출되지 않으면 규제받지 않는다. 실제로 강력한 산화법에 의하여 형광을 소실해 형광이 존재하지 않으면 그 물질이 무해화하는지, 더 유해한 물질로 변하는지 간과하게 되는 맹점이 있다.

종이에 파라핀을 도포한 가공지가 음료수 및 주류의 컵, 식품 포장지로 사용되고 있는데, 미국에서 돼지고기를 파라핀지로 포장하여 27℃에서 6~27시간 보관한 결과, 파라핀 50~80ppm이 옮겨진다는 보고가 있고, 독일에서는 파라핀 중 인체 내 축적성과 발암성이 있는 3, 4 벤즈피렌, 1, 2, 5, 6 지베자스라센 등이 0.1ppm 이하로 규제하고 있다.

### ② 셀로판

비스코스로부터 필림상으로 성형한 재생섬유소의 일종으로 용해용 펄프를 약 18% 수산화나트륨 용액을 처리하여 알칼리 셀루로스 후레이크로 만든 후 감압하에 이황화탄소를 반응시킨 수산화나트륨에 용해시킨 것이다.

③ **금속제**

알루미늄은 솥·냄비·오링 등에 사용되며, 산·알칼리에 부식되는 단점이 있다. 스테인레스스틸은 18–8강(Cr 10~20%, Ni 10%)이 식기용으로 이용되고 있고, 내식성이 강하여 위생상 가장 적당한 소재지만, 종류에 따라 가공처리의 방법이 나쁘면 크롬이 용출될 우려가 있다. 동은 표면을 연마해 동 고유의 광택을 지니나, 습한 곳에서는 산에 가용성의 녹청[$Cu(OH)_2 \cdot CuCO_3$]이 생성되므로 위생상의 위해를 고려해 크롬·은·주석·니켈 등으로 도금하여 사용하고 있다.

금속관은 주석도금한 백판으로 제조되는네, 순수한 주석이 비교적 독성이 적고 안정성이 높아서 철 도금에 많이 사용된다. 그러나 세공 시 도금이 불가능하게 되어 유기산이나 산소 등이 존재하면 국부전류가 흘러 주석이 용해되고 장기간 보존 시 관이 팽창해 부풀어 오르는 현상이 일어나므로 최근에는 내면도장을 한 소위 위생관을 주로 이용하고 있다. 통조림은 보통 1~2년이 보존기간이나, 과실 또는 과즙과 같이 유기산이 함유된 것은 1년 이내에 소비할 필요가 있다. 일본에서는 주석을 158ppm 함유된 과즙을 먹고 828명이 중독되었고, 300~500ppm 함유한 과즙을 먹고는 96명이 구토, 설사, 복통을 일으킨 중독사고가 있었다. 현재 우리나라 기준은 150ppm을 초과하면 규제하는데, 이에 대상이 되는 경우는 별로 없다. 다만 산성통조림은 200ppm이 기준이다.

④ **도자기, 옹이, 법랑, 유리**

유리는 규산을 주성분으로 하여 탄산나트륨, 탄산칼슘 등의 염기성분 및 산화납·산화아연을 혼합해 1,200~1,500℃의 고온에서 용융하여 만든다.

⑤ **고무제**

우리나라는 포장기구에 대해서만 납 또는 아연을 함유한 고무로 제조해서는 안 되도록 규제하고 있다.

⑥ **합성수지**

가소성을 갖고 있는 유기고분자 화합물을 주성분으로 하는 합성물질로 열경화성 수지와 열가소성 수지로 분류된다.

### 4) 제조 · 가공 · 저장 중에 생성되는 유해물질

① **지질의 산화생성물**

변패한 유지를 동물에 투여하면 성장을 저해하고, 지방산 과산화물의 복강 투여 시 상당히 강한 급성독성을 갖고 있다. 이는 과산화물이 효소단백질, 조직단백질에 장해를 일으키기 때문이다. 그러나 경구 투여 시에는 장관에서 흡수가 잘 되지 않고, 독작용은 직접 장관벽에 나타난다. 2차적 분해물은 과산화물보다 장관에 미치는 급성독성이 강하다.

식품 중에 생성된 hydropcroxidc 등의 2차 산화생성물은 섭취된 다음 장관에서 흡수되고, 혈류를 따라 각 조직에 운반되며, 분해될 때에 수산 radical(OH) 등을 생성하는데, 이는 산화력이 강하여 조직 중의 막에 있는 arachidonic acid 등의 불포화지방산과 반응하여 과산화지질을 생성하고, 젊은 조직에서는 glutathione peroxidase(GPx) 등의 효소에 의해 과산화지질이 모두 분해된다. 그러나 오래된 조직에서는 분해가 이루어지지 않아 생체막에 이상을 일으키므로 동맥경화 등의 노화현상을 가져온다.

과산화물중(malonaldehyde : MDA)은 발암성이 의심되는 것으로 산패한 지방산에 의해 암을 유발한다. 유방암·대장암·전립선암·피부암·폐암 등이 어느 정도 상관관계가 있다고 알려졌다.

대장암은 지방섭취에 의해 sterol, 담즙선 대사에 이상을 초래하여 장내 세균군을 변화시켜 발암물질이나 발암촉진물질을 생성하기 때문에 지방의 과산화에 의해 생성된 free radical이 발암을 촉진한다는 설도 있다.

② N-nitrosamine

질산염, 아질산염은 육제품 발색제로서 육류의 색소고정 외에도 *Clostridium botulinum*의 억제효과를 나타낸다. 질산염은 아질산으로 쉽게 환원되며, 아질산은 식품 중의 2급 아민과 반응하여 N-nitrosamine을 생성한다. 이 화합물 중에서 강력한 발암성을 가지는 것이 알려져 있는데, dimethylnitrosamine(DMNA)의 간장독성과 발암성이 대표적이다. 어패류, 어란(아민류), 채소(질산염, 절임채소) 등에서도 나타난다. 1954년 영국에서 4명의 연구원이 간경변에 걸려 그중 한 명이 간암으로 사망하였는데 원인은 DMNA로 밝혀져 N-nitrosamine 발암의 최초 발견으로 알려졌다.

### (4) 논쟁이 가열되고 있는 식품첨가물

1989년 국내의 한 조사결과, 소비자들이 식품의 오염물질 가운데 가장 크게 우려하는 것은 잔류농약, 식품첨가물, 잔류중금속 순이었으며, 합성세제나 포장재료에 대한 우려도 있었다. 또한 식품의 안전성에 대한 소비자들의 불안은 인스턴트식품, 냉동식품, 어패류, 조미료, 과자류, 음료수, 채소류, 수입식품, 통조림 등의 순으로 나타났다. 이들 식품을 소비자가 안심하고 먹을 수 있도록 식품의 생산·가공 및 유통·저장의 건전한 환경조성에 각별한 주의가 필요하다.

### 1) 아황산염

아황산염은 수백 년 동안 여러 형태로 식품에 첨가해 왔다. 최초의 기록은 로마시대에 포도주 통을 살균하기 위하여 아황산가스를 사용하였다는 것이다. 최근에는 소비 직전의 식품(샐러드용 식품, 건어물)에도 남용한 사례가 있다. 아황산염은 기관지 천식을 일으키는 것으로 알려져 있어 이에 민감한 사람들에 대한 위험성이 논의되고 있으며, 이에 따른 규제조치가 필요하다. 아황산염은 갈변방지와 세균발육의 억제를 위해 주로 사용하고 있으나, 아황산염의 안전사용 기준량을 지키게 하고, 아황산에 민감한 천식환자들을 위해 식품표시를 의무화하는 방법으로 피해를 줄여야 한다. 우리나라에서는 과자류, 건조어패류, 건조과일·채소, 토란, 연근 및 과실주에서 아황산염의 허용기준인 30ppm 이상이 검출되고 있으나, 평균 총섭취량이 낮은 편이므로 위해 가능성에 대해서는 크게 걱정하지 않아도 된다.

### 2) 사카린

사카린은 경제적이면서 열량가가 없기 때문에 세계적으로 널리 사용되고 있는 대체감미료이나, 발견 당시부터 여러 가지 논란을 일으켜 온 화학합성물질이다. 실험동물인 쥐에서 고농도를 투여했더니 방광암을 일으켰다는 보고로 인해 이후 폭넓은 시험평가가 이루어져 왔으나 인간에 대한 발암 가능성을 추정하기에는 불확실성이 많으며, 위해의 정도성 평가에 어려움이 많다. 이제까지 많은 실험결과로부터 인간의 방광은 쥐의 방광에 비해 사카린에 대한 감수성이 매우 낮고, 값이 매우 높기 때문에 발암 가능성은 거의 없는 것으로 밝혀지고 있다. 특히 사카린에 대한 규제에 반대가 따르는 가장 큰 이유는 피해 가능성에 비해 이득이 많다는 점이다. 즉 당뇨병의 식이요법에 중요하며, 충치예방에 간접효과가 있을 뿐만 아니라 편의상으로나 경제적으로도 이점이 있다. 여러 나라에서 논쟁을 거친 결과 사카린은 법적 기준한도 내에서 사용이 허가되었으며, 특히 당뇨환자를 위한 감미료로 사용하고 있다.

### 3) 아질산염

육가공품에 발색제 및 보존제로 널리 사용되고 있는 아질산염에 대한 유·무해 논쟁은 1987년 소비단체에 의해 문제가 제기된 후 이견이 많다. 이러한 논쟁은 한국인의 육가공품 소비량이 얼마나 되느냐, 즉 아질산염이 허용기준치가 한도 내에서 섭취되고 있느냐가 중요한 논거가 된다. 우리나라 경우 허용기준치가 비교적 낮으며, 육가공품 섭취량도 다른 나라에 비해 낮은 것으로 나타났다. 아질산염은 여러 가지 질소화합물과 반응하여 니트로사민을 형성하는데, 이는 실험동물에서 암을 유발하는 것으로 나타났으나 인체에 대한 역학조사결과, 사람에게 발암성이 있다는 직접적인 증거는 나타나지 않았다.

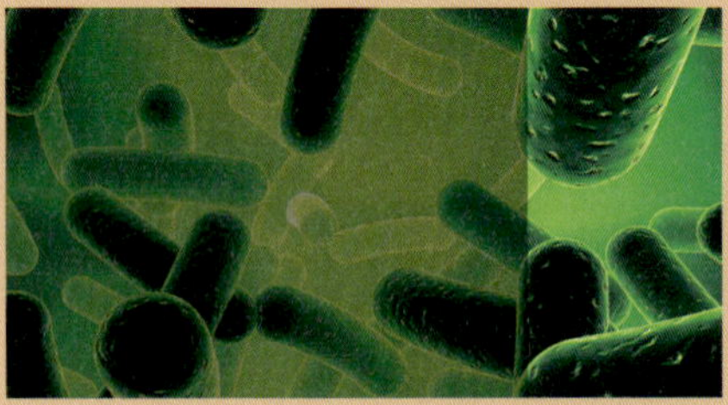

현장실무에서 관리자들이 꼭 알아야 할 NCS 기반 식품위생관리
Essentials of Safety & Sanitation for Foodservice Employees

1. 식중독 정의
2. 식중독의 발생식품
3. 식중독의 발생경로
4. 식중독을 일으키기 쉬운 식품
5. 우리나라 식중독 발생현황
6. 식중독이 발생할 수 있는 경우
7. 식중독을 일으키는 미생물의 생육 조건
8. 식중독의 종류
9. 바이러스 식중독
10. 급식 위생관리
11. 식중독 예방법
12. 식중독균의 전파경로
13. 식중독 예방을 위한 식품 처리 방법의 예

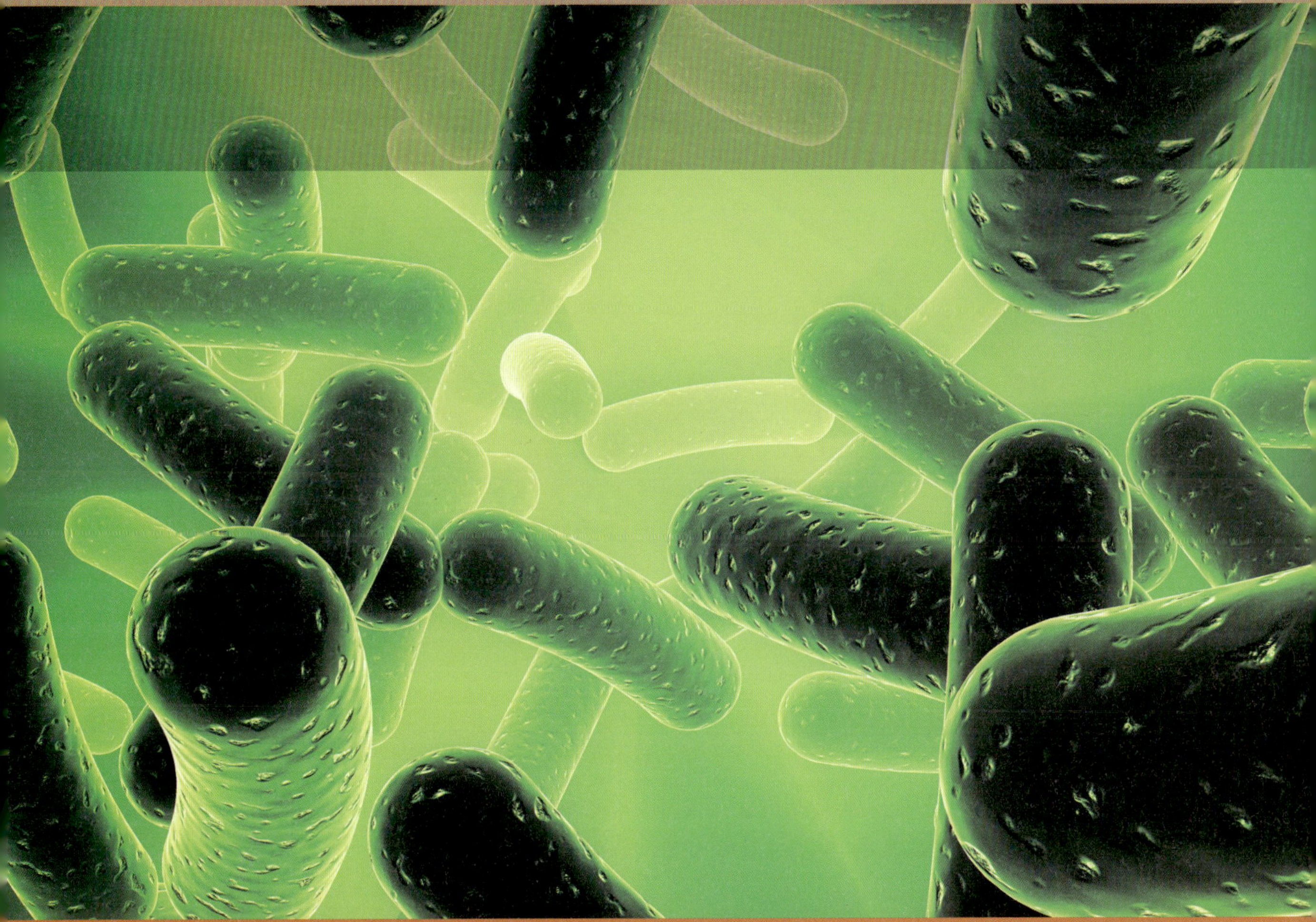

# 식중독 관리 | 03

## 1. 식중독 정의

식중독이란 음식물로 인해 발생하는 질환을 의미하며, 음식물을 준비하는 모든 과정(식재료의 구매·입고·저장·준비·공급)에서 발생할 수 있다.

## 2. 식중독의 발생식품

| 수산식품 | 버섯류 | 육류 및 가공품 | 기타 |
|---|---|---|---|
| 28.2% | 18.4% | 23.9% | 29.5% |

## 3. 식중독의 발생경로

보균자(음식 취급자, 피급식자) → 기침, 재채기, 아물지 않은 상처, 종기, 배설물에 오염된 손·바퀴벌레·쥐·파리 등 → 시설물, 식기, 음식 → 식사 → 식중독 순으로 발생한다.

## 4. 식중독을 일으키기 쉬운 식품

어떤 음식이든지 식중독의 원인이 될 수 있다.

우리가 항상 먹는 고단백 식품은 식중독을 일으킬 확률이 가장 높다. 특히 다음의 식품은 미생물의 증식 위험성이 높은 식품들이다.

- 우유 및 유제품, 우유가 첨가된 음식물
- 달걀
- 육류 및 가금류
- 생선, 조개, 갑각류
- 두부 및 콩제품
- 굽거나 삶은 감자
- 조리된 채소류

## 5. 우리나라 식중독 발생현황

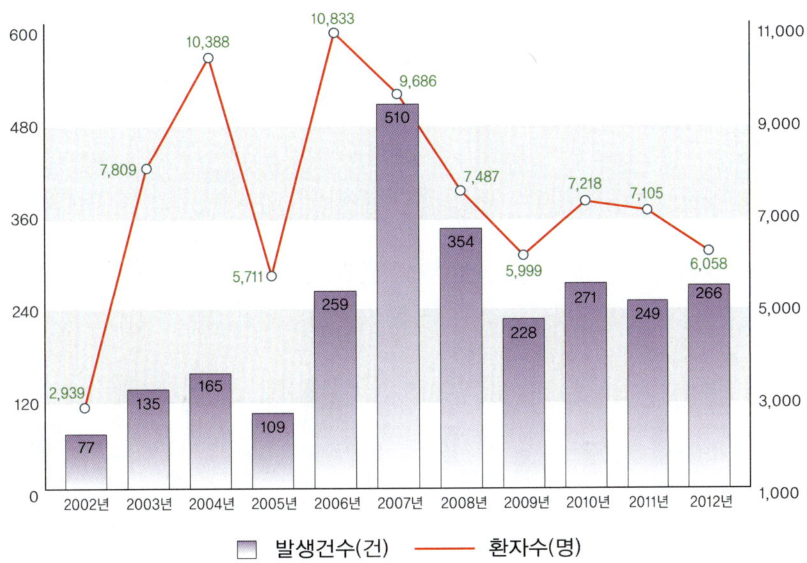


【그림 3-1】 2002~2012년 연도별 식중독 발생현황

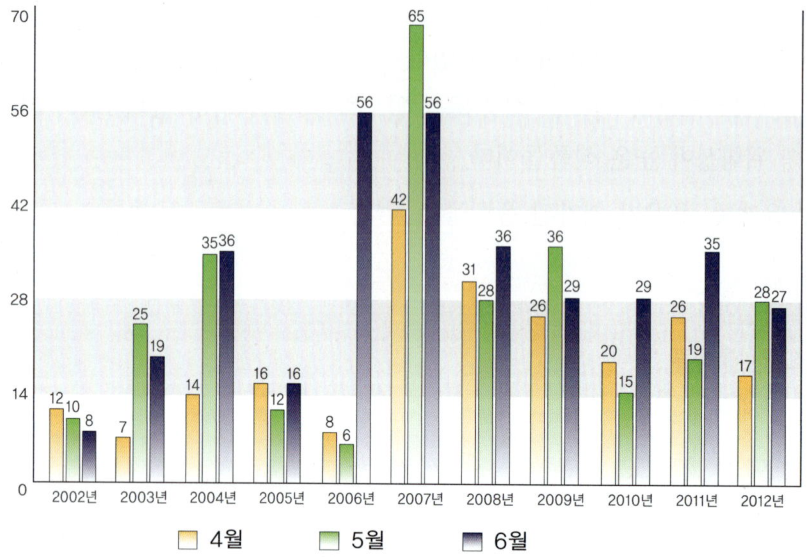


【그림 3-2】 2002~2012년 연도/월별 식중독 발생현황

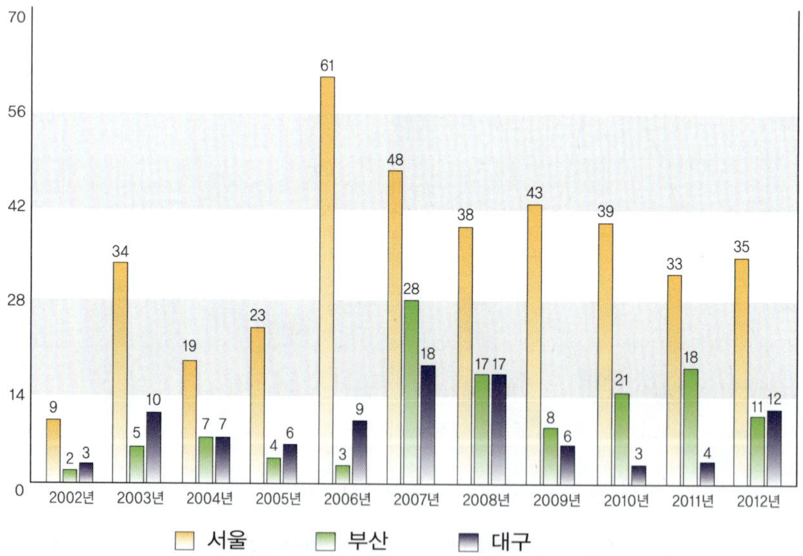


【그림 3-3】 2002~2012년 연도/지역별 식중독 발생현황

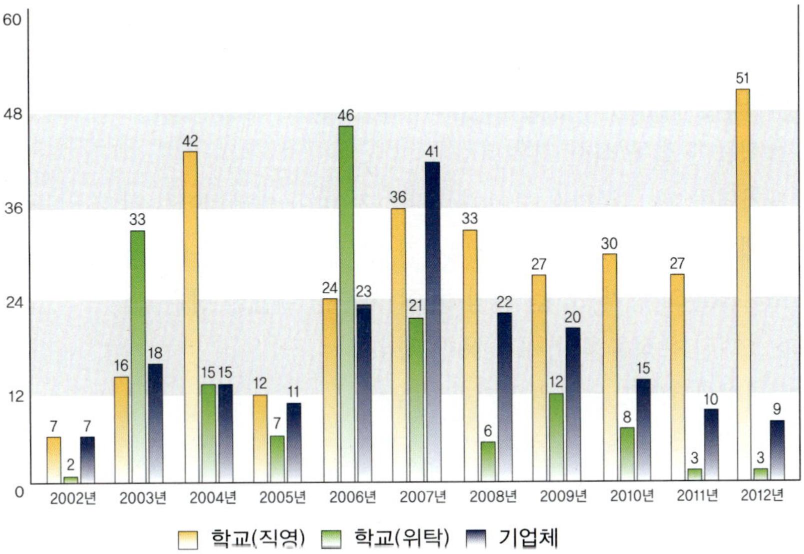


【그림 3-4】 2002~2012년 연도/원인시설별 식중독 발생현황

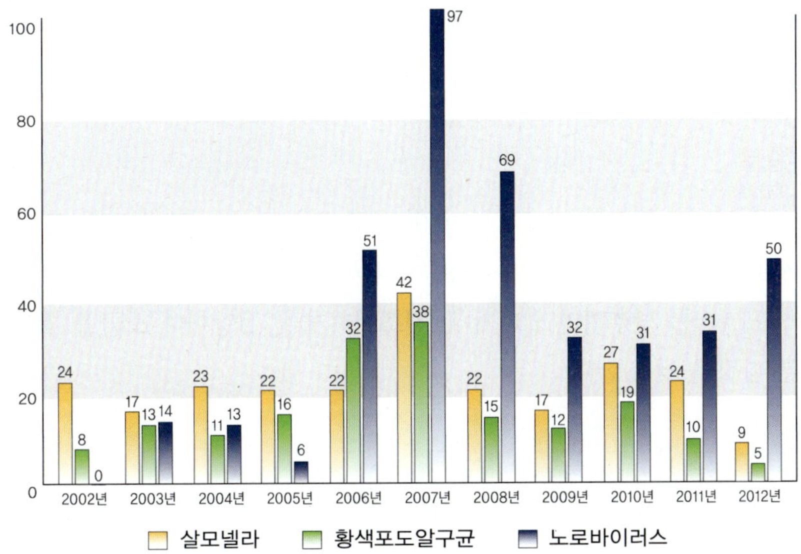


【그림 3-5】 2002~2012년 연도/원인균별 식중독 발생현황

## 6. 식중독이 발생할 수 있는 경우

- 안전하지 못한 곳에서 식자재를 구입한 경우
- 오염된 식재료를 사용하여 충분히 익히지 않은 경우
- 뜨거운 음식물을 잘못 식힌 경우
- 음식을 재가열할 때 내부까지 충분히 가열하지 않아 박테리아가 살아 있을 경우
- 식품을 박테리아가 배양되는 온도에 4시간 이상 방치한 경우(4~60℃)
- 감염된 조리원(손의 상처, 화농, 기침 등)이 식품을 취급한 경우
- 생식품과 조리된 음식물을 함께 사용한 경우
- 조리원이 비위생적으로 음식을 처리한 경우
- 주방 용기를 충분히 세척, 소독하지 않은 경우

## 7. 식중독을 일으키는 미생물의 생육 조건

### (1) 박테리아

#### 1) 온도와 시간

5~57℃, 특히 16~49℃의 경우 번식력이 가장 높다. 이 온도에서 4시간 이상 방치하면 위험하다.

#### 2) 영양분과 수분

박테리아는 성장을 위해 물과 영양분을 필요로 하며, 영양분을 물에 녹은 형태로 섭취한다.

- 수분활성도(water activity : Aw) 0.85에서부터 생육을 시작한다.
- 수분활성도(Aw)를 낮추려면 얼리거나, 건조시키거나, 설탕이나 소금을 첨가하거나, 건열조리(수분 함량을 낮춤)한다.

#### 3) pH

중성이나 약산성일 때(pH 4.6~9.0) 번식하며 특히 pH 6.6~7.5에서 가장 활발히 번식한다.

#### 4) 산소

박테리아의 종류에 따라 다르다.

- 호기성 : 증식에 산소가 필요하다.
- 혐기성 : 진공 포장, 통조림 등 산소가 없는 상태에서도 생육 가능하다. 식중독을 일으키는 대부분의 박테리아가 여기에 속한다.

## (2) 바이러스

- 살아있는 세포에서만 복제가 가능하며, 식품은 단지 숙주 간의 매개체이다.
- 80℃에서도 생존 가능하다.
- 냉동실에서도 1년 이상 생존할 수 있다.
- 오염된 물이나 음식을 날로 먹었을 때, 위생 상태가 좋지 못할 때 식중독이 발생한다.

## (3) 기생충

- 숙주의 내외부에 붙어서 생존한다.
- 육류나 생선을 날것으로 먹거나 잘 익히지 않고 먹었을 때 식중독이 발생한다.

## (4) 진균류

### 1) 곰팡이

- 곰팡이는 성장이 빠르며, 포자는 번식할 때 사용한다.
- 감염이나 알레르기의 원인이 되기도 하며, 곰팡이가 발생하는 독소는 암이나 식중독을 발생시킨다.
- 건조한 상태 또는 높거나 낮은 pH에서도 생육이 가능하다.
- 60℃에서 10분 가열하면 곰팡이와 포자를 사멸시킬 수 있으나, 이미 발생한 독소는 제거할 수 없다(그러므로 곰팡이가 발생한 식품은 버려야 한다).

### 2) 효모

- 음식물 중의 수분과 당분을 이용하여 번식한다.
- 음식물의 부패 원인이다.
- 58℃에서 15분간 가열하면 사멸한다.

# 8. 식중독의 종류

식중독은 그 원인 물질에 따라 미생물 식중독, 화학적 식중독, 자연독 식중독으로 분류할 수 있다【표 3-1】.

**표 3-1** 식중독의 분류

| 분류 | | 종류 | 원인균 또는 물질 |
|---|---|---|---|
| 미생물 식중독 | 세균성 (16종) | 감염형 | 살모넬라(3종), 장염비브리오균(2종), 병원성대장균(4종), 캠필로박터, 여시니아, 리스테리아 모노사이토제네스, 바실러스 세레우스, 시겔라(세균성 이질) |
| | | 독소형 | 황색포도알구균, 클로스트리디움 퍼프린젠스 |
| | 바이러스성 (6종) | 공기, 접촉, 물 등의 경로로 감염 | 노로바이러스, 로타바이러스, 이스트로바이러스, 장관아데노바이러스, 간염 A바이러스, 사포바이러스 |
| | 원충성(4종) | – | 이질아메바, 람블편모충, 작은와포자충, 원포자충 |
| 화학적 식중독 | | 고의 또는 오용에 의해 첨가되는 유해물질에 의한 식중독 | 식품첨가물 등 |
| | | 본의 아니게 잔류, 혼입되는 유해물질에 의한 식중독 | 농약, 동물용 의약품, 유해 중금속 등 |
| | | 제조·가공·저장 중 생성되는 유해물질에 의한 식중독 | 지질의 산화생성물, 니트로소아민 |
| | | 기타 물질에 의한 중독 | 메탄올 등 |
| | | 조리기구 포장에 의한 식중독 | 녹청(구리), 납, 비소 등 |
| 자연독 식중독 | | 동물성 자연독에 의한 중독 | 복어독 등 |
| | | 식물성 자연독에 의한 중독 | 감자독, 버섯독 등 |
| | | 곰팡이 독소에 의한 중독 | 황변미독, 맥각독, 아플라톡신 등 |

출처: 식품의약품안전처

- 미생물 식중독 : 일정한 수 이상으로 증식한 세균과 바이러스 또는 이들이 만들어 낸 독소 등을 함유하는 식품을 섭취해 발병하는 경우를 말하며 감염형과 독소형으로 구분된다.

- 화학적 식중독 : 수은, 납, 비소 등 중금속류, 농약, 첨가물 등의 화학물질에 의한 식중독을 말한다.
- 자연독 식중독 : 복어독, 마비성 패독 등의 동물성 자연독, 독버섯, 감자싹 등 식물성 자연독에 의한 식중독을 말한다.

## 9. 바이러스 식중독

### (1) 바이러스 식중독

바이러스 식중독이란 바이러스에 오염된 음식물을 섭취하여 일어나는 건강상의 장해를 말한다. 주요 원인 바이러스는 노로바이러스(norovirus)이며, 그 밖에 아스트로바이러스(astro virus), 간염 A형 바이러스(hepatitis A virus), 로타바이러스(rota virus) 등이 알려져 왔다.

### (2) 바이러스 식중독의 증상

바이러스 식중독의 증상은 메스꺼움, 구토, 설사, 위경련 등이며, 때때로 미열, 오한, 두통, 근육통과 피로감을 동반하기도 한다. 감염되었을 경우 갑작스러운 설사가 발생하며 1~2일 정도 지속된다. 소아의 경우 성인보다 심한 구토증세를 나타내는 경우가 많다.

표 3-2 바이러스성 식중독의 원인 및 증상

| 병원체 | 잠복기 | 증상 | | 전파기전 | 2차 감염 |
|---|---|---|---|---|---|
| | | 구토 | 열 | | |
| 아스트로바이러스 | 1~4일 | 가끔 | 가끔 | 식품, 물, 대변-구강전파 | ○ |
| 장관 아데노바이러스 | 7~8일 | 통상적 | 통상적 | 물, 대변-구강전파 | ○ |
| 노로바이러스 | 24~48시간 | 통상적 | 드물거나 미약 | 식품, 물, 접촉감염, 대변-구강전파 | ○ |
| 로타바이러스 A군 | 1~3일 | 통상적 | 통상적 | 물, 비말감염, 병원감염, 대변-구강전파 | ○ |

출처: 식품의약품안전처

### (3) 바이러스 식중독과 세균성 식중독의 차이

세균성 식중독과 가장 큰 차이점은 다음과 같다.

① 미량의 개체(10~100)로도 발병이 가능하고,

② 바이러스는 자체적으로 증식이 불가능하며,

③ 바이러스는 항생제로 치료가 가능하지 않다.

표 3-3 세균과 바이러스의 차이

| | 세균 | 바이러스 | 비고 |
|---|---|---|---|
| 특성 | 균에 의한 것 또는 생산하는 독소에 의하여 식중독 발생 | 크기가 작은 DNA 또는 RNA가 단백질 외피에 둘러싸여 있음 | |
| 증식 | 온도, 습도, 영양성분 등이 적정하면 자체 증식 가능 | 자체 증식이 불가능하며 반드시 숙주가 존재해야 증식 가능 | |
| 발병량 | 일정량(수백~수백만) 이상의 균이 존재해야 발병 가능 | 미량(10~100) 개체로도 발병 가능 | |
| 증상 | 설사, 구토, 복통, 메스꺼움, 발열, 두통 등 | 메스꺼움, 구토, 설사, 두통, 발열 등 | 증상은 유사함 |
| 치료 | 항생제 등을 사용하여 치료 가능하며 일부 균은 백신이 개발되었음 | 일반적 치료법이나 백신이 없음 | |
| 2차 감염 | 2차 감염되는 경우는 거의 없음 | 대부분 2차 감염됨 | |

### (4) 바이러스 식중독의 치료와 예방

현재 노로바이러스에 대한 치료법이나 감염 예방 백신은 없다. 건강한 성인에게는 감염증상이 경미하나 소아, 노인 환자의 경우 발생하는 탈수 증상으로 생명에 치명적인 위해를 가져올 수도 있다. 구토, 설사 증세가 있을 경우 탈수를 막기 위해 충분한 양의 물을 섭취해야 한다.

**바이러스 식중독은 치료법이 없기 때문에 예방이 가장 중요하다.**

- 개인위생의 준수 : 요리 전, 식사 전, 화장실 용무 후 항상 손세척
- 위생적 식습관의 생활화 : 굴, 과일, 채소 등을 깨끗이 세척하여 섭취
- 정수처리 시설 관리 : 물탱크, 저수조, 배관관리 등 위생적 식수공급
- 감염 후 관리 : 바이러스에 오염 가능성이 있는 옷과 이불 등의 소독 및 감염자와의 접촉을 피하여 2차 감염 예방

## ♣ 노로바이러스란?

### 주요 원인 식품

- 굴 등의 패류
- 오염된 지하수, 식품용수 등의 물
- 가열하지 않은 생채소류, 과일 등

### 잠복기 및 임상증상

- 평균 잠복기 : 24~48시간
- 잠복기 후 증상지속 : 4~77시간
- 오심, 구토, 설사, 복통, 두통, 열, 오한 등

### 기타

- 특징 : 세포에서 증식되지 않는다.
- 식중독 발생장소 : 양로원, 병원, 식당, 학교 및 놀이방 등
- 환경 저항성이 강하다(알코올, 염소 처리 등에 비교적 안정).

## ♣ 노로바이러스의 특성과 문제점

### 대규모 감염 가능

- 발병한 환자를 매개로 하여 다른 사람에게 전파되거나 토물과 배설물의 바이러스를 함유한 공기를 통해서도 감염이 가능하기 때문에 집단발병이 일어나기 쉽다.
- 감염된 환자는 증상이 없는 상태에서 2주까지 활동하기 때문에 확산의 원인이 될 수 있다.
- 간혹 무증상 환자도 있기 때문에 조리종사자가 감염되었을 경우 대규모 감염 사태를 유발할 수 있다.
- 10~100개의 적은 수의 바이러스 입자로도 감염될 수 있다.

### 제어의 어려움

- 냉장, 냉동 온도에서 수개월~수년까지 감염력이 유지된다.

### 유전자형이 매우 다양

- 다양한 유전자 변이로 인해 백신 개발이 어렵다.

**표 3-4** 노로바이러스

| 항목 | 내용 |
|---|---|
| 미생물 | 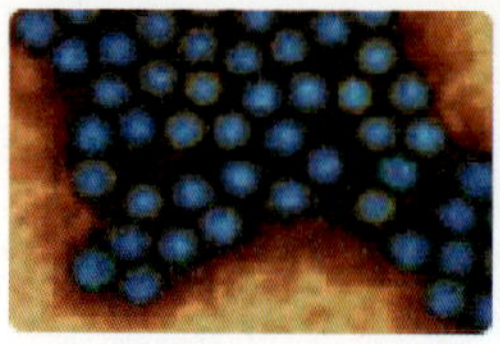 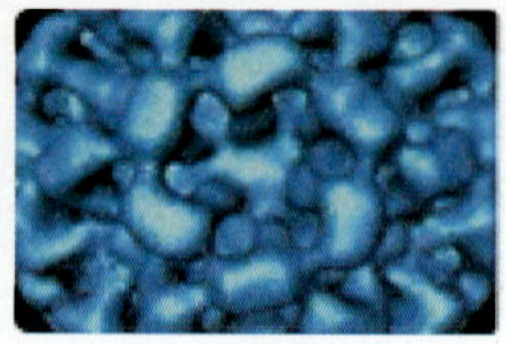 |
| 특성 | • 외가닥의 RNA를 가진 껍질이 없는(non-envelop) 바이러스이다.<br>• 주로 분변-구강 경로(fecal-oral route)를 통하여 감염된다.<br>• 사람의 장관 내에서만 증식할 수 있으며, 동물이나 세포배양으로는 배양되지 않는다.<br>• 연중 발생 가능하며 2차 발병률이 높다. |
| 발병시기 | 24~48시간 |
| 주요증상 | 오심, 구토, 설사, 복통, 두통 |
| 원인식품 | 오물, 오염된 물, 돼지고기, 양고기, 쇠고기, 생우유, 아이스크림 등 |
| 감염원 및 감염경로 | • 음식(패류, 샐러드, 과일, 냉장식품, 샌드위치, 상추, 냉장조리 햄, 빙과류)이나 물에 의해 주로 발생한다.<br>• 특히 사람의 분변에 오염된 물이나 식품에 의해 발생한다. |
| 예방대책 | • 2차 감염을 막기 위해 감염자의 변, 토물에 접촉하지 않으며, 접촉한 경우 충분히 세척하고 소독해야 한다.<br>• 조리자는 용변을 본 후나 조리하기 전에 반드시 손을 잘 씻고 소독해야 한다.<br>• 과일과 채소는 철저히 씻어야 하며, 굴 등의 어패류는 될 수 있는 한 완전히 가열하여 먹는다.<br>• 질병 발생 후 오염된 표면은 소독제로 철저히 세척•살균하고 바이러스에 감염된 옷과 이불 등은 즉시 비누를 사용하여 뜨거운 물로 세탁해야 한다. |

출처: 식품의약품안전처

# 10. 급식 위생관리

**안전한 급식 위생관리 구현**

**일반적인 관리 사항**

- 비위생적인 생산 조건 제거
- 부패, 변질, 유발 행위 배제
  - 환경과 운영 조건 관리로 위해요소 80~90% 제거 가능

**중점 관리 사항**

- 직접적, 치명적 인체 위해 유발 요인 및 공정(가열, 세척, 소독)
- 교차 오염, 가열·조리 온도 미흡, 독소 생성, 식중독균 증식 등

**매일 매일 실천**

1. 손 씻기의 생활화

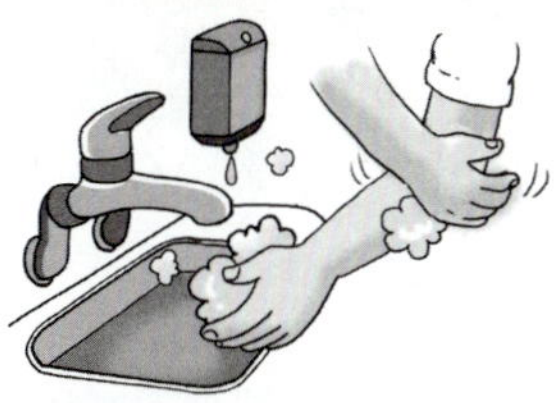

2. 개인위생관리 철저

3. 깨끗한 물 사용

4. 조리실 내부 청결

5. 의심 식재료 사용금지

6. 계절별 우려식품 사용자제

## ♣ 손을 씻어야 할 때

- 음식물 취급 준비 전
- 화장실 이용 직후
- 날고기, 가금류, 생선 등 날음식 취급 후
- 코 풀거나, 기침, 재채기 후
- 머리나 몸을 긁거나 만진 후
- 동물이나 분비물을 다룬 후
- 쓰레기 취급 후

## ♣ 일반적 취급주의 품목

감자류
(조리된 상태)

육류 및 가금류

생선류

곡류 및 그 제품
(조리된 상태)

난류

채소류
(조리된 상태)

종자발아식품

콩류·두부 및
콩 가공품

과일류

우유류

# 11. 식중독 예방법

## 미생물 증식 요인

| | |
|---|---|
| 식품(Food) | 품목별 취급주의 요령 상이 |
| 산도(Acidity) | 중성~약산성(pH 4.6~7.5) |
| 시간(Time) | 취약 온도(4~60℃) / 4시간 : 1백만 마리로 증식 |
| 온도(Temperature) | 취약 온도(4~60℃) / 특히 21~49℃ 잘 증식 |
| 산소(Oxygen) | 대부분의 식중독균은 통성 혐기성균 |
| 수분(Moisture) | 수분활성도(Aw)가 0.85~0.97 |

- FAT TOM을 조절하여 특히 시간 · 온도 관리를 철저히 한다.
- 74℃ 이상에서 가열하여 4℃ 미만 또는 60℃ 이상에 식품을 보관한다.

| 식재료(위해도 및 종류) | 조리공정 | 공정 대비 위해도 | 메뉴군 |
|---|---|---|---|
| 건어물, 프리믹스, 쌀, 밀가루, 패류, 사골엑기스, 양장피, 오징어채, 당류, 조미료, 겉절이, 과일류, 순대, 곤약, 천사채, 햄(김밥용), 냉장드레싱, 스위트콘(캔), 조미료, 고추장, 게맛살, 유지류, 된장, 햄, 소시지, 두부류 | 1공정<br>비가열 + 소독 또는 그대로 제공 | 상<br>· 세척 및 소독<br>· 식재료 검수 관리<br>· 납품 업자 관리 | 생채류, 쌈류, 샐러드류, 소스, 드레싱류, 과일류, 음료류, 조리 없이 바로 제공하는 메뉴 |
| 묵류, 채소류, 전처리농산물, 수산물(물미역, 물파래, 참치회), 채소류, 해파리, 깻잎순, 숙주나물, 난류, 수산물(날치알, 오징어, 새우 등), 축산물(샐러드재료), 축산물 | 2공정<br>가열 또는 소독 | 중<br>· 가열 온도 관리<br>· 식재, 공급사 관리<br>· 배식 시간, 보온 | 육류, 구이류 등 |
| 묵, 전처리 농산물, 다진 마늘 | 3공정<br>가열 + 보온, 보냉 | 중<br>· 가열 온도 관리<br>· 배식 시간 관리<br>제기열, 보온 제공 | 찌개류, 국류, 면류, 냉국류, 무침류, 볶음류(잡채), 전류, 소스, 드레싱 등 |

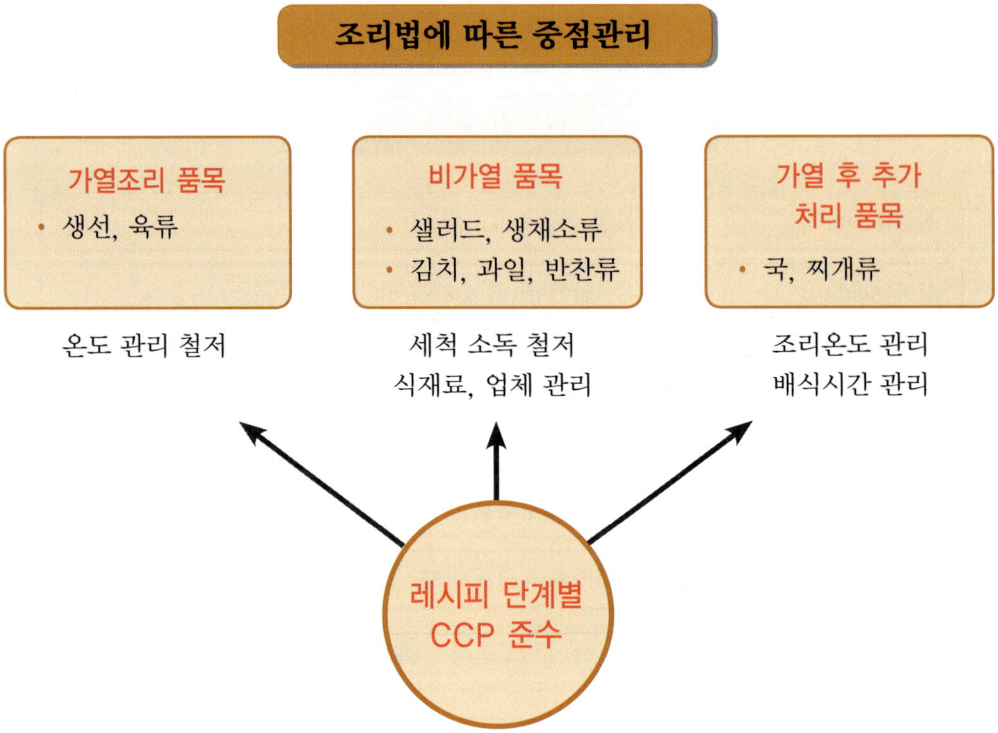


### ♣ 식중독 예방원칙

**청결의 원칙**

- 식품은 위생적으로 취급하여 세균오염을 방지한다.
- 손을 자주 씻어 청결을 유지한다.

**신속의 원칙**

식품에 부착된 세균의 증식을 방지하기 위하여

- 식품은 신속히 조리한다.
- 조리된 음식은 가능한 한 바로 섭취한다.

**가열 또는 냉각의 원칙**

- 가열조리가 필요한 식품은 중심부 온도가 74℃ 이상 되도록 조리해야 한다.
- 조리 후 4시간 이내에 4℃까지 냉각시킨다.

1. 과일, 채소 등 세척 철저

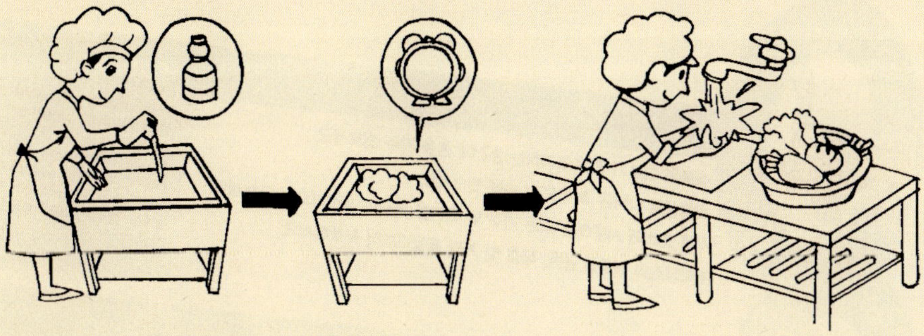

2. 온도·시간관리 엄수

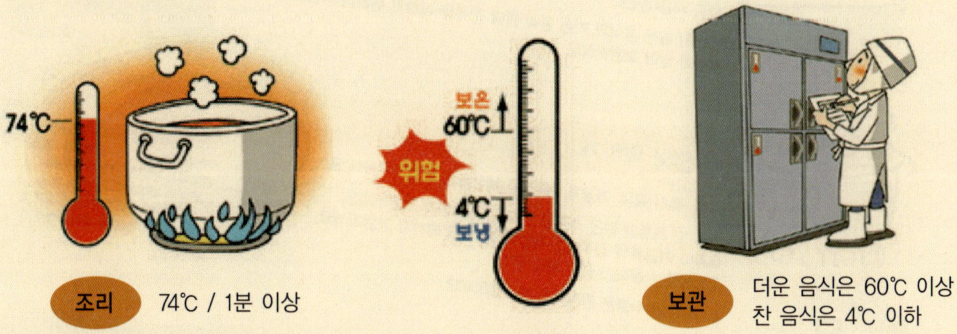


3. 용도별 구분 사용으로 오염 방지

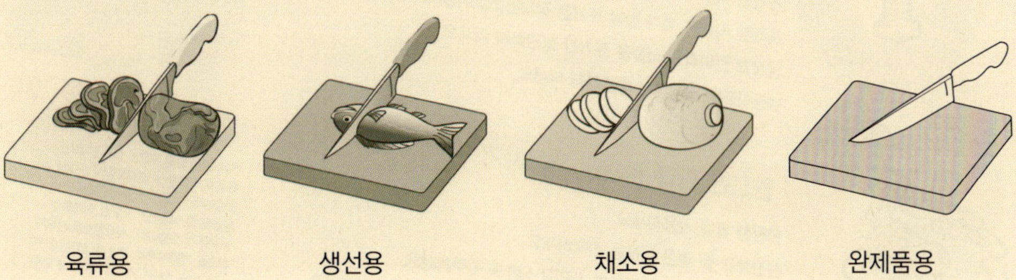

## 4. 안전한 식품 섭취를 위한 5가지 방법(출처: 식품의약품안전처)

### 청결 유지

식품을 다루기 전과 조리하는 중간에 손을 자주 씻으세요.

화장실에 다녀온 후 반드시 손을 씻으세요.

식품 조리에 사용하는 모든 기구 및 표면을 깨끗이 세척하고 소독하세요.

조리장소와 식품을 곤충, 해충 및 기타 동물로부터 보호하세요.

**왜 그럴까요?**

대부분의 미생물은 질병을 유발하지는 않지만 일부 유해한 미생물은 토양, 물, 동물 및 사람에게서 발견될 수 있습니다. 이와 같은 유해한 미생물은 손, 행주, 조리기구, 특히 도마를 통해 옮겨질 수 있으며, 경미한 접촉으로도 쉽게 식품에 옮겨져 식중독을 일으킬 가능성이 있습니다.

### 익히지 않은 음식과 익힌 음식의 분리

익히지 않은 육류, 가금류 및 해산물을 다른 식품과 분리하세요.

칼이나 도마 등의 조리기구는 가열한 식품과 비가열 식품용으로 구분하여 따로 사용하세요.

익히지 않은 음식과 익힌 음식 간의 접촉을 피하기 위하여 식품은 별도의 용기에 담아 보관하세요.

**왜 그럴까요?**

가열하지 않은 식품, 특히 육류, 가금류, 해산물 및 그 육즙에는 유해한 미생물이 있을 수 있어 식품 조리 및 보관 중 다른 식품으로 옮겨질 수 있습니다.

### 완전히 익히기

식품, 특히 육류, 가금류, 계란 및 해산물은 완전히 익히세요.

스프 및 스튜와 같은 식품은 반드시 70℃까지 가열하세요.

육류나 가금류의 경우에는 육즙이 맑게 될 때까지 가열하세요.

온도계를 사용하는 것이 좋습니다.

조리되었던 식품은 완전하게 재가열하세요.

**왜 그럴까요?**

적절하게 가열하면 유해한 미생물은 대부분 죽습니다. 연구에 의하면 식품을 70℃까지 가열하면 안전하게 식품을 섭취할 수 있다고 합니다. 다진 고기, 구이용 고기말이, 뼈가 붙어있는 고기 및 통째로 조리된 가금류는 특히 주의가 필요합니다.

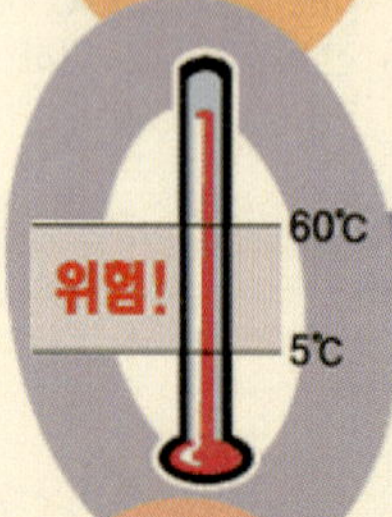


### 안전한 온도에서 보관하기

조리한 식품은 실온에 2시간 이상 방치하지 마세요.

조리한 식품 및 부패하기 쉬운 식품은 즉시 냉장고에 보관하세요.(5℃ 이하)

조리한 식품은 먹기 전에 뜨거운 상태(60℃ 이상)로 유지하세요.

냉장고 안이라도 식품을 장기간 보관하지 마세요.

냉동식품은 실온에서 해동하지 마세요.

**왜 그럴까요?**

실온에서는 식품 중 미생물이 매우 빨리 증식할 수 있습니다. 보관온도를 5℃ 이하나 60℃ 이상으로 유지할 경우 미생물의 증식은 둔화되거나 중지됩니다. 그러나 일부 유해한 미생물은 5℃ 이하에서도 여전히 증식합니다.

### 안전한 물과 원재료 사용하기

안전한 물을 사용하세요.

신선하고 질 좋은 식품을 선택하세요.

살균 우유와 같이 안전하게 가공된 식품을 선택하세요.

특히 과일이나 채소는 가열조리없이 그대로 먹을 경우, 잘 씻으세요.

유통기한이 지난 식품은 사용하지 마세요.

**왜 그럴까요?**

물과 얼음 등을 포함한 식품원재료는 유해한 미생물 및 화학물질에 오염될 수 있습니다. 이로 인해 손상된 식품이나, 곰팡이 핀 식품에는 유독한 화학물질이 생성될 수 있습니다. 식품원재료 선택시 주의를 기울이거나, 세척 및 껍질 벗기기 등과 같은 간단한 처리로 식품으로 인한 위해를 줄일 수 있습니다.

## 12. 식중독균의 전파경로

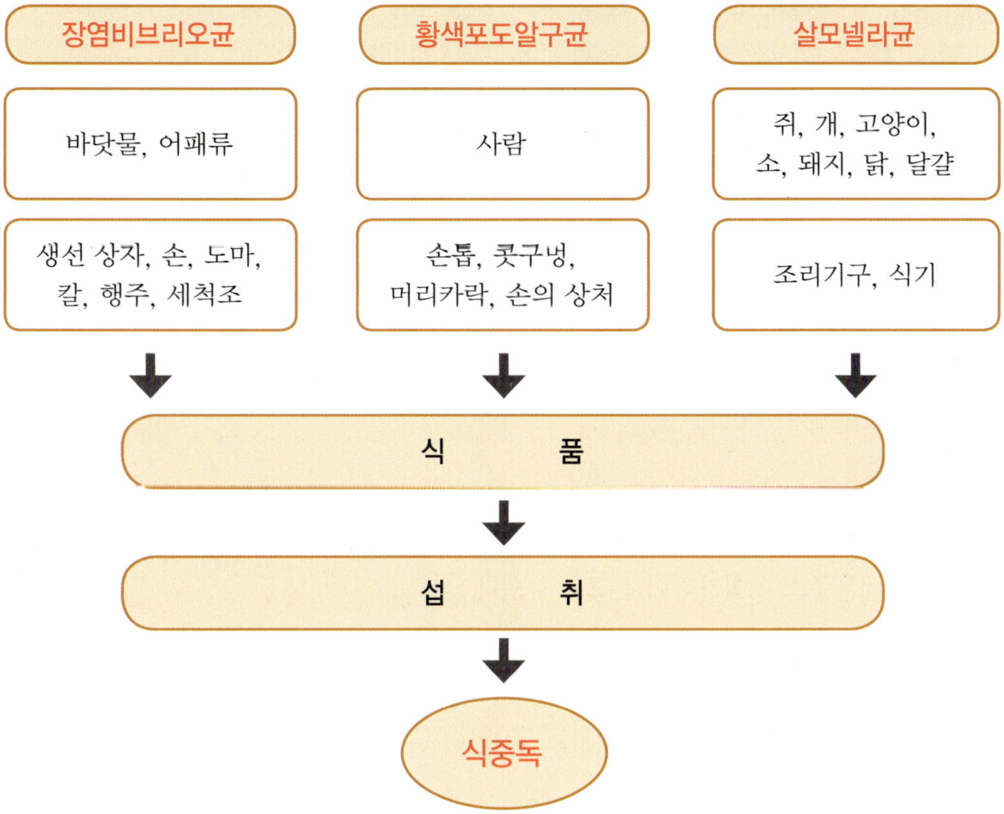


## 13. 식중독 예방을 위한 식품 처리 방법의 예

### (1) 달걀 다루기

- 신용할 수 있는 업체로부터 구입하며, 냉장된 상태(7.2℃)로 배달될 수 있도록 요구한다.
- 달걀은 한 번에 사용할 수 있는 만큼만 깨서 사용한다.
- 새로 요리할 달걀과 미리 만들어 놓은 달걀 요리는 서로 섞지 않도록 한다.
- 달걀을 깰 때는 달걀껍질이 달걀 속과 접촉되지 않도록 한다.
- 그릇, 믹서와 같은 사용 기구는 매번 깨끗하게 소독해서 사용한다.
- 날달걀이 담겨 있던 그릇은 중복 사용하지 않는다.

### (2) 참치 샐러드 만들기

재료 : 참치통조림, 파슬리, 양파, 마요네즈
온도조절 : 4℃ 이하로 유지

- 참치통조림과 상품용 마요네즈를 개봉하기 전에는 상온에서 보관이 가능하다. 사용하기 전에 참치통조림과 마요네즈를 냉장고에 보관하여 온도가 4℃ 이하로 유지되도록 한다.
- 파슬리를 깨끗이 씻고, 살짝 데쳐 냉장고에 보관하였다가 사용한다.
- 모든 재료는 냉장고에서 꺼낸 즉시 조리한다.

### (3) 조리원의 위생 규칙 준수

조리원은 손을 깨끗이 씻고, 사용할 그릇을 깨끗이 씻어 교차 오염을 방지한다.

### (4) 산도 조절

- 직접 만든 재료보다는 냉장된 상품용 마요네즈를 사용한다.
- 필요 시 레몬주스를 첨가하여 산도를 높인다.

### (5) 시간과 온도 조절

찬 것은 4℃ 이하로 공급하고, 저장시간은 4시간이 넘지 않게 한다.

### (6) 생선 다루기

- 자격 있고 신용 있는 판매소에서 구입한다.
- 녹였다 다시 얼린 생선은 구입하지 않는다.
- 생선이 배달되었을 때 내부 온도는 항상 0~1.1℃를 유지하도록 한다.
- 언 생선을 녹일 때는 4℃ 이하의 냉장고에서 녹인다.

## 1. 식중독의 개요

food poisoning, 즉 어떤 음식을 먹은 사람이 발열, 구토, 부기, 식욕부진, 설사, 복통 등을 동반하는 경우를 총칭한다. 식품에 오염된 세균, 유독물질(유기·무기), 동식물의 독에 의한 이상과 함께 신경증상도 포함된 넓은 의미의 비정상적인 상태를 말한다.

## 2. 식중독의 종류

### 1) 세균성 식중독

① 감염형 : 살모넬라균, 장염비브리오균, 캠필로박터균
② 독소형 : 포도알구균, 보툴리누스균
③ 기 타 : 웰치균, 세레우스균, 병원성 대장균

### 2) 자연독 식중독

① 식물성 : 독버섯, 감자독 등
② 동물성 : 복어, 조개 등

### 3) 화학성 식중독

농약, 식품첨가물, 중금속 등

## 3. 식중독의 특성(출처: 식품의약품안전처)

### 1) 살모넬라

#### ① 살모넬라 식중독과 감염병의 차이

살모넬라로 불리는 세균은 장티푸스균이나 파라티푸스A균 이외에 약 2,000여종 이상의 균형이 있으며 이들 균형은 일반적으로 사람에서 사람으로 감염되지 않고 음식에 오염되어

1g당 10만 개 이상 수준으로 증식된 음식을 섭취함으로써 세균성 식중독인 급성위장염을 일으키는 세균이다. 그러나 장티푸스나 파라티푸스A균형은 매우 적은 수의 균에 감염되어도 발병한다는 점이 바로 감염병과 식중독의 차이이다.

#### ② 살모넬라 식중독의 원인식품

원인식품으로는 식육과 난류가 으뜸이지만 실제 식중독 발생사례는 특정식품에 국한되지 않고 다양하다. 이는 도시락의 반찬으로 식육제품들이 흔히 사용되고 있고 메추리알이나 달걀을 이용한 식품들이 조리되어 널리 섭취되기 때문이다. 현대적 시설을 갖춘 양계장에서 생산되는 달걀은 살모넬라의 오염 우려가 적지만 메추리알은 현재에도 상당한 주의를 기울일 필요가 있다. 특히 살모넬라균은 주로 알껍질에 오염되어 있긴 하지만, 적당한 습도가 되면 알껍질을 통해 내부에 침입하고 그 속에서 증식하기도 하는 경우도 간혹 보고되고 있다.

#### ③ 예방

살모넬라균은 우리 주변 환경에 널리 분포되어 있기 때문에 인위적으로 모든 살모넬라균을 제거하기는 불가능한 상태이다. 즉 도살장의 시설 전체가 높은 수준으로 오염되었다면 오염을 완전히 방지하는 것은 현실적으로 불가능하기 때문이다. 따라서 식육을 통해 살모넬라 오염을 확산시키지 않기 위하여 저온 유통을 철저히 하여 살모넬라의 증식을 억제하는 것이 가장 바람직한 수단이다. 또한 음식물 제공자나 소비자는 오염 우려가 있는 음식물에 대하여 가열조리를 철저히 함과 아울러 조리 후 2차 오염 방지와 함께 증식 기회를 주지 않기 위하여 조리식품은 가급적 빨리 먹는 것이 바람직하다. 식육이 가장 중요한 오염원이지만 애완동물, 건강한 보균자 등에 의한 오염도 간혹 있으므로, 식품취급자 자신이 오염 매개체가 되지 않도록 각별한 주의를 기울여야 한다.

### 2) 장염비브리오균

### ① 원인식품

장염비브리오는 바닷물에 분포되어 있기 때문에 오염원은 수산 어패류이다. 여름철이 되면 어류나 패류 등의 표피·내장·아가미 등 표면에 부착된 장염비브리오균이 조리 과정 중 생선 등의 근육에 오염되고 시간이 경과됨에 따라 오염된 균이 증식하여 식중독을 일으키는 경우가 있다. 또한 어패류에 부착된 장염비브리오가 냉장고, 도마, 행주, 칼 및 조리자의 손을 통하여 다른 식품을 오염시키고 장염비브리오균이 증식된 식품을 섭취함으로써 식중독을 일으키는 교차 오염에 의한 경우가 있다.

### ② 예방

식품 중에 장염비브리오균이 조금 있다고 해서 반드시 식중독에 걸리는 것은 아니다. 한꺼번에 이 균이 많이 오염된 식품을 섭취하지 않는 한 식중독은 발생하지 않는다. 그러나 장염비브리오는 다른 균에 비해 증식력이 매우 높으므로 만약 식품 중에 1,000개의 장염비브리오가 있고 증식 최적 조건이 갖춰진다면 1회 분열에 15분이 소요되기 때문에 2시간 30분 내에 100만개 이상으로 증식할 수 있다. 즉, 균의 증식이 좋은 조건이라면 1,000개의 균이 오염된 식품을 2시간 30분 경과한 후 섭취하는 경우 식중독을 일으킬 수도 있다.

장염비브리오는 겨울에는 안심할 수 있지만 6월경부터 주의해야 하며 특히, 7~9월에는 더욱 주의를 요한다. 장염비브리오는 열에 약하기 때문에 가열조리가 가장 바람직하나 생선의 특성상 가열이 불가능할 경우도 있으므로 저온에서 증식이 억제된다는 장염비브리오균의 특성을 고려하여 생선을 구입한 즉시 4℃ 이하의 냉장고에 보관해야 한다. 또한 장염비브리오는 소금이 없는 물에 약하기 때문에 수돗물로 잘 씻는 것도 비브리오식중독 예방에 좋은 수단이 될 수도 있으며 특히, 2차 오염을 방지하기 위하여 전용의 칼, 도마를 사용하고 사용한 조리기구는 잘 씻고 뜨거운 물이나 살균·소독제로 소독하는 것이 중요하다.

## 3) 리스테리아균

### ① 원인식품

자연환경 중에 널리 분포되어 있으며, 축산 식품을 부적절하게 취급하였거나 소독처리하지 않은 물을 사용하여 오염되는 경우가 많다. 주요 원인 식품으로는 원유, 살균처리하지 않은 우유, 연성 치즈, 아이스크림 등 유가공품과 소시지, 비가공 가금육, 비가공 식육 등 식육 가공 제품이 있으며, 훈연 생선(훈제 연어 포함) 등을 들 수 있다.

### ② 예방

저온상태, 고염농도의 환경에서도 잘 적응하여 성장하기 때문에 균에 오염되었을 경우 예방이 매우 어려우므로, 식품 제조 단계에서의 균의 오염 방지 및 제거가 가장 최선의 방법이다. 따라서 식품 취급 업소에서는 냉동·냉장 식품의 저장 시 제품별 적합한 냉동·냉장 온도 유지를 철저히 준수해야 하고, 식육이나 생선류는 다른 식품과 분리 보관하여 교차 오염 방지에 주의해야 한다. 비살균 우유는 섭취하지 말아야 하며, 임산부는 특히 연성 치즈, 훈연 생선 또는 익히지 않은 식육 제품 섭취를 자제하고 충분히 조리하여 섭취해야 한다.

## 4) 캠필로박터균

### ① 원인식품

캠필로박터는 사람, 가축, 가금, 애완동물, 야생동물, 어패류 및 하천 등 자연환경에 널리 분포하는 균이다. 가축의 보균율은 소에서는 수%~20%, 돼지에서는 30~70%, 닭에서는 20~50%로 살모넬라보다도 높으며, 야생 조류에도 분포되어 있다. 따라서 동물의 분뇨가 우유, 하천수, 우물 등을 오염시키거나 가축, 가금류의 도살, 해체 시에 식육에 오염되어 이를 섭취한 사람이 식중독에 걸리게 된다. 시판되는 생육 중에는 살모넬라와 같은 정도로 캠필로박터가 오염되어 있다. 주요 오염경로 및 원인 식품은 다음과 같다.

- 식육 및 그 가공품에서 다른 식품으로 교차 오염된다.
- 기타 축산식품(주로 비살균 우유)이다. 캠필로박터는 공기에 드러나면 단시간에 사멸하

고 건조에 아주 약하여 건조식품과 알표면에는 생존하지 못한다.

- 소독되지 않은 물(우물물, 지하수 등)
- 쥐, 바퀴 등에 의한 식품오염
- 개, 고양이, 작은 새 등 애완동물 및 소, 돼지, 닭 등과의 접촉에 의한 감염

**② 예방**

생균의 감염에 의해 발생하므로 식품을 충분히 가열하여 균을 사멸시켜야 한다. 오염량이 많은 생고기도 중심부까지 74℃ 1분 이상 충분한 가열을 하면 균이 사멸된다. 물에서도 장기간 생존이 가능하므로 지하수나 우물물 등은 충분히 끓어 마셔야 한다. 일반적으로 식육에 많이 오염되어 있으므로 식육으로부터의 기타 식품으로의 교차 오염 방지에 특히 주의해야 한다. 특히, 식육을 냉장 보관할 경우 육즙이 다른 식품에 스며들거나 떨어지는 일이 없도록 반드시 용기나 포장 비닐에 넣어 보관해야 한다.

### 5) 황색포도알구균

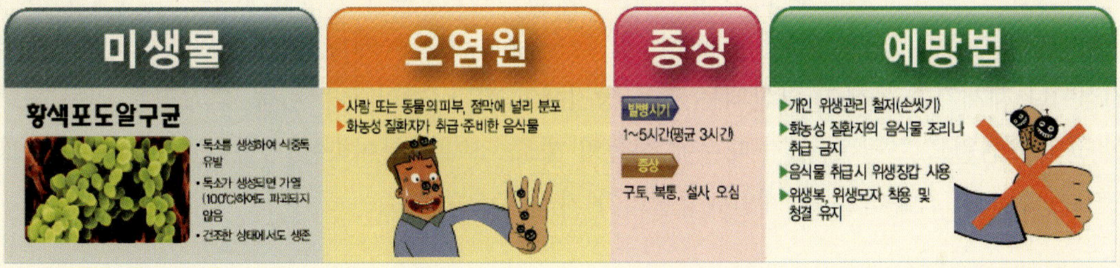


**① 원인식품**

황색포도알구균은 자연계에 널리 분포되어 있고 여러 종류의 식품에서 증식 가능하기 때문에 그 원인식품은 매우 다양하다. 식생활 행태의 차이에 따라 원인식품이 서로 다르지만 일반적으로 곡류 및 가공품, 복합조리식품, 유제품 등에서 가장 많이 발생되고 있다. 황색포도알구균 100개 정도 함유한 식품을 섭취해도 식중독은 일어나지 않지만 식품 중에 수십만 개 이상이 존재할 경우 세균증식에 따른 독소생성으로 식중독을 일으키게 된다. 이 독소는 열에 매우 강하여 끓여도 파괴되지 않기 때문에 감염형 식중독과 달리 열처리한 식품을 섭취할 경우에도 식중독이 발생할 수 있다.

**② 예방**

건강한 사람의 30~50%가 황색포도알구균의 보균자일뿐 아니라 자연계에 널리 분포되어

있기 때문에 이 균의 오염을 완전히 차단하는 것은 사실상 불가능하다. 소량의 식중독균을 함유한 식품을 섭취해도 식중독이 일어나지 않기 때문에 세균의 증식방지, 충분한 열처리, 식품 취급 장소의 위생관리 및 2차 오염 방지 등에 주의를 기울이면 식중독예방은 그렇게 어려운 일이 아니다. 황색포도알구균 식중독을 예방하기 위하여는 가능한 한 원료의 오염방지와 함께 충분한 열처리 및 신속한 섭취가 가장 중요하며 부득이 조리식품을 보존해야 할 경우 4℃ 이하의 저온에 보관하여 포도알구균의 증식을 억제해야 한다. 사람의 화농성(곪은) 상처 등에는 포도알구균이 많이 존재하므로 화농성 상처를 가진 사람이 식품을 제조하거나 조리에 참여하지 않도록 해야 한다.

식품의 제조·조리에 종사하는 사람은 반드시 손을 비누를 사용하여 20초 이상 깨끗이 씻고, 손을 말릴 때도 일회용 페이퍼 타올이나 건조기를 사용하여 청결하게 해야 한다. 간혹 손을 씻고 소독한 후 앞치마에 손을 닦는 경우가 있으나 이런 습관은 반드시 버려야 한다. 손으로 만든 식품으로 인하여 황색포도알구균 식중독이 자주 발생하므로 식품의 제조·조리 전 손의 화농성 상처를 반드시 점검해야 한다. 경우에 따라서 식품을 판매하는 사람이 맨손으로 식품을 집거나 용기에 넣는 경우에도 이 균에 의한 오염이 가능하므로 주의해야 하며 또한 감기 기운이 있는 종사자는 마스크를 착용하여 코나 목에 존재하는 황색포도알구균이 기침이나 재채기를 통하여 확산되는 것을 방지해야 한다. 머리카락·비듬 및 오염된 의복 등도 이 균의 오염원으로 될 수 있기 때문에 식품의 제조·조리에 참여하는 사람은 청결한 위생복과 모자를 반드시 착용하는 등 개인위생관리가 가장 중요하다.

### 6) 바실러스 세레우스

#### ① 원인식품

세레우스균은 토양 세균으로 농장과 산 등 자연계에 광범위하게 아포형으로 분포하고 있어 농작물을 오염시키며, 살모넬라 식중독 등 다른 세균성 식중독에 비해 발생빈도는 낮은 편이다. 생성된 아포는 일반적으로 100℃에서 수 시간 가열해도 사멸하지 않지만 세레우스균은

63℃에서 30분, 100℃에서 1분 이내에 사멸한다. 이 균은 자연계에서는 대부분 내열성 아포를 형성하므로 조리과정에서도 사멸하지 않고 잔존한 아포가 발아 증식해서 식중독의 원인이 된다. 원인식품으로는 구토형의 경우에는 곡류를 주성분으로 한 식품인 반면 설사형의 경우에는 식육제품이나 수프 등 다양하다.

#### ② 예방

세레우스균 식중독은 원료단계에서 오염되어 있는 것이 많기 때문에 오염자체를 완전히 차단하는 것은 현실적으로 어렵다. 가열조리 시 일반세균은 사멸하지만 내열성 아포균은 생존하여 발육 증식하므로 조리한 식품은 신속히 섭취하거나 일시 보관한 식품은 재가열하여 섭취해야 한다. 식당이나 집단급식의 경우에도 일시에 많은 식품을 조리하여 남기거나 보관하지 말고 적정량 조리하여 신속히 섭취하는 것이 바람직하다. 다른 세균성 식중독과 마찬가지로 세레우스 식중독 예방원칙은 다음과 같다.

- 식중독균의 오염을 완전하게 제거할 것
- 충분히 가열조리해서 완전하게 살균할 것
- 조리 후 식품을 장시간 보관하지 말 것
- 어쩔 수 없이 보존하는 경우는 식중독균이 증식할 수 없는 저온에서 보존할 것

### 7) 보툴리누스균

#### ① 원인식품

이 균은 혐기성균으로 열과 소독약에 저항성이 강한 아포를 생산하는 독소형 식중독균으로, 보툴리누스균 아포는 전 세계적으로 토양에 광범위하게 분포되어 있지만 이 균으로 인한 식중독은 그리 흔하지는 않다. 이 균이 생산한 독소는 열에 쉽게 파괴되는 A, B, $C_1$, $C_2$, D, E, F 및 G형의 8가지 독소가 있으며 사람에게 식중독을 일으키는 것은 A, B, E 및 F형 균으로 A형이 가장 치명적이다.

단순 단백질로서 80℃에서 20분, 100℃에서 1~2분 가열로 파괴된다. 항원성에 따라 식중독 발생은 식품 중 균이 생산한 독소를 사람이 섭취하게 되어 발생하는데, 식품 중에 존재하는 아포가 발육 및 증식하여 독소를 생산할 경우 치명적인 식중독을 일으킬 수 있다. 다음과 같은 조건이 갖추어진다면 우리들이 먹는 식품 중에서 보툴리누스의 독소가 생산될 수 있다.

- 보툴리누스균 아포가 식품에 혼입
- 보툴리누스균과 경쟁하는 잡균이 사멸 또는 감소된 상태(불충분한 가열처리 등)
- 독소생산에 필요한 충분한 영양과 적당한 조건 형성
- 독소생산에 적당한 온도에서 장기간 식품이 보존될 경우

A, B형 식중독의 원인식품은 수분을 함유하고 있고 pH가 4.6이상의 통조림식품이며, E형 식중독의 원인식품은 어류의 통조림식품이다. 통조림의 권체가 불량한 경우 냉각수로부터 E형 균이 오염되어 식중독이 발생한다.

**② 예방**

일반생균수와 대장균수가 적을 경우에도 그 식품 중에 독소가 함유되어 있지 않다고 확신하기는 어렵다. A, B형 균이 증식하면 보통 부패가 수반되지만 부패하지 않은 식품에서도 독소가 검출된 사례가 있다. 특히 식품을 1.5℃ 전후에 보존할 때 이런 경향이 있다. 원료식품에 아포가 존재할 가능성이 매우 높지만, 보존식품에 의한 보툴리누스 중독 방지는 아래의 4가지 방법 중 어느 한 가지 방법을 행하는 것이 좋다.

- 가열에 의한 아포의 완전살균(120℃에서 4분 또는 100℃에서 330분 이상 가열살균, 통조림, 병조림, 레토르트식품에만 적용할 수 있다)
- 물리적 방법(pH 4.5이하, 수분활성 0.94이하, 온도 3.3℃이하), 화학적 방법(아질산나트륨과 같은 항균제의 첨가)으로 아포의 발아 및 균의 증식 방지
- 식품 중에서 생성된 독소를 섭취 직전 불활성화(80℃ 20분 또는 100℃ 수 분간 가열)
- 능동(백신) 또는 수동면역(섭취자의 발증전 항독소 투여)

## 8) 병원성대장균 $O_{157}$:$H_7$

### ① 병원성대장균의 종류

대장균 중 최근 일본 및 미국 등 전 세계적으로 새롭게 대두된 *E. coli* $O_{157}$:$H_7$과 같이 베로독소(Verotoxin)를 생성하는 것을 장관출혈성 대장균(enterohemorrhagic *E. coli*, EHEC)으로 부르며, enterotoxin을 생성하는 장관독소원성 대장균(enterotoxigenic *E. coli*, ETEC)과 대장 점막의 상피세포를 침입하여 조직내 감염을 일으키는 장관침투성 대장균(enteroinvasive *E. coli*, EIEC)과 성인에게 급성위장염을 일으키는 장관병원성 대장균(enteropathogenic *E. coli*, EPEC)을 모두 병원성대장균이라고 부른다.

#### ㉠ 장관출혈성 대장균(enterohemorrhagic *E. coli*, EHEC)

이 균에 감염되면 혈변과 심한 복통 등의 증상을 보이며, 발열은 없거나 적다. 감염의 약 2~7%가 혈전성혈소판감소증 또는 용혈성요독증후군과 같은 질병을 일으킨다. 또한 심한 경우 신부전증을 유발하기도 하며 이 경우의 사망률은 3~5% 정도로 매우 높다. 용혈성요독증후군은 생명을 위협할 정도의 심각한 상태로, 종종 수혈과 신장투석 치료가 필요하기도 하다. 이 균은 인체 내에서 베로독소를 생성하여 병을 일으키며, 10~1,000개의 적은 균량으로도 발병할 수 있다고 보고되고 있다. 이 균에 의한 식중독은 감염형이며 잠복기는 다양하고 주로 3~8일로 알려져 있다.

혈청형에 의한 분류 중 $O_{26}$, $O_{103}$, $O_{104}$, $O_{111}$, $O_{113}$, $O_{146}$, $O_{157}$ 등이 이 그룹에 속한다고 알려져 있다. 이중 대장균 $O_{157}$ :$H_7$은 1982년 미국에서 햄버거에 의한 식중독 사건으로 처음 발견되어 보고된 이후 세계 각국에서 주요 식중독 원인균으로 여기게 되었다. 주요 오염원은 완전히 조리되지 않은 쇠고기 분쇄육이며, 칠면조, 샌드위치, 원유, 사과 주스 등에 의해서도 감염된 적이 있다. 또한 소독되지 않은 물을 음용한 경우나 감염되어 있는 호수에서 수영할 경우에도 감염된 경우가 있었다. 이 질병은 사람에서 사람으로 감염될 수 있는데, 특히 위생 상태나 손 씻는 습관이 부적절할 때 감염된 환자의 변을 통해 다른 사람에게 전달될 수 있다. 그러므로 특히 어린아이들 사이에서 쉽게 감염될 수 있으며 가족 구성원과 놀이 친구들에게 감염될 가능성이 아주 높다. 어린아이들은 감염에서 회복된 후 1주일이나 2주일 동안 변에서 이 균이 검출될 수 있으므로 세심한 주의가 필요하다. 또한 이 균은 건강한 가축의 장에서 서식할 수 있으므로 식육을 도살하는 동안 파열된 장에 의해 오염될 수 있으며, 고기를 분쇄하는 과정에서도 이 균들이 섞일 수 있으므로 고기를 섭취할 때, 특히 쇠고기 분쇄육을 섭취할 때는 충분히 조리해야 한다.

㉡ 장관독소원성 대장균(enterotoxigenic *E. coli*, ETEC)

장관독소원성 대장균은 콜레라와 유사한 독소(enterotoxin)를 생산하는데, 이 독소는 60℃에서 10분간 가열했을 때 활성을 잃는 이열성독소(heat-labile enterotoxin, LT)와 100℃에서 30분간 가열해도 내성을 나타내는 내열성독소(heat-stable enterotoxin, ST)로 나눌 수 있다. 환자로부터 분리된 균은 보통 한 가지 또는 두 가지의 독소를 내는 것으로 밝혀져 있다. 이 균에 감염되면 콜레라의 경우와 유사한 특징을 보이는데, 균은 소장 상부에서 증식해서 ml당 107~109의 균 농도에 달하게 되면 콜레라 같은 설사증을 일으킨다. 장염과 여행자 설사증(travelers' diarrhea)의 원인균으로 저개발국가의 신생아와 어린이에게 탈수를 동반한 설사증을 일으키는데, 오염된 물과 음식물에 의해 집단발병을 일으킬 수도 있다. 증상은 물 같은 설사를 하거나 복통, 구토, 산성증, 피로, 탈수 등이며 열은 없거나 미열이 있다. 증상은 5일 정도 지속되며, 잠복기는 10시간에서 12시간으로서 장관독소형 대장균의 원인이 되는 종류는 혈청형 $O_{6}$, $O_{8}$, $O_{15}$, $O_{20}$, $O_{25}$, $O_{27}$, $O_{63}$, $O_{78}$, $O_{80}$, $O_{114}$, $O_{115}$, $O_{128}$, $O_{148}$, $O_{153}$, $O_{159}$, $O_{167}$ 등이다.

㉢ 장관침투성 대장균 (enteroinvasive *E. coli*, EIEC)

발열, 복통을 주증상으로 하며 환자의 10% 정도는 합병증을 일으키며, 혈액과 점액이 섞인 설사로 진행된다. 이 균은 대장점막의 상피세포에 침입해서 감염을 일으키므로 세포의 괴사 등에 의해 궤양이 형성되고 혈액과 점액이 섞인 설사를 일으키며 잠복기는 약 10~18시간이다. 현재까지 $O_{28}$, $O_{112}$, $O_{124}$, $O_{136}$, $O_{143}$, $O_{144}$, $O_{152}$, $O_{164}$, $O_{167}$ 등이 알려져 있다.

㉣ 장관병원성 대장균 (enteropathogenic *E. coli*, EPEC)

1세 이하의 신생아에게 주로 발생하고 구토, 복통, 설사, 발열 증상을 나타내며 대장점막에 비침입성이고 발병기전에 대하여는 아직 불분명하지만 잠복기는 약 9~12시간이다. 오염된 신생아용 분유와 유아 음식이 원인식품이다. 이에 속하는 혈청형은 $O_{18}$, $O_{20}$, $O_{26}$, $O_{28}$, $O_{44}$, $O_{55}$, $O_{86}$, $O_{111}$, $O_{114}$, $O_{119}$, $O_{125}$, $O_{126}$, $O_{127}$, $O_{142}$, $O_{158}$, $O_{159}$ 등이다.

### ② 예방

병원성 대장균에 의한 식중독은 계절과 관계없이 발생하며 여름철에 약간 많은 편이다. 이 균의 분포가 가축, 동물, 건강인, 자연환경 등 광범위하므로 원인식품은 특별히 한정된 것이 없고 균에 오염되어 증식된 식품이면 무엇이든 원인이 될 수 있다. 지금까지 보고된 식품은 햄, 치즈, 소시지, 크로켓, 채소 샐러드, roast beef, 분유, 도시락, 두부, 소간 등이며 유아에서는 오염된 우유가 원인이 된다. 이 균은 감염된 환자의 변으로부터 위생 상태나 손을 씻는 습관이 부적당할 때 다른 사람에게 전달될 수 있는데, 특히 어린아이들 사이에서는 질병이 회복된 후 1주일이나 2주일 동안 그들의 변에 이 균이 잔존하여 감염될 수 있으며, 이들 어린이들의 가족 구성원과 놀이 친구들에게 감염될 가능성이 아주 높으므로 주의하여야 한다.

## 9) 퍼프린젠스균

### ① 원인식품

이 균에 의한 식중독은 집단급식시설 등 다수인의 식사를 조리할 경우 발생되기 쉬운 '집단조리 식중독' 이라고 불린다. 이 균은 공기가 있는 경우에는 발육할 수 없는 혐기성균이므로 대량의 식사를 한꺼번에 만들기 위해 가열조리하면 내부의 공기가 방출되어 공기가 없는 조건이 되고 그 식품을 다시 냉각하더라도 내부의 공기가 희박해져 퍼프린젠스균이 발육하기 좋은 환경이 되므로 급속히 증식되어 식중독을 일으킨다. 주 오염원은 가축과 가금류이며, 따라서 주요 원인 식품은 동물성 단백질 식품이며, 식물성 단백질 식품, 수프, 국, 카레 등도 원인 식품이 될 수 있다. 예를 들어 고기 튀김의 경우 가열하여도 오염된 고기의 중심에는 아포가 살아남아 산소가 없어지고, 한편으로는 글루타치온 등의 환원물질이 무산소 조건을 유지하도록 도와주어 살아남은 아포가 발육·증식하게 된다. 가정에서는 가열조리 후 빨리 먹기 때문에 위험은 없지만 단체급식 등 대량 조리의 경우에는 조리 식품의 냉각과정에 상당한 주의가 필요하다.

## ② 예방

일반적으로 이 균에 의한 식중독 발생률은 낮은 수준이고 증상도 가벼운 편이지만 일단 발생하면 규모가 큰 경우가 많다. 또 최근 조리시설은 편리한 대형 기기와 냉장가열 시설을 갖추고 있으므로 퍼프린젠스균 식중독 발생 우려는 줄어들고 있지만, 사소한 부주의 등이 원인이 될 수 있다. 주요 예방 포인트는 가열조리 후 급랭, 냉장하여 상온에서 혐기적 조건이 될 수 없도록 주의하면 충분히 예방할 수 있다. 조리자와 식품위생책임자는 다음의 사항을 확실히 지켜야 한다.

- 대량 조리한 식품은 퍼프린젠스균의 발아증식 억제를 위해 혐기적 환경이 될 수 없도록 자주 저어주어야 한다.
- 조리식품은 얕은 용기에 넣어서 신속히 냉각시킨 후 냉장고에 보존해야 하며 뚜껑 있는 용기라도 실온에 방치해서는 안 된다.
- 보관한 조리식품은 섭취 전에 재가열해야 한다.

### 10) 노로바이러스

## ① 원인식품

환경에 노출된 분변·구토물의 바이러스가 물, 음식물, 손 등을 통해 사람의 입으로 전파 섭취되어 식중독이 발생하며, 노로바이러스에 오염된 물이나 음식물, 사람의 손에서 입으로 옮겨져 섭취된 후 장내에서 증식하여 발병한다.

바이러스 섭취 → 장(腸)내 증식 → 발병 → 구토·분변물 → 환경 방출 → 지하수, 연안 해수 등 오염 → 채소류·어패류 오염 → 섭취 → 발병 바이러스 섭취 → 장(腸)내 증식 → 발병 → 구토물 → 실내 환경 방출 → 손 등과 접촉하여 사람 간 전파 또는 부유물 흡입 → 경구감염 → 발병

## ② 예방

항바이러스 백신 등이 개발되어 있지 않으므로 개인위생관리와 식음료 관리를 통한 예방

노력이 중요하다.

- 오염이 의심되는 지하수 등은 사용을 자제하고 식수나 세척용으로 사용이 불가피한 경우에는 반드시 끓여서 사용한다.
- 가열·조리한 음식물은 맨 손으로 만지지 않도록 주의한다.
- 과일이나 채소류는 흐르는 물에 깨끗이 씻어서 섭취한다.
- 오염 지역에서 채취한 어패류 등은 85℃에서 1분 이상 가열하여 섭취한다.
- 2차 감염을 막기 위하여 노로바이러스 환자의 변, 구토물에 접촉하지 않으며, 부득이 오물 등을 처리할 시에는 반드시 일회용 비닐장갑 등을 착용한다. 오물은 비닐 봉투에 넣은 후 차아염소산 나트륨액(200ppm)을 스며들 정도로 분무하고 밀봉하여 폐기한다. 또한 손을 충분히 씻고, 주변을 철저하게 소독한다.
- 노로바이러스 식중독 발생 시설의 경우 다음과 같이 소독을 실시하여 2차 감염을 방지한다.
  - 칼, 도마, 행주 등은 85℃에서 1분 이상 가열하여 사용
  - 바닥, 조리대 등은 물과 염소계 소독제를 이용하여 철저히 세척·살균
  - 차아염소산 나트륨(염소 200ppm), 가정용 락스를 200배 희석한 농도로 살균
  - 오염된 옷이나 이불 등은 비누와 뜨거운 물로 가열 세탁

## 4. 식중독 발생 신고 요령

- 식중독 증상이 나타나면 가까운 의료기관을 방문하여 의사의 지시에 따라야 한다.
- 집단 설사 환자가 발생하면 가까운 보건소에 신고하여 식중독 확산을 예방하고 피해를 최소화한다.
- 집단 식중독 환자 발생 신고를 받은 보건소장은 식중독 보고 관리 시스템(minwon.mfds.go.kr)을 통하여 식품의약품안전처, 질병관리본부 등 관련기관 담당자에게 보고해야 한다.

현장실무에서 관리자들이 꼭 알아야 할 NCS 기반 식품위생관리
Essentials of Safety & Sanitation for Foodservice Employees

1. 식품의 변질과 미생물
2. 미생물관리

# 식품의 부패 및 보존 | 04

# 04 식품의 부패 및 보존

## 1. 식품의 변질과 미생물

미생물의 작용으로 사람에게 바람직한 생산물로의 생화학적 변화가 식품에 일어날 때 이를 발효(fermentation)라고 하고, 단백질을 함유한 식품이 미생물의 작용으로 분해되어 악취나 유해물질을 생성하는 현상을 부패(putrefaction, spoilage)라고 한다. 한편 탄수화물이나 지방이 미생물의 작용으로 분해되어 산미를 생성하거나 특유의 방향을 잃는 경우에는 유해물질이 비교적 적게 생산되므로 변패(deterioration)라고 한다. 그러나 식품에 단백질, 지방 및 탄수화물 중 한 종류만 함유되는 경우는 거의 없고 다양한 미생물이 관여하기 때문에 변질의 양상이 복잡하고 부패와 변패를 구별하기 쉽지 않다.

발효와 변패의 차이점에는 애매한 부분이 있어 사회적, 경제적인 기준에 근거하는 경우가 많으며, 그 예로 알코올 발효 시 또는 포도주, 청주 등의 저장 시에 알코올 탈수소효소를 가지는 미생물에 의해 오염되면 에틸알코올은 초산으로 되어 알코올음료로서 가치를 상실하게 되는데, 바로 이 경우를 산패라고 하며, 같은 현상이라 하더라도 처음부터 초산을 얻을 목적으로 할 경우에는 초산발효라고 한다.

### (1) 부패의 판정

식품의 부패는 미생물의 증식에 의한 것이므로 실험적으로 미생물의 수를 측정하거나 부패산물의 양을 측정함으로 부패의 진행정도를 판정할 수 있으며, 숙달되면 관능적으로도 잘 알 수 있다. 따라서 관능검사, 세균검사, 화학적 판정 등이 가능하다.

#### 1) 관능검사

부패취가 발생하며, 퇴색하거나 광택이 소실되고, 탄력성의 저하와 이미가 있을 수 있다.

#### 2) 생균수 검사

우유 등 액체식품은 세균수가 $10^7$~$10^8$/ml일 때, 생선 등 고체식품은 $10^6$~$10^7/cm^2$일 때 부패 초기로 본다.

#### 3) 휘발성 염기질소의 측정

식육, 어육 등은 신선도 저하와 함께 휘발성 염기질소(VBN : volatile basic nitrogen)의 함량이 증가하므로 화학적으로 이의 함량을 측정하면 부패정도를 알 수 있다. 어육은 극히 신선한 것은 VBN이 5~10mg%, 보통 선도의 것은 15~25mg%, 부패 초기의 것은 30~40mg%, 부패한 것은 50mg% 이상이다.

#### 4) 트리메틸아민(TMA : trimethylamine)의 측정

해산어류는 트리메틸아민이 4~6mg%일 때 부패 초기로 본다.

#### 5) pH 및 산함량 측정

신선육의 pH는 7 정도이고, 사후강직 시에는 근육 내의 젖산 생성으로 pH가 6 정도로 낮아졌다가 부패가 진행되면 pH가 상승하는데, pH 6.2~6.5를 부패 초기단계로 보고 있다. 또 우유는 신선한 것은 산 함량이 젖산으로 0.14~0.16%이고, 0.18~0.20%이면 부패 초기, 0.25% 이상이면 부패로 본다.

#### 6) ATP 분해

ATP는 동물의 사후에 분해되어 이노신, 이노신산 등으로 된다. 이러한 분해산물 및 ATP 양을 측정하여 신선도를 판정한다.

### (2) 부패 관련 미생물

식품을 부패시키는 미생물은 일반적으로 부패균이라 불리며 부패의 원인이 되는 미생물은 세균인 경우가 많다.

식품에 세균이 혼입되면 균수의 증가에 따라 식품성분은 세균의 효소에 의해 분해되어 각종 대사생산물이 생성되어 먹을 수 없게 된다. 식품 중의 단백질 분해에 관여하는 세균은 병원성 세균, 식중독 세균과 구별해서 부패세균(putrefactive bacteria)이라고 한다.

어느 환경에 생존하는 미생물군(微生物群, microflora)은 한정되어 있으며 식품도 그 물리적 성질이나 화학적 성질에는 각각 특징이 있기 때문에 같은 종류의 식품에는 대개 특정 미생물군이 증식하여 부패를 일으킨다. 일반적으로 부패세균은 수분함량이 많고, pH 중성인 단백질 식품에서 번식하기가 쉽고 특히 어패류, 농축산물에서는 *Pseudomonas, Flavobacterium, Bacillus* 등이 주요 세균이 되며 혼합 가공 단백질 식품에서는 Bacillus, Clostridium 등이 대표적이다. 곰팡이는 수분이 비교적 적고 삼투압이 높으며 전분질인 식품과 산성인 식품(곡류, 빵, 과실, 채소)에 잘 발육한다. 효모는 당분을 갖는 산성과즙과 같은 식품에서 번식하기 쉽다.

식품별 주요 변패 미생물은 다음과 같다.

- 곡류 : 건조한 환경에서 생육하는 곰팡이(*Aspergillus*, *Penicillium*)
- 채소·과일 : 펙틴 분해력이 강한 곰팡이(Mucor, *Aspergillus*, *Penicillium*)와 세균(Erwinia)
- 육류 : 단백질 분해력이 높은 세균(*Bacillus putrificans*, *Bacillus subtilis*, *Clostridium sporogenes*, *Proteus vulgaris*)
- 어패류 : 저온성 수중세균(*Pseudomonas*, *Flavobacterium*, *Achromobacter*, *Micrococcus*)
- 우유 : 산생성세균(*Streptococcus lactis*), 점질물생성세균(*Alcaligenes visco lactis*), 적색색소생성세균(*Serratia marcescens*), 청색색소생성세균(*Pseudomonas syncyanea*)
- 통조림 : flat sour 원인세균(*Bacillus stearothermophilus*, *Bacillus coagulans*)
- 달걀 : 흑색변패세균(*Proteus melanovogenes*)
- 밥 : 포자형성세균(*Bacillus*)
- 빵 : rope 변패세균(*Bacillus*), 적색변패세균(*Serratia marcescens*)
- 잼 : 내삼투압성 효모(*Saccharomyces rouxii*, *Tolulopsis*)

식품의 부패가 단일 세균의 오염으로 발생하는 경우는 드물며, 일반적으로는 몇몇 종류의 세균이 시기를 달리해 증식하여 부패가 진행된다. 이러한 경시적인 균상의 변화는 환경(온도, 수분, pH, 식품 성분)에 알맞은 균이 최초에 증식하고 변화한 환경에 따라 그 환경에 적합한 다음 차례의 균이 증식하기 때문이다.

### (3) 부패에 영향을 미치는 요인

부패는 온도, pH, 수분활성, 식품의 종류, 오염된 균의 종류에 의해 좌우된다. 식품의 제조, 가공 및 보존의 환경과 그 식품의 성분조성(탄소원, 질소원, 무기염류, 미량의 비타민 등의 종류 및 비율), 보존온도, 산소의 유무, pH, 수분활성 및 식품원료의 종류 등과 같은 화학적, 물리적 성질을 알게 되면 그 식품을 부패시키는 미생물군을 대략 추정할 수가 있다.

#### 1) 온도

세균은 각각 발육 가능한 범위가 있어, 저온균은 0~20℃, 중온균 20~45℃, 호열균은 45~75℃에서 생육 최적 온도를 나타낸다. 대부분의 병원세균이나 부패세균은 중온균이다.

#### 2) pH

세균은 생육 최적 pH가 중성 부근인 것이 많다. 대부분의 부패세균은 pH 5.5 이하에서는 발육이 저해되지만 효모와 곰팡이는 산성영역에서 증식이 잘 되며, 증식 범위는 효모 pH 4.0~8.5, 곰팡이 pH 2.0~8.5이다.

#### 3) 수분활성도(water activity, Aw)

식품 중 미생물이 이용할 수 있는 수분, 즉 식품 중의 자유수의 함량을 나타내는 척도로서 수분활성도(water activity, Aw) 개념이 사용된다. 수분활성도(Aw)는 다음의 식으로부터 구할 수 있다.

$$Aw = \frac{P}{P_0} = \frac{n_2}{n_1 + n_2}$$

단, 여기서 P : 주어진 용액의 증기압, $P_0$ : 주어진 용매의 증기압
$n_1$ : 용질의 mole 수, $n_2$ : 용매의 mole 수이다.

수분활성도가 높을수록 미생물은 발육하기 쉽고 발육이 가능한 최저 Aw의 한계는 통상 세균

0.9, 효모 0.88, 곰팡이 0.8이다. 특수한 세균은 0.75, 내건성 곰팡이는 0.65, 내삼투압성 효모는 0.6의 배지에서 생육할 수 있다. 식품을 건조시키면 세균, 효모, 곰팡이의 순으로 생육하기 어려워지며 Aw 0.65 이하에서는 곰팡이도 생육하지 못한다.

식품의 수분활성도를 될 수 있는 대로 낮게 유지하는 것이 수분의 측면에서 본 식품보존의 원리가 된다. 수분활성도를 낮추기 위한 방법으로는 ① 식염, 설탕 등 용질의 첨가 ② 농축, 건조에 의한 수분의 제거 ③ 냉동온도 강하에 의한 수분활성도의 저하 등을 생각할 수 있다.

#### 4) 기타 요인

식품 중에 미생물의 발육을 억제하는 물질, 발육을 촉진하는 성분의 존재가 영향을 미칠 수 있다. 예를 들면 cellulose, starch, pectin, protein 등을 분해하는 세균 종류는 많지 않으나 이들이 분해되어 단당류나 유리 아미노산이 되면 대부분의 세균이 이들 물질을 잘 이용하기 때문에 변패가 잘 일어난다. 또한 산화환원전위, 식품의 조직 상태, 식품의 저장환경 등도 변패에 크게 영향을 미친다.

### (4) 부패과정 중의 화학적 변화

동물조직은 사후, 세포 내의 여러 가지 효소에 의해 조직이 자가 소화된다. 자가소화가 진행되면 부착하고 있는 부패 세균이 증식하게 되고 부패과정이 시작된다.

대합과 같은 패류는 글리코겐에 풍부하므로 자가소화 과정의 해당반응에 의해서 젖산이 축적되면서 pH가 산성으로 되어 비교적 부패속도가 느리다【그림 4-1】.

*Bacillus* 등에 오염되면 아미노산의 분해가 진행되고, 시간이 경과함에 따라 휘발성 아민(암모니아, 트리메틸아민, 모노메틸아민 등)이 증가한다. 48시간 후에는 히스타민, 72시간 후에는 티라민이 다량으로 검출된다. 관능적으로는 18~24시간 만에 부패를 식별할 수 있다.

휘발성 아민 중 암모니아는 탈아미노 반응 등에 의해 생성된다. 미생물은 다음과 같은 산화적 탈아미노 반응 및 비산화적 탈아미노 반응 등의 여러 경로를 가지고 있으므로 식품 중의 아미노산으로부터 암모니아가 생산되어 부패취가 생긴다.

#### 1) 산화적 탈아미노 반응

$$R\cdot CH\cdot NH_2\cdot COOH + 1/2\ O_2 \leftrightarrow R\cdot CO\cdot COOH + NH_3$$

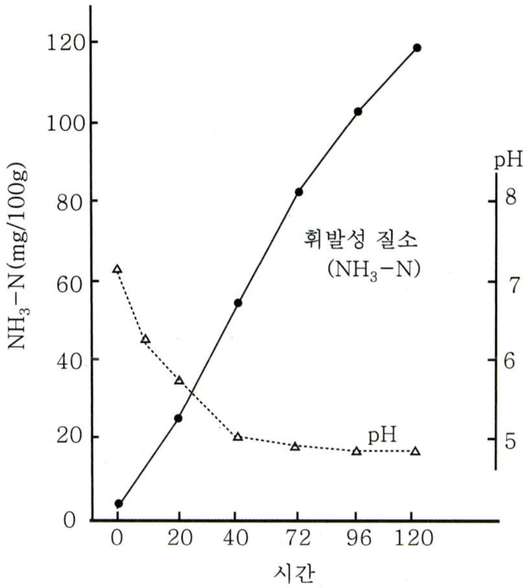


**【그림 4-1】 대합의 부패과정의 휘발성 질소와 pH의 경시변화**

### 2) 환원적 탈아미노 반응

$$R \cdot CH \cdot NH_2 \cdot COOH + H_2 \leftrightarrow R \cdot CH_2 \cdot COOH + NH_3$$

트리메틸아민은 어육에 많은 트리메틸아민옥사이드로부터 환원 효소에 의해 생성된다.

$$(CH_3)_3N \rightarrow O \xrightarrow{\text{환원}} (CH_3)_3N$$

히스타민을 비롯한 아민류는 세균의 아미노산 탈탄산효소에 의한 아미노산의 탈탄산반응(decarboxylation)에 의해서 생성된다. 이 효소의 최적 pH는 4.5~6.0로 주로 산성 pH에서 일어난다. 이러한 효소의 작용기능을 갖는 세균은 식품오염의 지표세균인 *Escherichia coli*와 부패세균의 일종인 *Aerobacter aerogenes*, *Proteus morganii*, 어패류의 부패세균으로 수서세균 *Achromobacter*와 토양과 해수·담수어의 부패세균인 *Pseudomonas aeruginosa* 등이 알려져 있다.

$$R \cdot CHNH_2 \cdot COOH \longrightarrow R \cdot CHS \cdot NH_2(\text{amine}) + CO_2$$

이 반응은 histidine으로부터 histamine이 어패류의 부패과정에서 생성되면 식중독을 일으키게 되어 식품위생상 중요하다. 이와 같이 세균독소와 세균의 증식이 원인이 아니고, 세균의 오염에 의하여 생기는 부패대사산물이 원인으로 일어나는 식중독을 알레르기성 식중독이라고 한다. 이 밖에 lysine, arginine, ornithine, histdine, tyrosine, aspartic acid, phenyalanine, glitamic acid 등의 탈탄산 반응이 알려져 있다.

그 밖에 특유의 부패취를 내는 원인이 되는 화학 반응은 휘발성 아민의 생성 외에 시스테인, 메티오닌 등의 함황아미노산의 분해에 의한 황화수소, 머캅탄의 생성, 트립토판의 분해에 의한 인돌·스카톨의 형성 등이 있어 식품은 부패가 진행됨에 따라서 특유의 부패취를 내게 된다.

## 2. 미생물관리

### (1) 멸균과 소독의 개념

우리나라 식품위생법의 식품 등의 기준 및 규격에서는 '살균이라 함은 세균, 효모, 곰팡이 등 미생물의 영양 세포를 사멸시키는 것을 말한다' 고 정의하였고 '멸균된 미생물의 영양 세포 및 포자를 사멸시켜 무균상태로 만드는 것을 말한다' 고 정의하였다.

멸균(sterilization)은 목표로 하는 물체 중에 함유되어 있는 모든 미생물을 제거하여 완전히 무균상태로 만드는 것을 말하고, 소독(disinfection)은 대상물 중의 병원 미생물만을 제거하여 감염될 위험성을 제거하는 것으로 통상 비병원성균이나 세균아포는 소독 후에도 생존하는 경우가 많다. 방부(aseptic)는 식품의 성장에 가능한 한 영향을 주지 않고 세균의 성장·증식을 저지시켜 부패·발효를 억제(retard growth or multiplication: bacteriostatic)하는 것이다.

미생물을 죽이거나 증식을 억제하는 물질을 항미생물 물질(antimicrobial agent)이라고 한다. 항곰팡이(antifungal), 항균(antibacterial) 및 항바이러스(antiviral) 물질로 나뉜다. 그 작용으로 균세포를 죽이는 힘을 살균작용(bactericidal effect)이라 하고, 증식을 억제하는 힘을 정균작용(bacteriostatic effect)이라고 한다. 어떤 종류의 미생물에 영향을 미치는가를 항균영역(antimicrobial spectrum)이라고 한다.

일반적으로 항균물질은 극히 저농도에서는 균의 발육을 약간 촉진하는 경우도 있으며 농도가 높아짐에 따라 차이가 있거나, 고농도에서도 정균작용밖에 나타내지 못하는 것도 있다.

항미생물물질(antimicrobial agent)은 그 성질에 따라 소독제(disinfectant), 보존료(preservative) 및 화학요법제(chemotherapeutic agent)로 나뉘어 사용된다.

음료수를 염소소독을 할 때의 염소농도로는 소화기 감염병의 병원균은 죽일 수 있지만 물에 오염되어 있는 비병원성의 작은 잡균은 죽이지 못한다. 음식물의 부패 방지나 보존을 목적으로 할 경우에는 병원미생물뿐만 아니라 모든 잡균을 죽이지 않으면 안 된다. 100℃에서 30분간 가열하면 대부분의 미생물들을 죽일 수 있지만 포자를 형성하는 세균은 열에 대한 저항성이 강하므로 병조림이나 통조림속에서도 *Botulinus*균과 같은 경우에는 생존하여 식중독을 일으킬 수가 있다. 그래서 완전 멸균의 목적으로는 간헐멸균법이나 고압증기멸균법이 일반적으로 이용되고 있다.

### (2) 물리적 소독법과 화학적 소독법

멸균과 소독 방법에는 물리적 방법과 화학적 방법이 있는데 물리적 방법은 고압멸균법, 상압멸균법, 광선에 의한 방법들이 포함되어 있고 화학적 방법에는 각종 소독제나 산화제 등을 사용한 방법이 여기에 속한다. 주된 방법을 【표 4-1】에 나타내었다.

화학적 방법에 의한 살균소독제의 작용기전에는 단백질 응고(승홍, 포르말린), 산화작용(과산화수소, 과망간산 칼륨), 세균 단백질과 화합물 형성(염소, 옥도), 강산이나 강알칼리 작용에 의한 단백질 변성(중금속의 염류) 등이 있다.

**표 4-1** 물리적 및 화학적 소독(멸균)법

| 구 분 | | | 용 도 | 효 과 | 비 고 |
|---|---|---|---|---|---|
| 물리적 방법 | 열 | 화염 | 무가치한 것은 소각, 백금이, 유리봉 | 모든 미생물에 유효 | |
| | | 건열<br>(180℃ 30분) | 유리기구 등 | 모든 미생물에 유효 | 통상 180℃,<br>30분간 작용시킨다 |
| | | 자비<br>(100℃ 15~20분) | 식기, 의류, 주사기, 칼, 고무제품 | 아포를 제외한 대부분의 미생물에 유효<br>HBvirus는 강한 저항성 | |
| | | 상압증기멸균<br>(100℃ 30분) | 고압증기멸균으로 변질이 우려되는 것 | 모든 미생물에 유효<br>(24시간마다 3회 필요) | 간헐 멸균이라 한다<br>(Koch 증기솥을 이용한다) |
| | | 고압증기멸균<br>(120℃ 30분) | 기구(고온으로 변질하지 않는 것) | 모든 미생물에 유효 | |

<table>
<tr><td rowspan="2">물리적 방법</td><td rowspan="2">열</td><td>자외선</td><td>실내 공기, 부유물질, 의류, 침구</td><td>대부분의 미생물에 유효</td><td>표면, 공중의 균에 유효</td></tr>
<tr><td>여과법</td><td>공조장치(공중의 부유 미생물), 열에 불안정한 액체</td><td>virus에는 무효</td><td></td></tr>
<tr><td rowspan="11" colspan="2">화학적 방법</td><td>석탄산(2~3%)</td><td>대부분의 물건(음식물·식기에는 부적절)</td><td>아포, virus는 무효</td><td>부작용이 크다</td></tr>
<tr><td>크레졸(1~3%)</td><td>〃</td><td>영양형의 세포, 결핵균에 유효, 아포, virus에는 무효</td><td>손 소독에는 1~2%용액</td></tr>
<tr><td>글루타르 알데히드(2%)</td><td>각종 기구류</td><td>모든 미생물에 유효<br>HBV의 소독제로 지정 (WHO)</td><td>• 인체에 사용하지 않는다<br>• 흡입, 접촉하지 않는다<br>• 사용 시에 조제한다</td></tr>
<tr><td>생석회 (20~30%)</td><td>분뇨, 토사물, 오수, 우물, 토양, 선저수, 사체</td><td>아포, 결핵균에 무효</td><td>• 수분이 많은 것에 적절하다<br>• 오래 방치하면 $CaCO_3$가 되어 살균력 저하</td></tr>
<tr><td>표백분, 차아염소산 나트륨 (0.01~1%)</td><td>우물, 물통, 오수, 요, 기타 배설물</td><td>영양형의 세균, virus 아포에도 유효, 결핵균에 무효</td><td>• 상수도:0.1ppm 이상의 잔류염소(통상액체염소 이용) pool:0.6ppm<br>• 유기물이 많으면 효력은 감퇴</td></tr>
<tr><td>포르말린 (포름알데히드의 농도로 1%)</td><td>의복, 침구, 유리기구, 가죽·나무·식물제품 (단백질 함유가 많은 것은 부적합)</td><td>모든 미생물에 유효</td><td>• 피부, 점막을 자극한다<br>• 포르말린(40%)과 물 1:39 비율로 묽게 한다</td></tr>
<tr><td>포름알데히드 가스</td><td>선박, 건물, 철도차량, 도서</td><td>〃</td><td>$1m^3$마다(당) 포르말린 15g 이상의 분무, 물 40g 이상 증발 7시간 밀폐</td></tr>
<tr><td>에틸렌옥시드 가스</td><td>〃</td><td>〃</td><td>포름알데히드가스보다 살균효과 크다</td></tr>
<tr><td>알코올</td><td>손, 피복, 기구류</td><td>영양형의 세균, 결핵균, virus, 리케치아, 스피로헤타에 유효, 아포에 무효</td><td>ethyl alcohol 70~80%<br>isopropyl alcohol 30~50%</td></tr>
<tr><td>역성비누 (0.1~1%)</td><td>손, 유리기구, 금속기구</td><td>결핵균, virus에 무효</td><td>비누, 세제가 섞이면 효과 저하, 유기물이 많은 경우는 부적합</td></tr>
</table>

## (3) 화학요법

병원 미생물에는 강한 살균, 정균 작용을 나타내지만, 인체에는 부작용에 적은 화학물질을 경구 및 주사 등으로 투여해서 감염증을 치료하는 것을 화학요법(chemotheraphy)이라고 한다. 화학요법제에는 설파제와 항생제가 있다.

## (4) 식품의 보존

식품의 부패원인에는 생물적인 것, 순수화학적인 것, 물리적 요인이 있으나 제일 중요한 것은 미생물학적 원인이다. 식품에 미생물이 오염·증식하게 되면 변색, 변질, 가스발생, 점질물 생성, 조직연화, 부패 등이 일어나므로 식품에 대한 미생물의 관리는 중요하다.

현대 식품의 유통과정이 복잡하여 소비자에게 섭취될 때까지 시간이 걸리고 또 경제적인 이유 등으로 장기간 저장이 필요하게 된다. 해외로부터 식품의 원료나 제품의 수입 또한 증가하고 있어서 식품의 부패나 변질에 관여하는 세균은 물론 각종 병원세균의 검색은 매우 중요하다.

식품의 보존방법은 그 종류에 따라 달라지지만 식품보존을 위해서는 미생물의 유입을 차단하고 미생물의 대사활동을 억제할 수 있는 방법을 강구하는 것이 기본원칙이며 이때 식품이 손상되지 않고 인체에 대한 안정성을 보장하는 것이 전제조건이 된다.

현재 사용되고 있는 식품의 보존방법은 다음과 같이 크게 나눌 수 있다.

① 가열, 방사선 또는 자외선조사, 살균제 등에 의해서 식품 중의 미생물이나 효소를 사멸, 불활성시킨 다음 용기에 밀봉함으로써 외부로부터의 2차적인 오염을 막는 방법이 있다. 가열살균의 경우 식품 중의 부패균이나 병원균은 60℃에서 30분간 가열하는 저온살균으로 대부분 사멸한다. 고온단시간살균(high temperature short time, HTST)이나 초고온살균(ultra high temperature, UHT)는 각각 71.7℃에서 15초, 130~150℃에서 2~5초간 시행한다.

② 식품을 저온, 동결 또는 건조상태에 두거나 탈수, 탈기, 기상치환 등의 처리 또는 식염, 식초, 식품첨가물의 첨가에 의해서 식품 중의 미생물의 증식이나 효소활성을 억제하는 방법이 있다.

전자의 방법에서는 미생물은 거의 완전살균되어 있으므로 2차 오염을 방지하면 식품을 완전하게 보존할 수 있다(예: 통조림). 후자의 방법에서는 식품을 원상태로 환원시키면 곧 부패가 시작될 위험성이 있으나 식품에 따라서는 후자의 방법을 이용할 수밖에 없는 경우가 있고 식품의 종류에 따라서 부존방법의 종류가 결정된다.

현장실무에서 관리자들이 꼭 알아야 할 NCS 기반 **식품위생관리**

Essentials of Safety & Sanitation for Foodservice Employees

# HACCP: 기본원칙 | 05

# 05 HACCP: 기본 원칙

식품의 안전성을 보장하기 위해 특정 위해 요소를 확인하고, 예방 조치를 취하는 위생관리 제도이다. 즉, 최종 생산품을 검사하는 대신 식품 생산 전 단계에서 각 단계마다 감시하고 잘못된 것을 알아내어 교정한 후 다음 단계로 이행함으로써 사전에 문제 발생(음식물의 오염)을 예방할 수 있는 제도이다.

**식품 위해 요소 중점 관리 기준(HACCP)**

① 위해요소분석
② 중점 관리점 규명
③ 관리 기준 설정
④ 중점 관리점의 모니터링
⑤ 시정 조치
⑥ 기록 유지
⑦ 적합성 확인

# 1. 위해 요소 분석

## (1) 미생물의 증식 위험성이 높은 식품 규명

미생물의 증식 위험성이 높은 식품(potentially hazardous foods, PHF)

- 육류 및 가금류, 달걀
- 생선류, 패류, 연체류 및 갑각류
- 우유 및 유제품, 콩류, 두부 및 콩 가공품
- 삼자류(조리된 상태), 과일류
- 콩나물 및 숙주나물, 양념류
- 버섯류(건조되지 않는 상태), 기타 채소류(조리된 상태)
- 곡류 및 그 제품(조리된 상태)

## (2) 음식 생산 단계 검도

- 식단에 특정 재료의 포함 여부 확인, 재료와 용품의 저장
- 식단 개발과 후처리단계
- 재료와 용품의 구매, 재가열 단계
- 전처리 및 조리 단계
- 냉각 및 급식 전 보관
- 급식 단계

## (3) 미생물의 생존, 증식으로 인한 오염에 영향을 줄 수 있는 요소를 규명

- 위해요소 : 개인위생, 온도–소요시간, 조리·냉각·재가열 및 급식 전 보관·음식 생산 후 급식까지의 시간 차, 교차 오염

# 2. 중점 관리점(CCP)의 규명

## (1) 중점 관리점(CCP)의 정의

- 식품 위해 요소를 예방, 제거, 감소시킬 수 있는 지점
  예: 조리원과 주방 환경 위생, 교차 오염, 특정 위생 절차, 조리 단계, 냉각 단계

### (2) 식중독 발생 원인의 각 단계별 검토

- 부적절한 열장·냉장, 부적절한 저장 온도, 해동방법, 냉각 습관
- 교차 오염 가능성 검토, 기타 위해 요소 검사

### (3) 각 생산 단계별

- 각 생산 단계별로 특정한 온도, 소요시간, 가열, 냉각, 재가열, 보관 단계 검토
- 급식 전 미리 준비, 교차 오염, 조리원 개인위생 검토

### (4) 중점 관리점 규명을 위해 생산 단계에서 검토할 사항

#### 1) 식단 계획

- 특별한 위험 요소를 보유한 식재료를 함유하고 있지 않은지 점검한다.
- 위험한 식재료 사용 시 주의를 주고 조리원을 훈련시킨다.
- 고려해야 할 급식 대상자를 조리원에게 설명한다.
- 식단과 그의 양에 맞는 기기를 사용한다.
- 조리원의 수준과 훈련이 식단에 적합한지 확인한다.

#### 2) 식단 개발

- 특별한 주의를 요하는 원재료를 규명한다.
- 식품 안전을 위해 살균된 식품을 구입을 고려한다.
- 식품 취급 습관과 온도를 명시한 식단을 작성한다.
- 이후의 단계, 다량 전처리, 냉각, 취급에 대해 고려한다.
- 전에 사용하지 않던 식단의 식품 취급, 운반, 보관, 재가열에 대해 기준을 제시한다.

#### 3) 구매

- 승인된 공급처로부터 식품을 구입한다.
- 배달 차량은 적정 온도로 유지되는지 확인한다.
- 배달 및 검수를 위한 운반 시의 식품 취급 습관이 적절한지 확인한다.
- 배달은 검수와 저장시간을 고려하여 받도록 한다.
- 제품의 품질에 일관성이 있다.

- 포장 상태가 적절하다.

### 4) 납품

- 포장 상태가 완전하고 청결하다.
- 이취가 발생하지 않는다.
- 조리원이 적절하게 취급한다.
- 식품의 온도가 적절하다.
- 식품 간의 교차 오염 가능성을 제거한다.
- 꼬리표 부착 여부를 확인한다.
- 반품에 관한 기준과 이유를 기록한다.

### 5) 저장

- 선반의 위치로 인한 교차 오염 가능성을 제거한다.
- 제조 일자가 표기되었는지, 선입선출은 지켜지고 있는지 확인한다.
- 냉장 온도를 적절하게 유지한다.
- 조리원의 취급 습관이 적절한지 점검한다.

### 6) 전처리 · 조리

- 올바른 방법으로 손 세척을 한다.
- 해동 방법이 적절한지 확인한다.
- 채소 세척용 설거지대의 위생을 철저하게 유지한다.
- 조리 기준 온도를 준수한다.
- 맛보는 습관이 위생기준에 어긋나지 않게 한다.
- 용기, 도마, 칼의 세척 및 소독을 철저히 한다.
- 소량씩 분산 조리한다.
- 온도를 측정하여 적합성을 검사한다.

### 7) 급식 및 보관

- 보관 및 덜어내는 데 사용하는 기구의 위생을 검토한다.
- 용기의 위생 상태를 점검한다.

- 교차 오염 방지를 위해 노력한다.
- 취급 습관을 감시한다.
- 열장·냉장 온도가 적절한지 점검한다.
- 온도를 측정하여 적합성을 확인한다.
- 뚜껑을 반드시 닫아서 보관한다.

### 8) 냉각

- 냉각 방법 및 시간이 적절한지 확인한다.
- 얼음상에서 교차 오염되지 않도록 주의한다.
- 조리법에 냉각 방법을 기입한다.
- 최종 온도의 적합성을 확인한다.
- 팬은 청결하게 유지한다.
- 냉각 후 즉시 뚜껑을 덮는다.
- 저장 선반 위치가 적절해야 한다.
- 제조 일시 및 시각을 표기한다.
- 팬은 포개어 보관하지 않는다.

### 9) 재가열

- 2시간 이내에 73.9℃ 이상으로 재가열한다.
- 온도의 적합성을 확인한다.
- 새로운 음식과 오래된 음식을 섞지 않는지 확인한다.
- 재가열에 최상인 기구 및 작업 방법을 결정한다.
- 적절한 온도를 유지한다.
- 간식은 1회 이상 재가열하는지 확인한다.

# 3. 중점 관리 기준과 한계 설정

## (1) 중점 관리 기준

온도, 시간, pH, 수분활성도(Aw)

### (2) 각 생산 단계별 관리 기준

- 검수 : 잠재적으로 위험한 식품(PHF)은 4℃ 이하, 냉동식품은 -17.8℃ 이하로 온도 관리한 것을 구입, 승인된 공급처로부터 구입
- 조리 : 재가열 및 조리 후 열장 보관 단계, 조리 후 냉각 및 냉장 보관단계(FDA의 Food Code 1993)
- 식품 취급 습관 : 채소 세척 방법, 올바른 수세 습관, 전처리된 식품의 올바른 보관, 질환자의 조리 금지, 조리한 음식의 위생적 취급(교차 오염 방지), 올바른 식기 세척 및 소독, 소량씩 분산 조리하여 위험 온도대의 노출 최소화, 적합한 소독 방법의 선택

## 4. 감시 및 측정 방법 결정

### (1) 감시 및 측정(모니터)의 목적

- 안전관리에 대한 시스템 통제
- 관리 기준 일치 여부 확인
- 적합성 확인 단계의 근거 제공

### (2) 감시 및 측정 방법

- 물리적 측정 : 온도-소요시간
- 육안 검사 : 조리원 관찰, 원재료 검수
- 관능검사
- 화학적 측정 : pH, Aw

### (3) 감시 및 측정 기록

- 온도-소요시간 기록표
- 식품 온도 모니터링 기록표
- 기기 모니터링 기록표
- 소독제 점검표
- 음식 생산 공정 흐름도
- 온도-소요시간 그래프

**표 5-1** 구매 및 검수 단계

| 재료명 | 위해요소 | CCP 관리기준 | 시정조치 |
|---|---|---|---|
| 쇠고기 | 납품 시 부적절한 온도 | 4℃ 이하의 온도 관리 | 반품 |
| | 납품 시 포장상태 불량 | 포장 상태의 완전성 | 반품 |
| 채소 | 납품 후 검수 시까지의 장시간 실온 방치 | 납품 및 검수 시간 준수 | 냉장 보관 명령 |
| | 납품 후 불결한 바닥에 방치 | 식품 보관대 설치 및 사용 | • 선반상 보관 명령<br>• 오염되었으면 폐기 |

**표 5-2** 전처리 단계

| 재료명 | 위해요소 | CCP 관리기준 | 시정조치 |
|---|---|---|---|
| 쇠고기 | 조리원의 비위생적인 취급 습관 | • 손 접촉 최소한<br>• 식품의 위생적인 취급<br>• 교차 오염 금지 | 취급 과정 시정 명령 |
| 채소 | 설거지대 및 보관 용기의 용도별 분리사용 불이행 | 설거지대 및 보관 용기의 용도별 분리사용 | 취급 과정 시정 명령 |
| | 식품 보관 용기의 주방 바닥 방치 | 선반 설치 및 보관 | 선반으로 이동, 오염되었으면 폐기 |
| | 질병 보균자에 의한 식품취급 | 질병 보균자의 식품 취급 금지 | • 질환자가 취급한 식품 폐기<br>• 훈련 보완 |

**표 5-3** 저장 단계

| 재료명 | 위해요소 | CCP 관리기준 | 시정조치 |
|---|---|---|---|
| 쇠고기 | 냉장 온도 상승 또는 장기간 저장 | • 식품의 온도: 4℃ 이하<br>• 저장고: 3.3℃ 이하 | 온도 조정, 유효기간 경과 시 폐기 |
| 채소 | 제조 일시 표시 불이행 | • 유효기간 준수(전처리된 식품은 최대 24시간 저장)<br>• 제조 일시 및 시각 표시 | 유효기간 경과하거나 의심되면 폐기 |
| | 원재료, 조리 전 식품, 조리된 식품을 같이 저장하여 교차 오염 | • PHF로부터의 격리<br>• 포장의 완전성 | • 분리 보관<br>• 교차 오염되었으면 폐기 |
| | 식품 보관용 용기의 덮개 사용 불이행 | 식품 보관용 용기의 덮개 사용 | • 덮개 사용<br>• 오염되었으면 폐기 |

**표 5-4** 조리 단계

| 위해요소 | CCP 관리기준 | 시정조치 |
|---|---|---|
| 부적절한 온도 및 소요시간 가열 | 조리 기준 온도 및 시간준수 (68.8℃, 15초) | 정해진 온도에 이를 때까지 계속 가열 |
| 맛보는 습관의 부적절성 | 적절한 맛보는 습관 | • 오염된 음식 폐기<br>• 종업원 훈련 |

**표 5-5** 급식 전 보관 단계

| 위해요소 | CCP 관리기준 | 시정조치 |
|---|---|---|
| 부적절한 열장 온도 | 60℃ 이상의 온도 유지 | 60℃ 이하로 떨어지면 74℃ 이상으로 재가열 |
| 용기, 기구 및 기기에 의한 오염 | • 용기, 기구 및 기기의 세척<br>• 소독, 건조, 보관이 적절성 | 재세척 및 소독 |
| 보관 용기의 덮개 사용 불이행 | 보관 용기의 덮개 사용 | 덮개 사용 명령 |

**표 5-6** 급식 단계

| 위해요소 | CCP 관리기준 | 시정조치 |
|---|---|---|
| 급식의 기준 온도 미달 | 뜨거운 음식은 60℃ 이상으로 급식 | 기준 온도 미달 시 1회에 한해 재가열 |
| 식기의 부적절한 보관 | 식기의 위생적인 취급 습관 | 재세척 및 소독 |

## 5. 시정 조치 방법 결정

### (1) 시정 조치 방법

- 반품 또는 거부
- 음식 평가 : 온도 조정, 음식 이동, 뚜껑 사용
- 단계 평가 : 세척 및 헹굼, 세척 및 소독, 재시행
- 제품 폐기

### (2) 시정 조치 방법의 결정

- 위험의 정도
- 기준과의 차이

## 6. 기록 유지

### (1) HACCP 각 단계의 대한 기록 유지

- HACCP 연구팀 및 책임자
- 제품 설명서 및 사용 목적
- 생산 과정
- 온도 기록표
- 위해 요소 평가 기록
- 시정 조치 기록

### (2) HACCP 기록에 포함되어야만 할 내용

- 제품명과 일자
- 제품의 특성
- 사용한 재료와 기구
- 수행한 단계
- 중요한 관리 기준과 한계

## 7. 적합성 확인

### (1) 적합성 확인의 내용

- 적절한 inspection 방법의 선택
- HACCP plan의 검토
- 중점관리점(CCP) 기록의 검토
- 기준과의 차이와 시정 조치
- 중점관리점(CCP) 통제를 위한 육안 검사

- 관리 기준의 적합성 여부
- 적합성 확인 기록의 검토
- HACCP plan의 변화

### (2) 적합성 확인 방법

- 자체 확인 : 기록 검토, HACCP plan 수정, 정기적 확인 제공
- 외부 확인 : 법제화되었을 때 시행, 위생감시원이나 외부 자문가가 시행
- 시정 조치 방법
- Data

## 8. 영업점 공정별 CP 관리

### (1) 검수공정관리

① 식자재 검수 시에는 식자재의 선도, 중량 및 품목을 확인하고 어·육류 등 PHF식품의 경우에는 식품의 내부 온도를 체크하여 10℃ 이하로 유지하여 입고했는지를 확인한다. 이때 식품 내부 온도가 10℃ 이상이 될 경우에는 바로 냉장 조치하거나 품질이 낮은 것은 반품 처리한다. 또한 차량 내부 온도가 10℃ 이하로 냉장유지가 되는지 확인한다.

② 검수 시 식자재 내부 온도를 체크한 중심온도계는 사용 후 알코올 소독하여 보관 관리한다.

③ 기타 식자재 검수 시의 지침은 영업점 검수 지침서를 따르고 식자재 보관은 냉장·냉동·상온창고관리지침서를 따른다.

④ 위의 지침대로 검수가 끝나면 검수일지(수기보관용)에 기록·관리한다.

⑤ 검수일지에는 어·육류, 냉장·냉동식품, 난류의 품온을 체크하여 기록한다.

⑥ 기준에 적합하지 않을 경우 반품, 교환 등 조치를 취한다.

### (2) 전처리 공정

#### 1) 세척

세척용기(또는 싱크)는 어·육류, 채소류로 구분 사용하고 사용 후 세척, 소독한다. 구분 사용이 여의치 않을 경우 채소 → 육류 → 어류 순으로 하며 각각을 처리한 후에는 세척, 소독하고 다음 것을 처리한다.

### 2) 식품의 취급

① 고무장갑, 도마, 칼은 구분하여 사용한다.

| 구분 | | 색상 | 비고 |
|---|---|---|---|
| 고무장갑 | 식품용 | 아이보리색 | 종류가 다른 고무장갑 사용 |
| | 기구 세척, 청소, 오염식자재 | 빨간색 | |
| 도마, 칼 | 육류 | 노란색 | 스티커, 아크릴 등을 색상별로 부착하여 구분 |
| | 어류 | 검정색 | |
| | 채소 | 초록색 | |
| | 조리완제품 | 무 색 | |

▶ 고무장갑은 사용 후 반드시 소독 보관한다. 특히 오염도가 심한 육류 및 어류작업 후에는 반드시 올바른 씻기와 동일한 세척, 소독을 실시한 후 다음 작업에 사용한다.

▶ 기타 규정은 영업점 자체 규정에 준함

② 식품은 맨손으로 다루지 않는다. 식품용 고무장갑(세척, 소독된 것)이나 위생장갑을 착용하고 다룬다. 면장갑의 경우 소독된 것(삶아 건조시킨 후 자외선살균기 보관)으로만 사용 가능하다. 단, 맨손작업이 허용되는 기준은 삶은 난류 껍질 제거 작업, 채소류 고운채 작업, 묵류 커팅작업, 수육을 얇게 써는 작업에는 가능하다. 맨손작업은 반드시 올바른 손 씻기를 실행한 후 식품을 다룬다.

③ 전처리 시 식자재별 구분 사용 및 조리원의 식자재 취급습관에 대하여 매일 전처리 시 관리사항을 HACCP 일일체크표를 통하여 체크·기록한다.

④ 기록방법은 매일 체크하여 ○, × 로 표시한다.

⑤ ×로 표시된 부분은 비고란에 원인을 적어 개선하도록 조치한다.

## (3) 냉장 · 냉동 저장공정관리

① 냉장·냉동고는 식자재의 선도유지를 위해 냉장고의 온도는 4℃ 이하로, 냉동고의 온도는 영하 18℃ 이하로 유지·관리한다.

② 냉장고 내 식자재 보관 시 식자재별로 구분 보관하고 덮개로 덮는다.

③ 매일 출근 직후 냉장·냉동고의 온도를 확인하여 일일 3회 주방 및 식자재 창고 온습도관리표에 기록·관리한다.

## (4) 식기세척 및 소독공정

### 1) 자동식기세척기 사용 시

① 세척온도는 60~70℃, 린스 온도는 80~83℃를 맞추어야 한다. 특히 린스의 헹굼 온도는 식기소독의 효과를 나타내므로 매우 중요하다.

② 세척 건조된 식기는 식기 소독고 및 청결한 보관장소에서 보관하며 뚜껑이나 문이 없는 곳에 보관할 경우 깨끗한 천을 이용하여 이물이 들어가지 않도록 위를 덮어놓아야 한다.

### 2) 손 세척 시

① 40℃ 정도의 미지근한 물에 중성세제를 사용하여 세척한다.

② 흐르는 물로 충분히 헹궈낸 후 식기소독기에 보관하며 식기소독기가 없을 시에는 뜨거운 물로 열탕소독 처리한 후 건조시켜 청결한 장소에 보관한다.

③ 숟가락과 젓가락은 매일 열탕소독한다(100℃ 이상의 물에 5분 이상 삶거나 소독기에 보관).

④ 식기세척 및 소독은 HACCP 일일체크표를 통하여 기록·관리한다.

### 3) 소독의 종류 및 방법

| 종 류 | 주요대상 | 방 법 | 비 고 |
|---|---|---|---|
| 열탕 소독 | 식기, 행주 | - 열탕에서는 30초 이상, 증기소독기를 사용할 경우는 100~120℃에서 30분 이상 소독한다.<br>- 재질에 따른 소독온도 및 시간<br>· 목제 : 15~20분/100℃<br>· 금속제 : 3분/100℃, 30분/80℃<br>· 사기, 토기 : 1분/80℃<br>· 천종류 : 25분/70℃, 10분/95℃<br>15~16초/160~180℃ | 그릇을 포개어 소독할 때는 포개지 않고 할 때보다 끓이는 시간을 연장한다. |
| 약품 소독 | 작업대, 기기, 도마소독 | - 염소용액소독<br>- 차아염소산나트륨용액(락스) | 100~150ppm<br>락스 300배 희석액 |
| 전기, 가스 건열소독 | 식기소독고 | - 160~180℃에서 30~45분간 | |
| 자외선 소독 | 조리 소도구, 칼, 마른행주, 보존식 용기 등 | 물체에 자외선이 직접 닿도록 펼쳐서 놓는다. | |

## 9. 영업점 HACCP 모니터링

CCP가 관리기준하에 있는지 각 공정별로 체크하여 이상이 있을 시 즉시 조치한다. 각 공정별 관리기준과 기준에서 벗어났을 때의 조치내용은 다음과 같다.

| CCP공정 | 관리기준 | 조치방법 |
|---|---|---|
| 생채소 소독공정 | 듀오크린 50배 희석액으로 소독 | filter paper 농도 확인 후 재소독 |
| 해동공정 | 해동 식자재 내부 온도 5~10℃ | 30분 이내 조리 또는 냉장 보관 |
| 조리공정 | 가열조리식품 내부 온도 75℃ 1분 이상 | 재가열 |
| 냉각공정 | 60℃ → 21℃로 2시간 이내<br>21℃ → 4℃로 4시간 이내 | 소분하여 냉각하거나 냉동실에서 급속 냉각한다. |
| 배식 전 보관 및 배식공정 | 조리된 음식 5~60℃에서 3시간 이상 방치 금지 | 재가열 또는 냉장 보관 |

## 10. HACCP 검증

① HACCP 모니터링 외에 HACCP이 제대로 수행되고 있는지 평가하기 위해 2개월에 1회 HACCP 평가표를 이용하여 HACCP 실행 영업점에서 타 영업점을 평가하도록 한다.

② 각 CCP 공정별 기록을 3개월 이상 검토하여 CCP가 관리기준을 초과하지 않을 경우 별도의 미생물 검사를 통하여 안전성을 검증하면 CP로 조정될 수 있다.

③ 위의 검증작업을 끝내면 영업점 특성에 따라 CCP를 별도 관리할 수 있으나 2개월에 1번 기준에 대해서 감사를 받아야 한다.

## 11. 품질 기록 관리

본 지침서와 관련하여 발생하는 기록은 품질기록 관리절차서에 따라 유지한다.

# HACCP: 작업중 위생관리하기 (식품위생) | 06

## 1. 검수

### (1) 검수 시 주의 사항

- 식품은 도착한 즉시 검수한다.
- 바쁘지 않는 시간에 거래처별로 시간 간격을 두어 배달하도록 조정한다(철저히 검사할 수 있고, 빨리 전처리하여 보관할 수 있다).
- 저장할 때 배달된 날짜와 유통기한을 기록한다.
- 배달될 물품을 사전에 계획하여 냉동실, 냉장실에 충분한 자리를 마련해 둔다.
- 검수 장소는 항상 밝고 청결하게 유지한다.
- 조리원들에게 식품의 품질 판별법, 온도 측정법, 유통기한 확인방법에 대한 사전 훈련을 시킨다.

## (2) 식품별 검수 방법

### 1) 육류

- 고기의 몸통과 박스에 검사필 표시가 있는지 확인한다.
- 냉동된 것은 -18℃ 이하, 생것은 4℃ 이하인지를 온도계를 사용하여 측정한다.
- 색깔의 변화가 있는지 잘 살핀다. 밤색, 초록색, 보라색의 큰 얼룩이나 반점은 미생물균체의 증거가 되며, 검은색, 흰색, 초록색 반점은 곰팡이이거나 냉동 상태가 나쁘다는 증거이다.
- 포장이 손상되지 않아야 한다.
- 쇠고기의 경우 밝은 붉은색을 띠어야 한다. 어두운 붉은색은 오래 저장된 경우, 엷은 보라색은 오랜 시간 동안 공기 순환이 없는 곳에 방치하였거나 상하고 있는 상태를 나타낸다.
- 돼지고기는 비계가 하얗고 탄력이 있어야 하며, 살코기는 엷은 분홍색을 띠어야 한다.

### 2) 닭고기류

- 얼리지 않은 생가금류가 가장 좋으며, 얼음을 채워 배달해야 한다. 이때 온도는 4℃ 이하로 유지해야 한다.
- 품질이 좋지 못한 것은 살이 단단하지 않고, 탄력성이 없다. 고약한 냄새가 나고 날개 부분이 끈적거리거나 날개 끝이 어두운 색으로 변한 것은 부패한 증거가 된다.

### 3) 생선

- 생것인 경우 온도는 0~4℃로 얼음을 채워서 배달해야 한다.
- 싱싱한 생선은 아가미가 선명한 붉은색으로 축축하고 눈은 흐리지 않고 깨끗하며 튀어나와 있다. 또한, 살과 배 부분이 단단하고 탄력성이 있으며 심한 비린내가 나지 않는다.
- 냉동된 것은 녹였다 다시 얼린 표시가 있어서는 안 된다. 다시 얼린 생선은 건조하거나 탈수된 것처럼 보이며, 생선살 끝 부분이 밤색을 띠고 있다. 상자 안쪽 밑에 얼음이 많이 얼어 있거나 하얗게 솜털 모양의 얼음상이 있고 물이 고여 있다.

### 4) 갑각류

- 살아있는 갑각류는 운송 과정에서도 살아 있어야 한다. 신선한 조개, 홍합, 굴은 껍질이 닫혀 있으며, 껍질이 열려 있을 경우 껍질 위쪽을 두드리면 껍질이 닫힌다.
- 냉동된 게, 새우, 바닷가재 등의 살은 탄력성이 있으며, 모양에 이상이 없어야 한다. 강한 냄새가 나면 받지 않는다.

### 5) 달걀 및 유제품

- 달걀은 한 개를 깨서 소독된 온도계로 온도를 측정 시 4℃ 이하여야 한다. 플라스틱 봉지에 포장되어 있으면, 봉지를 접어 온도계를 감싸올리고 온도를 측정한다.
- 신선한 우유는 주로 단맛이 난다. 쉰 냄새 또는 불쾌한 냄새가 나면 받지 않는다.
- 유통기한을 확인하여 피급자에게 공급할 당시 유통기한이 경과되지 않도록 유의한다.
- 버터는 단맛과 산뜻한 맛이 나야 하며, 곰팡이나 얼룩, 흠이 없어야 한다. 손상되지 않은 깨끗한 상자에 담겨 있어야 한다.
- 치즈는 각 종류별로 맛의 특징과 질감, 색을 지녀야 하며, 건조하거나 곰팡이가 슬지 않아야 한다.

### 6) 진공된 포장 식품

- 포장 내에 거품이 있으면 받지 않는다.
- 온도계를 두 물품 사이에 끼워 넣어 온도를 측정한다.

### 7) 냉동식품

- 온도 측정 시 -18℃를 넘기지 말아야 한다.
- 포장된 냉동식품은 상자를 열거나 상자의 옆 부분을 잘라 온도계를 물품과 물품 사이에 넣어 온도를 측정한다.
- 언 자국(상자 밑이나 식품 밑의 고드름)이 없는지 확인한다.

### 8) 통조림

통조림 용기 외부에 움푹 들어간 자리가 있으면 반품한다.

### 9) 과일과 채소

| 종류 | 좋은 품질의 경우 | 품질이 나쁘거나 부패한 경우 |
|---|---|---|
| 사과 | 단단하고 아삭아삭하며 색깔이 밝음 | 푸석푸석하고 멍이 든 것 |
| 바나나 | 단단하고 색깔이 밝아야 함 | 회색빛이나 어두운 색 |
| 자몽 | 큰 것보다 무거운 것을 선택 | 물렁한 부분, 어두운 색 |
| 포도 | 포도알이 줄기에 단단히 붙어 있음<br>색깔이 밝고 포동포동한 것 | 줄기가 마른 것, 포도알에서 물이 흐름 |
| 레몬 | 단단하고 무거움, 진한 노란색 | 어두운 색, 껍질이 건조한 것 |
| 오렌지 | 단단하고 무거움, 밝은 색깔 | 껍질이 건조한 것<br>스펀지 같은 감촉, 파란 곰팡이 |
| 복숭아 | 약간 말랑말랑한 살 | 엷은 밤색 점(썩기 시작하는 표시)<br>굉장히 딱딱하거나 물렁함 |
| 양파 | 단단하고 딱딱함<br>줄기가 가늘고 겉껍질은 종이 같이 얇아야 함 | 줄기가 젖어있고 물렁함 |
| 파 | 아삭아삭하고, 초록색과 흰 부분의 길이가 5~8cm | 노란색, 잎 부분이 늘어짐 |
| 고추 | 윤기 있는 표면, 짙은 초록색 | 얄팍함, 구멍이 남 |
| 감자 | 단단함, 대부분 매끄러움 | 초록색 곰팡이 또는 초록색으로 썩은 부분이 있음<br>크게 잘린 자국, 싹이 남 |
| 고구마 | 밝은 껍질 | 젖었거나 오그라듦<br>움푹진 자리와 퇴색한 부분 |
| 토마토 | 매끄럽고 빨간색 | 멍이 들거나 깊게 패임 |

### 10) 검수한 물품의 반품 절차

- 잘못된 점을 서로 확인한다.
- 요령 있게, 그러나 확고하게 거절한다.
- 물품을 제대로 바꾸거나 별점 제도를 두어 같은 문제가 반복되면 입찰에 응하지 못하게 한다.
- 사전에 납품된 물품은 반품 절차와 규칙을 정하여 그 규칙에 따라 처리하고, 기록으로 남겨서 필요 시 관리사에게 보고서를 제출한다.

## 2. 저장

### (1) 저장 시의 원칙

- FIFO(first in first out) : 먼저 들어온 것을 먼저 사용한다.
- 위험성이 있는 음식물은 5~57℃에서 보관하지 않는다.
- 모든 식품은 청결하게 보관한다(더러운 포장, 개봉하거나 찢어진 포장 등에 의해 오염될 수 있다).
- 저장소는 깨끗하고 건조해야 한다.
- 식품을 옮기는 기구는 청결해야 한다.

### (2) 저장 방법 및 이에 따른 주의 사항

#### 1) 냉장 저장

- 상하기 쉽고 위험성이 있는 식품을 0~4℃에서 짧은 기간 동안 저장한다.
- 뜨거운 음식을 완전히 식지 않은 상태로 냉장하거나 차가운 음식을 5℃ 이상의 온도에서 보관할 경우 식중독이 발생할 수 있다.
- 위험성이 있는 음식물은 4℃ 이하로 유지할 때 박테리아 성장을 늦출 수 있다.
- 익히지 않은 음식은 뚜껑을 덮어 냉장고 하단에 저장한다.
- 조리된 음식이나 요리가 필요하지 않은 음식은 냉장고의 상단에 보관한다.
- 냉장고에 너무 많은 음식을 보관하지 않는다.
- 뜨거운 음식을 식힐 목적으로 냉장실을 이용하지 않는다.
- 가장 이상적인 방법은 식품을 종류별로 각각 다른 냉장고에 보관하는 방법이다(그렇지 못할 때에는 생선과 유제품은 문에서 멀고 온도가 가장 낮은 부분에 저장한다).
- 날음식과 요리된 음식을 깨끗하고 흡습성이 없으며 뚜껑이 있는 통에 담도록 한다.
- 공기의 순환을 위해 선반은 석쇠와 같이 갈라진 것이 좋다.
- 통조림은 개봉한 다음 깡통째로 냉장고에 저장하지 않는다(깡통은 음식이 찬 공기와 접촉하는 것을 막을 수 있다).
- 금속온도계로 냉장실 내부의 온도를 자주 측정한다(온도계 설치 장소 : 가장 따뜻한 곳, 온도가 가장 낮은 곳, 문에서 가장 가까운 곳).

### 표 6-1 식품의 냉장 온도와 습도

| 식 품 | 냉장 온도 | 습 도 |
|---|---|---|
| 육류· 가금류 | 0~4.4℃ | 75~85% |
| 생선 | -1.1~1.1℃ | 75~85% |
| 살아있는 갑각류 | 1.7~7.2℃ | 75~85% |
| 달걀 | 3.3~4.4℃ | 75~85% |
| 유제품 | 3.3~4.4℃ | 75~85% |
| 과일· 채소 | 4.4~7.2℃ | 85~95% |

### 표 6-2 음식물의 냉장 저장과 최대 저장 기간

| 식 품 | | 최고 온도 | 최대 저장기간 | 비 고 |
|---|---|---|---|---|
| 유제품 | 우유 | 10℃ | 약 7일 | 미개봉, 개봉 후는 당일 중 |
| | 버터 | 10℃ | 6개월 | (가열품)미개봉 |
| | 치즈 | 5℃ | 6~12개월 | 가공치즈, 미개봉 |
| 선어 | | 1~2℃ | 20일 | 느슨하게 싸서 |
| 조개, 게, 오징어, 낙지 | | 1~2℃ | 5일 | 뚜껑이 있는 용기에 담아 |
| 과일류 | 복숭아 | 10℃ | 7일 | 씻지 않은 상태로 |
| | 사과, 배 | 20℃ | 2주 | 원래의 용기 상태로 |
| 육류 | 간 고기 | 3℃ | 2일 | 느슨하게 싸서 |
| | 신선한 고기 조각 | 3℃ | 6일 | 느슨하게 싸서 |
| | 베이컨 | 3℃ | 1~6일 | 꽉 싸서 |
| | 햄 | 3℃ | 6주 | 꽉 싸서 |
| | 닭고기 | 2℃ | 7주 | 느슨하게 싸서 |
| 사탕 | | 20℃ | 3~6개월 | 원래의 용기 상태로 |
| 채소 | 잎채소류 | 7℃ | 7일 | 씻지 않은 재료 |
| | 감자류, 근채류 | 20℃ | 7~30일 | |

### 2) 냉동 저장

#### ① 냉동식품이란

- 전처리한 식품을
- -35~75℃의 설비에서 급속 동결하고
- 위생적인 포장 재료를 이용 포장하여
- -18℃ 이하에서 보존한
- 식품위생법의 기준에 맞는 식품을 말한다.

#### ② 냉동식품의 특징

- 비교적 신선한 풍미가 살아 있다.
- 영양가가 그대로 보존된다.
- 세균이 활동할 수 없어 위생적이다.
- 전처리가 미리 되어 있어 버릴 부분이 없다.
- 조리시간이 단축된다.
- 장기간 보존이 가능하여 계절이나 장소에 관계없이 식생활이 풍부하게 된다.

#### ③ 냉동된 음식은 바로 받아 -18℃ 이하의 온도(-23~-18℃)에 저장한다.

- 냉동 기간이 길수록 오염 가능성과 부패 확률이 높아진다.
- 냉동식품이나 미리 식힌 음식물만을 냉동실에 저장하며, 음식을 식히는 용도로 사용하지 않는다.
- 찬 공기가 잘 순환할 수 있도록 음식물을 적절하게 보관한다.
- 냉동실 내에 여러 개의 온도계를 설치하여 온도 차이를 측정한다.
- 냉동실에 넣는 음식물은 포장하거나 수분 방지가 되는 통에 보관한다. 가능하면 원래 납품된 상태의 통의 저장한다.
- 조리원에게 필요한 때에만 문을 열고 한꺼번에 꺼내도록 훈련시킨다.

**-4~0℃에서 저장 : 가금류, 육류, 해물류 등 단백질이 많이 함유된 식품을 짧은 기간 동안 손상 없이 보관할 수 있는 방법으로 식품의 질을 유지시킬 수 있다.**

**표 6-3** 음식물의 냉동 저장과 최대 저장 기간

| 식품 | 최대 저장 기간(-23.3~-17.7℃) |
|---|---|
| 채소 | 8개월 |
| 감자튀김(french fries) | 2~6개월 |
| 케이크(구운 것) | 4~9개월 |
| 케이크 반죽 | 3~4개월 |
| 과일파이(구운 것, 안 구운 것) | 3~4개월 |
| 과자 | 6~12개월 |
| 이스트빵과 롤(구운 것) | 3~9개월 |
| 이스트빵과 롤 반죽 | 1~1.5개월 |

### 3) 건조 저장

상하지 않은 식품을 15.6~21.1℃, 습도 50~60%에서 장기간 저장

- 온도계와 습도계를 잘 보이는 곳에 설치하고 자주 기록한다.
- 적절한 환풍으로 식품의 품질을 유지하고 해충을 방지한다.
- FIFO의 순환 방법을 사용한다.
- 음식물이 담긴 용기의 뚜껑은 꼭 닫는다.
- 흘린 음식은 즉시 청소한다.
- 식품을 바닥에 놓지 않는다.

**표 6-4** 음식물의 건조 저장과 최대 저장 기간

| 식품 | | 최대 저장기간(개봉하지 않았을 경우) |
|---|---|---|
| 통조림류 | 과일 | 1년 |
| | 과일주스 | 6~9개월 |
| | 해물류 | 1년 |
| | 수프 | 1년 |
| | 채소 | 1년 |
| 유제품 | 무가당연유 | 1년 |
| | 분유 | 6~12개월 |
| | 육아용 분유 | 12~18개월 |

| | | |
|---|---|---|
| 유지류 | 마요네즈<br>샐러드 드레싱<br>샐러드 오일<br>채소 쇼트닝 | 2개월<br>2개월<br>6~9개월<br>2~4개월 |
| 곡 류 | 시리얼(바로 먹을 수 있는 것)<br>밀가루<br>마카로니, 스파게티, 국수류<br>쌀 | 6개월<br>9~12개월<br>3개월<br>6개월 |
| 양념류 | 향미료<br>조미료<br>겨자(준비된 것)<br>소금<br>소스(스테이크, 간장 등)<br>고춧가루<br>양념 소금<br>식초 | 무기한<br>무기한<br>2~6개월<br>무기한<br>2년<br>1년<br>1년<br>2년 |
| 감미료 | 설탕<br>흑설탕<br>시럽, 꿀 | 무기한<br>냉장해야 함<br>1년 |
| 기 타 | 베이킹 파우더, 베이킹 소다<br>건조된 콩<br>과자, 크래커<br>건조한 과일<br>잼, 젤리<br>피클<br>포테이토칩<br>옥수수녹말<br>이스트 | 8~12개월<br>1~2년<br>1~6개월<br>6~8개월<br>1년<br>1년<br>1개월<br>2~3년<br>18개월 |

자료 : National Restaurant Association(2002)

## 3. 음식의 조리와 공급

### (1) 기본 원칙

음식을 옮길 때나 저장, 처리, 준비, 진열, 공급할 때

- 온도는 박테리아가 빨리 번식할 수 있는 온도도 범위를 피해 4℃ 이하나 57℃ 이상으로 유지(특히 16~49℃는 위험)해야 한다.

- 위험한 온도 범위에서 4시간 이상 방치하지 않는다.
- 음식물을 데우거나 식힐 때 위험한 온도 범위 내에서는 가능한 한 잠깐 동안만 보관하도록 하고, 이러한 위험 요소에 노출되는 횟수를 줄인다.

### (2) 냉동식품 녹이는 방법

- 7℃ 이하의 냉장 온도에서 자연 해동시킨다. 이때 녹아 흐르는 물이 다른 음식물에 떨어지지 않도록 주의한다.
- 21℃ 이하의 흐르는 깨끗한 물에 2시간 정도 녹인다. 이때 물 흐름이 너무 세서 식품이 손상되지 않도록 하고, 이 물이 다른 음식물에 닿지 않도록 주의한다. 포장된 것은 속의 공기를 빼고, 물이 들어가지 않도록 고무밴드 등으로 조인 후 물에 넣는다.
- 전자오븐에서 녹인다(단 10kg 이상의 부피가 큰 식품은 권장하지 않는다). 녹인 후 바로 조리한다.
- 직접 가열해서 해동한다. 채소류는 끓는 물에 직접 넣어 조리하고, 튀김류는 직접 기름에 튀긴다.

### (3) 준비

- 손을 깨끗이 씻는다.
- 사용할 기구 및 용기를 세척, 소독한다.
- 식품은 필요한 양만 꺼내어 준비한 후 냉장고에 보관한다.
- 많은 양을 조리할 때에는 재료를 냉장고에서 종류별로 한 가지씩 꺼낸다.
- 한 식품을 준비 작업한 후 다른 식품을 준비할 때 도마, 칼, 용기를 꼭 세척, 소독한다.
- 채소는 씻기 전에 싱크대를 먼저 소독한 후 씻는다.

### (4) 조리

- 음식의 내부 온도가 74℃가 되도록 조리한다(온도계로 여러 부분을 측정, 특별히 두꺼운 부분은 자주 측정한다).
- 자주 저어서 음식의 온도가 균일하게 되도록 한다.
- 양념은 가급적 처음 조리 시 첨가한다. 양념을 첨가한 후 30분 이상 조리한다.
- 차가운 음식을 조리할 때는 냉장된 재료들을 사용하여 조리하고, 즉시 냉장 보관한다.

- 세척, 소독된 용기만 사용한다.
- 맛을 볼 때 별도의 그릇과 수저를 사용한다.

**표 6-5** 음식 생산 단계의 온도관리 기준

| 생산 단계 및 식품 | 관리기준 |
|---|---|
| 위험 온도 범위 | 5~57℃ |
| 조리 후 냉장 보관 | 4℃ 이하 |
| 조리 후 열장 보관 | 57℃ 이상 |
| 냉각 | 57℃→21.1℃ : 2시간 이내<br>21.1℃→ 4℃ : 4시간 이내 |
| 재가열 | 73.9℃, 15초 |
| 조리<br>• 돼지고기<br>• 조육류 및 속을 채운 육류요리<br>• 쇠고기, 생선 및 난류<br>• 쇠고기 및 돼지고기 다짐육<br>• 전자레인지 요리<br>• 제조 일시 표시(labelling) | <br>68.3℃, 15초<br>73.9℃, 15초<br>62.8℃, 15초<br>68.3℃, 15초<br>최종 조리온도+3.9℃<br>제조 일시 및 시각 |

자료 : FDA Food Code 1993(1994)

## (5) 보관과 공급

- 음식을 옮기거나 보관할 때 청결하고 소독된 용기를 사용한다.
- 보온고와 같이 음식물을 뜨겁게 보관하는 장비의 온도는 57℃ 이상을 유지시킨다.
- 배식대에 음식을 보관 시에는 음식을 자주 저어 전체 온도가 균일하게 유지되도록 한다(반드시 음식물의 온도를 검사한다).
- 뚜껑을 덮어 오염 물질이 음식에 떨어지는 것을 방지하고, 열을 보존한다.
- 식기에서 입에 닿는 부분은 절대로 손으로 잡지 않도록 한다.
- 피급식자가 직접 덜어 먹거나 배식할 때에는 손잡이가 긴 국자나 집게를 사용한다(음식물을 담는 용기 안에 넣었을 때 손잡이가 밖으로 나와야 한다).

## (6) 음식물의 식히기와 다시 데우기

### 1) 식히기

- 보관 용기와 음식을 옮길 때 사용하는 기구는 깨끗하게 소독한다.
- 57℃에서 4℃로 4시간 이내에 빠르게 식힌다(온도계로 온도를 측정하고 시간을 기록한다).
- 빨리 식히려면
  - 얼음물 속에 그릇째 담그거나
  - 높이가 낮고(10cm 이하) 넓은 용기를 이용(스테인리스 스틸 용기가 플라스틱보다 유리함)하거나 특별한 전용 냉장고(quick-chilling, tumbler-chiller)에서 식힌다.
- 냉장고에 보관 시 선반 상단에 저장한다.
- 뚜껑을 열어 식힌 다음 바로 뚜껑을 덮는다.
- 시간과 날짜를 기록한 표식을 한다.

### 2) 안전하게 뜨거운 음식을 식히는 방법

- 음식의 양을 줄인다.
- 전체 식히는 시간을 4시간 이내로 한다.
- 높이가 낮은 팬으로 냉장시킨다.
- 얼음물통에 넣고 저으면서 식힌다.
- 식히는 데 소요되는 시간과 측정된 온도를 기록한다.

### 3) 다시 데우기

- 74℃ 이상으로 2시간 이내에 빨리 데워서, 57℃ 이상으로 유지한다.
- 미리 조리된 음식과 새로 조리한 음식을 섞지 않는다.
- 한 번 이상 데운 음식을 다시 사용하지 않는다.

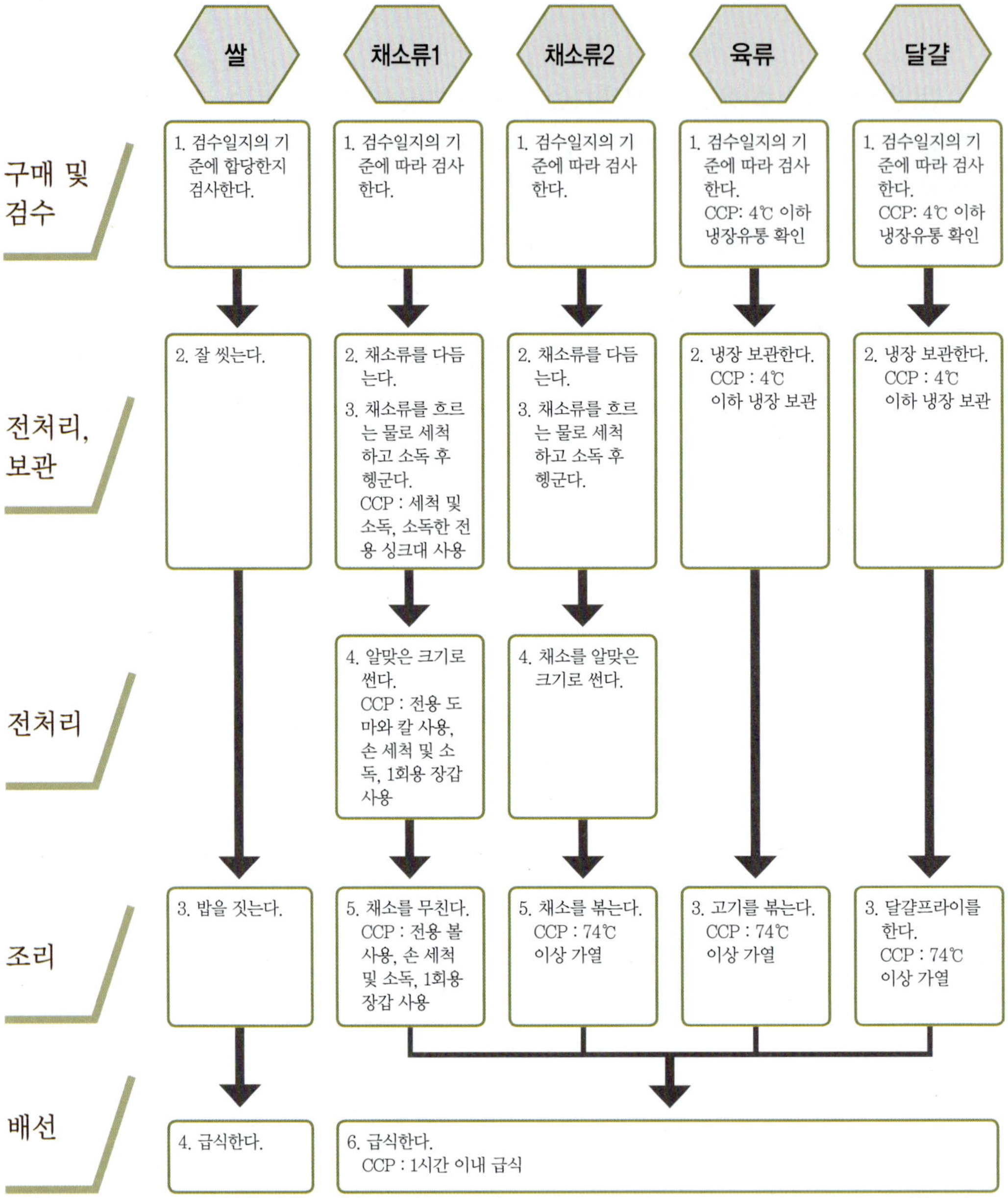


【그림 6-1】 **작업공정의 흐름도(밥류: 비빔밥)**

# 위생교육사례 -조리공정관리-

## 1. 위생적인 조리공정관리

식중독 사고의 경우 주로 교차 오염에 의한 것과 온도와 시간관리의 불충분으로 인해 발생하는 경우이다.

따라서 식재별 구분 사용과 각 공정별로 온도와 시간관리를 철저히 함으로써 미생물 증식을 방지하고, 식중독 발생을 예방할 수 있다. 신경증상도 포함된 넓은 의미의 비정상적인 상태를 말한다.

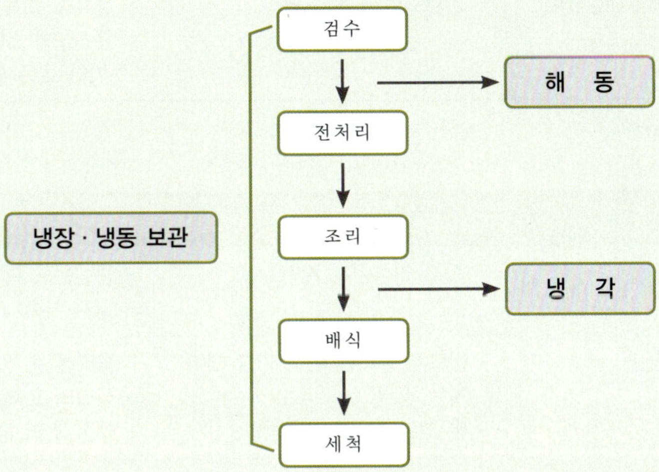


### 1) 검수

검수의 목적은 규정된 절차에 따라 입고되는 식재의 품질상태 및 수량을 확인하고 기록하는 것을 말하며 안전한 식재를 이용한 급식이 되도록 하기 위함이다.

| 위험요인 | 점검사항 | 관리방법 |
|---|---|---|
| - 부적절한 운반 | - 냉장 4℃, 냉동 -18℃ | - 온도 확인 및 기록 |
| - 검수대, 검수기구의 문제 | - 팔레트, 중심온도계 | - 시설·기구 준비 |
| - 냉장·냉동 식품의 온도 | - 온도 확인 | - 온도 확인, 해동정도 확인 |
| - 유통기한 초과<br>신선도 감소 | - 유통기한 확인<br>신선도 확인 | - 유통기한 기록<br>반품·교환 및 일지기록 |
| - 표시사항 없음 | - 규정된 표시사항 | - 표시사항대로 확인 |

## 2) 전처리

| 위험요인 | 점검사항 | 관리방법 |
|---|---|---|
| - 작업대로부터 오염 | - 작업대 청결, 소독 여부 | - 작업대, 조리기구의 세척<br>* 락스 300배 희석 소독 |
| - 조리기구로부터 오염 | - 조리기구의 청결, 소독 | |
| - 세척 후 바닥 방치로 인한 오염 | - 바닥 방치 금지 | - 팔레트 및 작업대 위에 보관 |
| - 생으로 먹는 채소의 대장균에 의한 오염 | - 생채소의 소독 실행 | - 생채소 소독<br>* 듀오크린 50배 희석<br>* 기타 소독제 사용 |

## 3) 조리

| 위험요인 | 점검사항 | 관리방법 |
|---|---|---|
| - 가열 불충분 | - 75℃ 이상인지 확인 | - 중심온도 확인 후 검식<br>- 일지 기록 |
| - 비위생적인 조리습관 | - 반드시 올바른 손 씻기를 해야 하는 경우<br>- 면·고무장갑의 사용방법 | - 올바른 손 씻기<br>- 장갑의 교체, 세척·소독<br>- 맨손 조리 금지 |
| - 조리기구·용기에 의한 오염 | - 식재별 구분 사용 (용기/덮개/칼·도마) | - 식재별 조리기구 구입<br>- 바른 검식방법 실행 |
| - 조리 전후 상온방치 | - 개별(검식)용기 사용<br>- 조리 전후 상온 방치 금지 | - 보온(60℃↑)<br>- 보냉(4℃↓) |

## 4) 배식

| 위험요인 | 점검사항 | 관리방법 |
|---|---|---|
| - 배식온도 | - 보온(60℃↑), 보냉(4℃↓) | - 보온·보냉 배식 실시 |
| - 장시간 배식 | - 조리완료~배식완료, 시간 | - 3시간 이내 배식 실시 |
| - 조리원 손에 의한 오염 | - 올바른 손 씻기 실시 여부 | - 올바른 손 씻기<br>- 면장갑 + 위생장갑 착용 |
| - 불결한 배식용기, 식기 | - 용기, 식기 세척 미흡 더러운 행주에 의한 오염 | - 세척 확인<br>- 사용 전후 행주의 관리 |

### 5) 세척, 퇴식 · 잔식 폐기

| 위험요인 | 점검사항 | 관리방법 |
|---|---|---|
| – 부적절한 세척온도 | – 식기세척기 온도<br>(71℃ 이상) | – 식기세척기 정기적으로 헹굼 온도와 성능 점검 |
| – 세제가 남아 있는 경우 | – 식기세척기 성능 점검 | |
| – 음식물 쓰레기의 처리 | – 해충의 유인 여부<br>냄새 및 부패 여부 확인 | – 덮개 실시, 빠른 시간 내 조리장 외로 이동 처리 |
| – 해당 끼 제공 후 남은 음식을 폐기하지 않음 | – 폐기 여부 확인 | – 중·야식 함께 조리 또는 잔식을 비상식으로 보관하여 재배식 하는 것은 금지함 |

### 6) 해동

① 해동이란 냉동상태의 식재를 조리하기 쉽도록 녹이는 과정을 말한다.
② 해동의 방법은 냉장해동, 흐르는 물에 해동, 냉동상태로 조리하는 방법이 있다.
③ 위험한 해동방법은 실온해동, 더운물 사용, 열조리기구 옆에서 해동하는 방법이 있다.
④ 해동 후 재동결은 절대 금한다.

### 7) 냉각

① 냉각이란 뜨거운 음식을 차게 식히는 것을 말한다.
② 위험한 온도대인 57℃ → 4℃로 내리는 데 걸리는 시간은 4시간 이내로 관리해야 한다.
③ 방법은 넓은 팬에 소분하여 어느 정도 식힌 후 냉장고 또는 냉동고에 넣어 완전히 냉각한다.

### 8) 생채소의 소독

생으로 먹는 채소의 경우 듀오크린 50배 희석액으로 소독 실시

## 2. 조리공정에 따른 식재관리

- 냉장고에서의 보관
- 냉동고에서의 보관
- 상온창고에서의 보관
- 반조리 및 제조된 소스류의 기한 관리

### 1) 냉장고 보관 -1

### 2) 냉장고 보관 -2

① 전용보관
- 청결보관(상단) : 보존식 전용
- 오염보관(하단)
  - 달걀 보관
  - 김치, 음료수 박스 보관
  - 해동전용 보관

② 온도계 비치
③ 1차 상품 : 선입선출 우선
공산품 : 유통기한 짧은 것 우선
④ 개봉된 캔류는 다른 용기에 옮김
(표시사항은 보관)

### 3) 냉동고에서의 보관

① 구분 보관 - 하단에 육류, 생선 등 박스 보관 가능
② 온도계 비치

### 4) 상온창고에서의 보관

① 소모품과 공산품의 분리 보관
② 개봉된 제품은 밀봉하여 보관
③ 개봉된 소스류는 냉장 보관
④ 뉴슈가의 경우 단체급식에서 사용을 금지함

### 5) 반조리 및 제조된 소스류의 위생적 관리

① 반조리된 식재 : 냉동 1주일
예) 빵가루 입힌 돈가스(가열 전)
단 한 번 튀긴 탕수육, 가열조리된 음식 등은 보관 금지
② 제조된 소스류 : 냉장 1주일, 냉동 1개월
예) 초고추장, 초간장, 돈가스 소스 등

## 3. 식재의 표시사항 관리

단체급식에서 사용하는 제품이 무표시나 표시사항 누락의 경우에 제조업체 및 납품업체에게도 식품위생법에 의거한 처벌이 있지만 이를 사용한 단체급식업체에도 벌금형 또는 징역형 등의 처벌이 있다.

| 표시사항 대상식재 | 표시사항 적용특례사항 |
|---|---|
| 절임식품류 – 젓갈류, 단무지<br>두부류 – 두부, 유부, 묵<br>고춧가루, 실고추<br>건포류 – 진미채, 쥐어채<br>들깻가루, 콩가루<br>참기름, 들기름 등 식용유지<br>조미김, 깨소금, 건포도 등<br>기타 – 떡볶이, 보리차 등 | 자연산생물 – 농·임·수산물<br>건어물류 – 건오징어, 멸치 등<br>견과류 – 호도, 땅콩, 잣 등<br>견과채류 – 곶감, 건대추, 건고춧잎, 건무말랭이 등<br>단순가열식품 – 볶음참깨 등 |
| · 제품명 : 오징어젓<br>· 제품유형 : 젓갈류<br>· 영업소명/소재지 : 한진유통<br>경기도 성남시 분당 야탑동 12번지<br>· 제조 연월일 : 2013년 4월 24일<br>· 유통기한 : 2014년 1월 24일<br>· 내용량 : 20kg<br>· 원산지 : 국내산(목포산)<br>· 보관 시 주의사항 : 냉장(4℃) 보관<br>· 영업허가(신고)기관명·번호<br>경기 제조 23-5호<br>235432876834683905234295 | · 제품명 : 오징어젓<br>· 제품명 : 볶음참깨<br>· 업소명 : 우리유통<br>· 제조 연월일(포장일) : 2013년 5월 23일<br>· 내용량 : 5kg<br>· 보관·취급방법<br>: 직사광선을 피하여 서늘한 곳에 보관<br>235432876834683905234295 |

현장실무에서 관리자들이 꼭 알아야 할 NCS 기반 식품위생관리
Essentials of Safety & Sanitation for Foodservice Employees

1. 급식관리자의 역할
2. 조리원의 채용
3. 개인위생
4. 손 씻기
5. 손을 씻는 방법
6. 기타 개인위생
7. 개인위생을 위한 시설
8. 식품위생법상 조리에 종사할 수 없는 조리원
9. 급식단계별 위생 규칙

# HACCP: | 07 조리원 개인위생관리하기

# 07 HACCP: 조리원 개인위생관리하기

식품이 급식 시설에 도착하여 피급식자에게 공급될 때까지의 모든 단계에서 조리원은 음식을 오염시킬 수 있다. 그러므로 급식관리자들은 조리원들에게 위생적인 식품 취급에 대한 지식과 기술, 태도를 훈련시켜야 한다.

## 1. 급식관리자의 역할

- 어느 작업이든지 위생과 안전에 대한 사항을 규정한 안내서를 마련하고 설명해야 한다.
- 조리원을 채용할 때에는 그 일에 적합한 사람을 채용한다.
- 신규 조리원이나 계속 있었던 조리원에게 위생 규칙과 안전하게 음식을 다루는 법을 교육한다.
- 조리원들이 위생에 대한 준수사항을 잘 지키는지 계속 관리하고 감시한다.
- 모든 위생 규칙은 우선순위를 두지 말고 똑같이 중요하게 지키도록 한다.
- 위생관련법이 개정되어 그 내용이 바뀔 때에는 내부 위생 규칙도 개정한다.

## 2. 조리원의 채용

- 담당할 작업 업무 설명서 및 의무를 세밀히 작성해 둔다.
- 세밀하게 작성된 이력서를 통해 신원보증인과 전에 근무했던 곳의 고용주를 확인하고 이력서의 내용을 확인해야 한다.
- 직업에 관련된 질문을 한다.
- 시간을 충분히 두고 담당할 작업 설명, 응모자의 자격, 의문사항에 대해 충분히 이야기를 나눈다.

## 3. 개인위생

규칙 안내서에 쉬운 말로 기록하고 설명하며, 위생 점검표를 조리원이 사용하는 화장실, 손 씻는 곳, 게시판에 붙이고 지키도록 한다.

## 4. 손 씻기

- 화장실을 이용한 후
- 손수건을 사용한 후
- 날음식물을 처리했을 때 – 고기류, 닭고기 등
- 몸을 만졌을 때 – 특히 눈, 입, 코, 머리 등
- 몸에 감염 증상이 있는 부위를 만졌을 때
- 담배를 피운 후
- 음식 찌꺼기를 처리했을 때, 또는 식기를 닦고 난 후
- 음식을 먹은 다음, 또는 차를 마시고 난 후

## 5. 손을 씻는 방법

① 물을 한참 틀어 온도를 뜨겁게(43~49℃) 한 후 씻는다.

② 손을 적시고 비누를 사용한다. 손목과 팔 윗부분까지 깨끗이 씻고, 짧은 소매를 입었을 경우 팔꿈치까지 씻는다.

③ 손가락과 손톱 주위에 관심을 두고 깨끗이 씻으며, 손톱은 브러시를 이용하여 씻는다.
④ 손을 20초 동안 서로 문지르면서 회전하는 동작으로 씻는다.
⑤ 흐르는 물에 손을 접촉하여 물을 흘려 씻어 내리는 방법으로 씻는다.
⑥ 손을 말릴 때는 드라이어나 깨끗한 일회용 휴지를 쓴다.
⑦ 작업하러 돌아가기 전에 손을 다시 오염시킬 수 있는 물건은 만지지 않는다.
⑧ 손에 로션을 바르지 않는다.

**표 7-1** 올바른 손 씻기

❶ 거품 내기 ❷ 깍지 끼고 비비기 ❸ 손바닥, 손등 문지르기 ❹ 손가락 돌려닦기 ❺ 손톱으로 문지르기 ❻ 흐르는 물로 헹구기 ❼ 종이타올로 물기 닦기 ❽ 종이타올로 수도꼭지 잠그기

| 씻는 조건 | 균 수 | 균 수 | | 제거율 |
|---|---|---|---|---|
| | | 씻기 전 | 씻은 후 | |
| 수돗물 | 담아 놓은 물<br>흐르는 물 | 4,400<br>40,000 | 1,600<br>4,800 | 63.6<br>88.0 |
| 뜨거운 물 | 담아 놓은 물<br>흐르는 물 | 5,700<br>3,500 | 750<br>58 | 86.8<br>98.3 |
| 비누 사용 수돗물 | 흐르는 물(간단히)<br>흐르는 물(철저히) | 849<br>3,500 | 54<br>8 | 93.6<br>99.8 |

출처: 식품의약품안전처

# 6. 기타 개인위생

- 손톱은 짧고 청결해야 한다.
- 사용한 장갑을 다른 음식물의 조리에 사용하지 않는다.
  예: 닭을 자르고 난 다음 나물을 무쳐서는 안 된다.
- 손을 베거나 찰과상이 있는 경우에는 소독제가 포함된 일회용 밴드를 붙이고, 고무장갑을 끼고 작업한다.
- 머리는 매일 감고, 머리망, 머리띠, 머리핀, 모자를 이용해 머리카락을 단속한다.

- 목욕을 매일 한다.
- 적절한 작업복을 착용하고, 작업복을 착용한 채 다른 장소에 가지 않는다.
- 신발은 발을 완전히 가리는 것으로, 굽이 높지 않고 밑창에 방수성이 있으며, 미끄러지지 않는 것으로 한다.
- 일할 때 반지, 팔찌, 시계 등의 장신구는 하지 않는다.
- 담배는 정해진 장소(조리원 휴게실)에서 피우도록 한다.
- 바닥에 침이나 가래를 뱉지 않는다.
- 행주로 땀을 닦지 않는다.
- 조리된 음식물을 옮길 때에는 국자나 집게를 반드시 사용한다.
- 음식의 맛을 볼 때에는 적은 양을 그릇에 떠서 다른 수저로 맛을 보고, 사용한 그릇은 다시 사용하지 않는다.

## 7. 개인위생을 위한 시설

### 1) 탈의실

옷과 소지품을 둘 수 있는 락커가 있어야 하며, 이용하기 편리한 곳에 청결하고 밝게 관리한다.

### 2) 휴게실

음식을 먹거나 담배를 피울 수 있는 장소를 마련해야 한다.

### 3) 화장실

조리원 전용 화장실을 따로 마련하며, 손 씻는 시설이 있어야 하고, 앞치마를 두르고 화장실에 가지 않도록 한다.

### 4) 샤워실

작업을 시작할 때에나 끝마칠 때 샤워할 수 있도록 한다.

### 5) 손 씻는 장소

화장실, 주방, 전처리 장소 등을 요소에 마련하여 쉽게 이용할 수 있도록 한다.

### 6) 손 씻는 시설

자동 물비누통, 1회용 종이수건이나 건조기, 페달식 온냉수 개폐 장치, 페달식 쓰레기통

## 8. 식품위생법상 조리에 종사할 수 없는 조리원

급식업무에 종사하는 사람들은 채용 시 신체검사와 함께 식품위생법 시행규칙 제34조의 규정에 따른 건강진단을 통하여 건강상태를 확인해야 한다. 건강진단 결과 제1군 감염병, 결핵(비감염성인 경우 제외), 피부병, 기타 화농성 질환이 있을 경우에는 조리업무에 종사할 수 없다. 급식종사자들은 1년 1회(학교급식의 경우는 별도 국무총리 지시규정에 따라 6개월 1회) 정기건강진단을 받아야 할 의무가 있으며, 그 결과를 건강진단 결과서에 기록해 두어야 한다. 급식관리자는 급식종사자들의 건강상태를 정기적으로 확인하고 감염병이 유행하거나 판단에 따라 검진이 필요할 경우 임시 건강진단을 받도록 하여 건강상태에 이상이 없는지 확인한다.

이 외에도 매일 조리작업 전에 급식관리자가 조리종사자의 건강상태를 체크하는 것도 중요하다. 발열, 설사, 복통, 구토하는 경우 식중독이 우려되므로 조리작업에 참여하게 해서는 안되며 의사의 진단을 받아야 한다. 본인 및 가족 중에 법정감염병(장티푸스, 콜레라, 이질 등) 보균자가 있거나 발병한 경우에는 완쾌될 때까지 조리작업에 참여하지 못하게 한다. 또한 손, 얼굴에 화농성 상처나 종기가 있는 경우 조리업무를 담당하지 않도록 업무를 조정한다.

## 9. 급식단계별 위생 규칙

### (1) 조리위생

#### 1) 기본작업

- 고무장갑, 기기 및 기구(칼, 도마, 용기 등)는 사용 후 반드시 소독 보관해야 한다.
- 바로 먹는 식자재(ready to eat food)는 맨손으로 작업하지 않는다. 조리작업용 고무장갑(세척, 소독이 된 것)이나 위생장갑을 착용하고 다룬다. 면장갑의 경우 소독된 것(삶아 건조시킨 후 자외선소독고에 보관)만 사용 가능하다. 단, 맨손 작업이 허용되는 기준은 난류 껍질 제거, 채소류 고운 채 썰기, 과일 깎기, 묵류 커팅, 수육 얇게 써는 작업 등이다. 맨손 작업 시에는 반드시 올바른 손 씻기를 실시한 후 식자재를 취급한다.
- 식자재는 바닥과 벽으로부터 일정 공간을 띄워 보관한다.

#### 2) 전처리 시의 위생관리

- 전처리는 정해진 장소에서만 실시하며 비오염 구역을 오염시키지 않으며 작업순서(채소,

육류, 어류 등)를 정하여 작업한다.

- 식품을 전처리하는 도중에는 오염구역 이외에서 식품의 오염 가능성이 있는 다른 일을 하지 않는다.
- 특히 열처리를 거치지 않는 식품은 직접 손 접촉을 하지 않도록 한다.
- 작업 중 식자재는 항상 적정 높이의 선반을 이용하여, 바닥에 방치되는 일이 없도록 한다.
- 전처리에 사용되는 기기 및 기구(칼, 도마, 용기 등)는 용도별, 식품별(육류용, 어패류용, 채소류용, 완제품용)로 분리하여 교차 오염을 방지하고 수시로 소독하여 사용하며, 사용 후에는 소독과 청결 유지에 힘쓴다.
- 싱크대 또는 세척용기는 용도별(육류용, 어패류, 채소류 등)로 구분하여 사용하고 청결히 유지하며, 다른 작업을 하기 전에는 충분히 살균(살균소독제 사용) 세척한 후 사용한다. 구분 사용이 여의치 않을 경우 채소 → 육류 → 어류 순으로 하며, 각각을 처리한 후에는 세척·소독을 하고 다음 것을 처리한다.
- 불리기 작업을 전일에 실시할 경우 반드시 냉장고에 밀봉하여 둔다.
- 데쳐서 건질 때 음식물이 바닥에 닿지 않도록 한다.
- 썰기작업을 할 때는 작업할 분량을 신속하게 조금씩 나눠 꺼내서 작업하며 필요에 따라 바로 냉장고에 보관한다.
- 식자재는 충분히 씻고 특히 가열조리하지 않고 제공되는 채소류나 과일류는 흐르는 물로 3~4회 이상 깨끗이 씻어 충분히 세척한 후 바로 먹는 식자재(ready to eat food)는 적정한 소독제(듀오크린)를 적정한 농도(50배)로 희석하여 소독하며, test paper를 사용하여 적정 희석농도를 확인한다.
- 세척 시는 싱크 용량의 2/3 내에서 사용하되, 사용 시에는 세척물이 타 식품류에 튀지 않도록 주의하여 사용한다.
- 전처리를 마친 식자재는 실온에 장시간 방치하지 않으며 위생적으로 보관한다.
- 식품 보관용기는 주방 바닥에 두지 않는다.
- 전처리하지 않은 식품과 전처리된 식품을 분리 취급하며, 전처리된 식품 간에 교차 오염이 발생치 않도록 위생적으로 취급한다.
- 전처리과정에서 발생하는 쓰레기(상자, 깡통, 병, 비닐봉지 등)는 분리하여 즉시 처리한다.
- 배식시간이 길고 횟수가 많은 경우에는 조, 중, 석식용 식자재를 별도로 표시하여 보관한다.

### 3) 해동과정 시 위생관리

냉동된 원재료에 부착된 균은 대부분 사멸하지 않고 해동 시에 급격히 증식하고 또한 해동된 식품은 조직이 변화되어 다른 재료보다 세균의 침입이 용이하므로 위생적인 해동이 중요하다.

① 냉동제품 특히 냉동채소는 해동과정을 거치지 않고 조리할 수 있다. 이때는 조리시간을 평소보다 증가시켜야 한다.

② 해동방법 : 가금류 또는 육류, 생선류는 필요에 따라 다음의 해동방법을 통하여 해동을 할 필요가 있다.

- 4℃ 이하의 냉장고 하단에서 72시간 이내에 해동시키는 방법으로 위생적으로 가장 안전하다. 특히 이때 해동되면서 나오는 핏물이 다른 곳을 오염시키지 않도록 별도의 구역에

#### ♣ 냉장고 안에서 해동하는 방법

- 해동해야 할 식품을 냉장고의 맨 아래칸 선반에 두어 다른 음식에 물이 흐르는 것을 막는다.
- 덩어리 고기는 해동하는 데 24시간 이상 걸리므로 사용하기 하루 전에 해동한다.
- 해동할 때 냉장고 온도와 해동 시간을 기록해 둔다.

#### ♣ 흐르는 물에서 해동하는 방법

- 21℃ 이하의 흐르는 물에서 2시간 이내에 해동하고 해동 직후에는 전처리 및 조리가 이루어지게 한다.
- 급속 해동할 경우 식품의 내부 온도는 4℃를 유지하고 그 이상이 되면 작업을 중단하고 냉장실에 입고시킨다.

#### ♣ 전자레인지를 이용하여 해동하는 방법

- 이 방법은 해동 후 바로 조리에 들어가거나 전자레인지를 이용하여 조리가 완료되는 경우에만 사용한다.
- 부피가 큰 식품에는 적용하지 못한다.

#### ♣ 조리하는 과정 중에 해동하는 방법

- 냉동채소나 해산물(새우), 햄버거 패티 등과 같은 식품은 조리하면서 바로 해동이 함께 이루어진다.
- 일반적인 조리시간보다 더 오랫동안 조리하고 고루 익었는지 확인해야 한다.

구분 보관해야 한다.

- 비닐봉투에 밀봉한 채 21℃ 이하의 흐르는 물에서 4시간 이내에 해동한다.

③ 해동을 위하여 냉동육을 냉장실에 보관하거나, 육류를 주방에서 해동시킬 경우 반드시 '해동 중' 표시를 부착하거나 주방에 해동 장소를 마련하여 표시를 부착하고 별도로 보관한다.

④ 한 번 해동이 완료된 제품에 대해서는 절대 재냉동하지 않는다.

### 4) 조리 시 위생관리

① 손 또는 고무장갑을 올바른 방법으로 씻은 후 조리에 임해야 한다.

② 무치기, 버무리기, 혼합 작업 시에는 반드시 조리용 고무장갑 또는 위생장갑을 착용한다.

③ 조리된 음식은 위험온도범위(danger zone : 4℃~57℃)에서 2시간 이상 방치되지 않도록 한다.

④ 찬 음식조리 시 냉장된 재료를 사용하고 즉시 냉장 보관(4℃ 이하)로 보관한다.

⑤ 양념은 가급적 처음 조리 시 첨가하고, 첨가 후 충분히(30분) 가열한다.

⑥ 튀김용 기름은 180℃ 이상으로 가열되지 않아야 하나 필요한 경우 온도를 높일 수 있고, 튀김 부스러기를 제거하기 위해 여과지로 각 튀김 작업 전에 여과해야 한다. 기름의 품질을 유지하기 위해 냄새, 맛, 연기의 발생온도 등에 대해 정기적으로 점검해야 하고 이미, 이취, 과도한 발연현상이 있는 경우 교체해야 한다. 튀김용 기름의 교체 여부 등 검사를 위해 시판용 시험키트(산가측정용지)를 이용하여 점검할 수 있다.

⑦ 튀김용 기름을 재사용하고자 할 경우에는 채소류 등의 비린내가 나지 않는 것으로 먼저 사용한 후에 식육, 생선 등의 순서로 사용해야 하며, 생선 등을 먼저 튀긴 후에 채소류 등을 튀겨서는 안 된다. 가능한 한 사용 횟수를 고려하여 새로운 것으로 교환한다.

⑧ 가열조리

- 중심온도계를 이용하여 식품 내부까지 완전히 가열되었는지 확인한다.
- 생선, 가금류(닭고기, 오리고기류 등), 덩어리 고기류, 다진 고기류(햄버거 패티 등) 냉동식품에 대해 중심온도 75℃에서 1분 이상 가열해야 한다(단 시간과 온도를 적절히 조정하여 가열할 수 있다(예 : 60℃에서 30분간 가열).
- 굽거나 볶은 조리제품, 기름으로 살짝 튀긴 후 약한 불에 끓인 제품, 튀긴 제품, 데친 제품, 삶은 제품 또는 가열제품은 당일 소비를 목적으로 하지 않을 경우에는 조리 후 가능한 한 빨리(6시간 이내) 냉각과정을 거쳐야 한다.

- 조리되었거나 냉장 보관했던 음식을 재가열한 경우 75℃에서 1분 이상으로 2시간 이내에 빨리 가열하여 57℃ 이상으로 유지해야 하며 1회 이상 재가열하지 못한다.
- 조리되었거나 냉장 보관했던 음식을 재가열한 경우 모든 음식에 대해 75℃ 이상에서 1분 이상 음식 전체를 골고루 재가열한 후 제공해야 한다.

⑨ 조리된 음식은 조리하지 않은 원재료와 접촉되지 않도록 유의해야 하며 조리하는 사람의 신체가 닿지 않도록 한다.

#### 5) 옮겨 담기 위생관리

- 분할과정은 모든 냉각식품에 대해 30분 이내에 완료해야 한다.
- 청소와 소독이 잘된 용기를 사용해야 한다.
- 오염되지 않도록 보호하기 위하여 덮개가 있는 용기를 사용하는 것이 좋다.

### (2) 상품위생

#### 1) 조리완료 음식의 보관 및 배식 시의 위생관리

**① 조리완료 음식의 보관**

- 조리가 완료된 음식을 잠시 냉장고(4℃ 이하)나 보온고(57℃ 이상)에 보관할 경우에는 반드시 덮개, 랩, 호일 등으로 덮어 교차 오염을 막을 수 있는 상태로 보관해야 한다. 또한 조리완료 후 보온·냉장고 이외에서 보관할 경우 6시간 이내, 제품의 품온을 4℃ 이하로 유지할 시 10시간 이내에 배식되도록 한다.
- 조리가 완료된 제품을 냉장고나 보온고에 보관할 경우에는 각 4℃ 이하, 57℃ 이상이 되도록 관리하며, 1일 3회 온도를 점검하여 이를 냉장고 식자재 관리현황표, 냉동고 식자재 관리 현황판에 기록한다.
- 조리완료된 음식은 4~57℃ 범위에서 3시간 이상 방치해서는 안 되며 특히 실온(20~40℃) 범위에서는 2시간 이상 방치해서는 안 된다.
- 별도의 냉장고가 없어 일반 냉장고에 조리 완제품을 보관할 시 다른 식자재와는 별도로 구분하여 관리한다.
- 조리완료된 음식을 보관하는 용기, 보냉·보온고 등은 항상 청결히 세척 관리하여 보관 중 교차 오염이 일어나지 않도록 주의한다.

### ② 냉각 시의 위생관리

- 조리완료된 음식은 청결한 장소에서 냉각해야 한다.
- 음식의 중심온도를 6시간 이내에 57℃에서 4℃ 이하로 떨어지게 해야 하고 57℃의 음식을 2시간 이내에 21℃까지, 21℃의 음식은 4시간 이내에 4℃까지 떨어지도록 해야 하며, 냉각된 제품은 즉시 4℃ 이하에 저장해야 한다.
- 냉각이 끝난 제품은 즉시 냉장고에 넣고 그 제품의 어떤 부분도 4℃를 초과해서는 안 되며, 최종적으로 사용될 때까지 그 온도를 유지해야 한다. 또한 저장온도는 정기적으로 관찰해야 한다.
- 냉각식품의 제조에서 소비까지의 저장기간(제조된 소스류에 한함)은 조리된 날과 소비될 날을 포함하여 7일 이내가 되어야 한다.
- 냉각 시 얕고 넓은 용기에서 저어가며 식힌다.
- 음식이 담긴 용기를 얼음을 넣은 곳에 넣어 식힌다.
- 적은 양씩 여러 용기에 나누어 식힌다.

### ③ 배식 시의 위생관리

- 배식시간 동안 음식에 맞는 적정한 온도(hot meal : 57℃ 이상, cold meal : 4℃ 이하)가 유지되도록 한다.
- 올바른 손 씻기를 한 후 위생장갑을 착용하며 청결한 도구(집게, 대형 숟가락, 국자 등)를 이용한다.
- 배식대는 배식 전후에 철저히 세척·소독하도록 하며, 배식에 사용하는 기구는 별도의 배식 전용기구를 사용하며 세척·소독하여 건조된 것을 사용하도록 한다.
- 식기, 수저, 컵 등은 세척 후 열풍건조기 또는 별도의 보관함에 보관했다가 사용하며, 외부에 비치할 경우에는 별도의 덮개를 사용하여 배식 전까지 보관한다.
- 배식 후 남은 잔반은 전량 폐기하며, 잔식은 보온보관 5시간 이내, 보냉보관 24시간 이내 소비를 원칙으로 한다.
- 배식하고 남은 음식은 절대 재사용하지 않는다.

### ④ 검식관리

- 검식은 조리완료 후 별도의 개별용기에 담아 조리담당자, 조리책임자, 영양사, 영업점장 등 3명 이상이 실시해야 하고 야식의 경우 조리원이 실시하도록 하며, 검식 후 검식일지에 기록한다.

- 기타 검식관리는 검식지침서에 따른다.

⑤ **보존식 관리**

- 조리완료된 음식의 안전성 확인을 위해서 각 식품의 품목마다 50~150g 정도를 전용용기에 담아 4℃ 이하의 별도의 장소에 3일간(72시간) 보관한다.
- 기타 보존식 관리는 보존식 관리 지침서에 따른다.

## (3) 시설 및 설비, 환경 위생관리

### 1) 조리장 위생 구획 구분

조리를 위생적으로 하기 위하여 작업의 흐름에 따른 공정의 순서대로 시설설비를 배치해야 한다. 즉 식자재 입고, 검수 및 전처리 과정의 오염구역, 조리, 냉각과정의 준청결구역, 배식과정의 청결구역으로 구분한다.

### 2) 주방설비, 기기·기구의 위생관리

신선한 재료를 사용하고 위생적으로 취급한다고 해서 안전한 식품이 만들어 질 수 없다. 식품이나 원재료 조리에 사용하는 민찌기, 채소절단기 등의 조리기기와 칼, 도마, 식기, 용기 등의 조리 소도구가 불결할 경우 이에 의한 직접적인 오염과 2차 오염으로 위생적이고 안전한 급식은 기대할 수 없으므로, 이들의 위생관리가 특히 중요하다.

# HACCP: | 08
# 작업장 위생관리하기 (기기 및 설비위생)

# 08 HACCP: 작업장 위생관리하기 (기기 및 설비위생)

급식분야에서 시설과 설비는 위생적인 급식을 위한 필수요소이다. 잘못 설계된 시설과 설비는 청소나 소독작업을 어렵게 하여, 급식위생을 저해할 수 있다.

**표 8-1** 위생적인 급식시설을 위한 설계조건

① 청소하기 쉬워야 한다. 더러운 것이 잘 보이고, 검사가 용이하며, 일반적인 청소방법으로 오염물질이 쉽게 제거되어야 한다.

② 시설과 설비는 오염 가능성이 없도록 배치한다. 즉, 위생구역(음식물을 준비하는 장소 등)이 쓰레기나 더러운 장비로 오염되지 않도록 한다.

③ 청소와 소독이 쉽도록 전기, 가스, 상하수도를 설계한다.

④ 쓰레기는 음식물 오염과 해충 발생 위험이 있으므로 쓰레기 처리를 위한 구역, 기구 등을 고려한다.

## 1. 위생적인 시설, 설비의 설계

집단급식소의 시설기준은 식품위생법 제20조에 의거하고 있으며, 이 외에 학교급식시설은 학교급식법에서, 병원급식시설은 의료법 중 의료기관의 시설규격을 따르고 있다.

그러나, 이러한 법에서는 철저한 위생관리를 위한 제도적 장치가 없고, 대략적인 시설기준을 제시하고 있으므로 자의적인 설계 검토가 필요하다. 이러한 검토는 시간과 돈을 절약해 주며, 청소할 때 어려움을 덜어준다.

## 2. 위생적인 내부 구조물 설계

바닥, 벽, 천장, 건물 창고의 자재는 청소가 쉽고, 안전하며, 보기 좋은 곳을 선택한다.

### (1) 바닥

바닥재료는 다음 사항을 고려하여, 급식시설의 성격에 맞게 선택한다.

- 바닥재료는 흡수성이 없는 것이 좋다. 액체가 스며들 경우 바닥이 손상되며, 미생물이 번식할 수 있으므로 음식물을 준비하는 장소는 흡수성이 없는 재료를 사용한다.
- 바닥재료는 미끄러지지 않는 것이 좋다. 사람들이 많이 사용하는 통로나 주방 바닥에서는 미끄러지거나 넘어지는 사고가 자주 발생하기 때문이다.
- 바닥재료는 이은 자국, 틈, 깨진 곳을 없애 해충의 서식 또는 안전사고를 방지한다.
- 바닥과 벽 사이의 각진 코너나 틈은 굴곡지게 하고 틈새를 막아 청소하기 쉽게 한다.

### (2) 벽과 천장

- 쉽게 청소할 수 있어야 한다.
- 매끄럽고, 편평하며, 흡수성이 없어야 한다.
- 합성수지로 마감한 판넬이나 타일 등을 들 수 있다.
- 소음을 줄일 수 있어야 한다.
- 색상이 밝아야 한다. 색상이 밝아야 빛을 반사할 수 있고, 오염물질이 잘 보여 청소가 쉽기 때문이다.
- 열을 받는 구역은 내열성 있는 자재를 사용한다. 열을 받는 구역이 있을 때에는 모든 구역에 설치해도 문제가 없는 세라믹타일이 적당하다.

- 습기나 충격으로 벽이 헐거나 금이 가기 쉬운 곳은 스테인리스 스틸을 부분적으로 사용한다.
- 음식물이나 기름이 튀는 장소에는 독성이 있는 페인트, 즉 납이 함유된 페인트는 사용하지 않는다. 또한, 독성이 없는 페인트라도 칠이 벗겨지면 음식물을 오염시키므로 음식물을 직접 다루는 곳에는 사용하지 않는다.

**표 8-2 바닥재료의 장점과 단점**

| 재 료 | 장 점 | 단 점 |
|---|---|---|
| 아스팔트 | 탄력성이 있다.<br>가격이 싸다.<br>물과 산에 강하다. | 무거운 하중에 약하다.<br>기름 또는 비누에 약하다. |
| 세라믹타일 | 탄력성이 없다.<br>흡수성이 없다.<br>벽면의 재료로 적당하다. | 바닥재료로 사용하기에는 너무 미끄럽다. |
| 콘크리트 | 탄력성이 없다.<br>가격이 싸다. | 구멍이 있다.<br>음식 준비구역의 바닥재료로는 적당하지 않다. |
| 대리석 | 탄력성이 없다.<br>흡수성이 없다.<br>외관이 좋다. | 가격이 비싸다.<br>미끄럽다. |
| 합성수지<br>(우레탄 등) | 탄력성이 있다.<br>흡수성이 없다. | 용매나 알칼리에 약하다. |
| 고무 | 미끄럽지 않다.<br>탄력성이 있다. | 기름, 강한 비누, 용매, 알칼리에 약하다. |
| 타일 | 미끄럽지 않다.<br>흡수력이 없다. | 젖으면 미끄럽다. |
| 테라조 | 탄력성이 없다.<br>흡수성이 없다.<br>적절히 마감하면 외관이 좋다. | 젖으면 미끄럽다. |

### (3) 수도

집단급식소의 물은 안전해야 하며, 먹는 물의 수질기준에 적합해야 한다. 또한, 수압이 사용하는 장비의 조건에 맞아야 위생적인 세척과 소독이 가능하다.

온수를 사용하는 기계는 적정 수준 이상의 온도가 유지되어야 한다. 온수온도가 낮을 경우에는 기계에 부스터(booster)를 부착하여 자체적으로 온도를 올릴 수 있도록 한다.

### (4) 하수시설

하수시설은 법으로 규정되어 있다. 하수시설이 적절하지 않으면 깨끗한 물이 오염되어 심각한 질병을 야기할 수 있다. 즉, 이질, 장티푸스, A형 간염, 노로바이러스와 다른 위장질환을 일으킬 수 있다.

- 기계의 배수용량에 맞게 충분한 하수시설 및 역류방지 시설을 갖춰서 물이 역류되거나 오염되는 일이 없도록 한다.
- 배수관이 천장 위로 지나가 배수관의 오염된 물이 음식물에 떨어지지 않도록 한다.
- 주방을 청소할 때 나오는 물은 바닥 배수로로 잘 빠질 수 있도록 한다. 또한 장비에서 나오는 더러운 물이 바닥에 쏟아지지 않도록 장비에 부착된 배수 파이프가 직접 바닥 배수관과 연결되도록 한다.
- 배수로의 거름망은 크게 설계하고, 자주 이물질을 제거하여 막히지 않도록 한다.
- 변기 또는 싱크대의 배수파이프는 수도파이프와 구별될 수 있도록 파이프의 색을 달리 한다.

### (5) 전기

- 집단급식소의 총 전기용량은 각 장비마다 필요로 하는 전기용량을 충분히 공급할 수 있도록 계획해야 한다.
- 장비의 전기선은 손상되거나 풀리지 않도록 하고, 젖지 않도록 하며, 플러그도 손상이 없어야 한다. 따라서 플러그와 전깃줄은 손상된 것이 없는지 정기적으로 점검해야 하며, 문제가 있을 경우 공급업자 또는 전기기사에게 즉시 수리를 받도록 한다.
- 전기선은 밖으로 노출되지 않도록 설계하며, 콘센트도 덮개를 만들어 청소 시 물이 들어가 누전되지 않도록 한다.

## (6) 조명

적절한 조명은 종업원의 업무를 향상시키고, 안전한 작업환경을 마련해주며 청소도 용이하게 한다.

- 그러므로 식품위생법에서는 조리장의 조명을 50룩스 이상으로 하도록 규정하고 있다.
- 냉장실과 냉동실, 건창고, 식당의 조명은 최소한 100룩스로 한다.
- 종업원의 그림자가 일하는 작업대에 생기지 않도록 조명기구를 설치한다.
- 전구나 형광등이 깨지면 물리적 위험요인이 되므로, 전구를 보호할 수 있는 커버를 씌우거나, 잘게 부숴지지 않는 전구를 사용하도록 한다.

## (7) 환기

환기시스템은 조리장소와 장비에서 발생하는 연기, 스팀, 냄새, 열과 기름 사용 시 발생하는 물질 등을 제거하기 위한 것이므로 아주 중요하다. 또한, 실내 공기를 깨끗하게 하고, 열과 습기를 제거시켜, 쾌적하고 안전한 환경을 유지시켜 준다.

- 창문이나 사용하는 기구나 식기세척기 위에는 별도의 배기후드를 설치한다.
- 기름을 많이 사용하는 구역에는 후드필터나 기름을 뽑아내는 기구를 설치하는 것이 바람직하다. 이러한 기구들은 쉽게 떼어내서 청소할 수 있어야 한다.
- 벌레나 해충이 들어오지 못하도록 설계한다.
- 환기시스템에서 순환되는 공기는 집단급식소에서 발생되는 냄새, 습기 등을 고려하여 그 용량을 계획해야 한다. 특히 외부의 습도가 높은 때를 고려해 최대의 용량을 확보한다.
- 환기시스템의 주요 역할
  - 화재 가능성을 줄일 수 있다.
  - 벽과 천장에서 떨어지는 응축수의 발생을 막을 수 있고, 공기오염도 줄일 수 있다.
  - 조리장에 쌓이는 먼지를 감소시킨다.
  - 냄새, 가스, 연기를 감소시킨다.
  - 습기를 감소시켜 곰팡이의 성장을 억제한다.

## (8) 건창고

건창고는 쉽게 청소할 수 있는 재료를 사용한다.

- 바닥은 물기가 스며들지 않는 콘크리트나 타일을 사용한다.

- 벽은 에폭시페인트 또는 에나멜페인트로 칠하거나, 스테인리스 스틸 또는 광이 있는 타일을 사용한다.
- 마른 재료(예: 밀가루, 설탕, 고춧가루 등)를 저장해 두는 통은 쉽게 청소할 수 있어야 하며, 녹이 슬지 않는 금속이나 플라스틱을 사용한다.
- 저장용 통은 내용물과 저장날짜를 적은 라벨을 붙여 물품이 적절하게 순환되도록 한다.
- 선반과 테이블 위는 녹이 슬지 않는 재료를 사용한다.
- 선반은 바닥에서 15cm 정도 떨어진 위치부터 설치하며, 벽에서도 15cm 떨어뜨려 물건을 놓는다.
- 식품을 그냥 바닥에 놓을 경우에는 벌레들이 숨는 장소가 되고, 식품에 습기가 차게 되며, 쉽게 청소할 수 없어 청결을 유지할 수 없다.
- 건창고에 창문을 낼 경우는 간유리나 차양을 사용한다. 강한 햇빛이 창고로 직접 들어오면 창고의 온도가 올라가 음식물의 품질이 손상된다.
- 스팀파이프나 통풍관 또는 물파이프와 기다 도관들이 건창고 내부를 지나가지 않도록 한다. 스팀파이프는 저장소의 온도를 높이며, 특히 파이프가 새면 박테리아를 성장시키고 음식물을 오염시킬 수 있다.
- 갈라진 틈이나 금이 생겼을 경우 즉시 막아 벌레나 쥐가 서식하지 않도록 한다.

### (9) 화장실

- 조리원의 화장실은 고객의 화장실과 분리해야 한다.
- 화장실은 위생적이고, 화장지, 일회용 수건, 비누, 쓰레기통 등이 구비되어야 한다.
- 잡아당겨서 사용하는 수건은 자주 검사해 청결을 유지한다.

### (10) 쓰레기 처리구역

급식소의 쓰레기는 대부분 젖어 있는 음식물이며, 음식물 쓰레기는 해충을 발생시키고 식기와 기구를 오염시킬 수 있으므로 위생상 위험을 초래할 수 있다(폐기물 관리법).

#### 1) 쓰레기 처리구역

- 쓰레기통은 새지 않아야 하며, 방수성이 좋고 견고하며, 쉽게 청소할 수 있어야 한다. 녹이 슬지 않는 아연 금속물질이나 허가된 재질의 플라스틱 통을 사용하는 것이 좋다.
- 쓰레기통을 놓는 장소는 콘크리트와 같이 흡수성이 없는 바닥이 좋다.

- 쓰레기를 보관하는 내·외부의 장소는 공간이 충분하여 쌓이는 쓰레기를 보관할 수 있어야 한다. 또한, 쓰레기 보관 장소는 쉽게 청소할 수 있고, 해충이 출입할 수 없으며, 조리장소와 떨어져 있어야 한다.
- 조리장소에서는 쓰레기를 즉시 제거하여 냄새나 해충 발생을 방지하도록 한다. 쓰레기통은 뚜껑을 반드시 닫는다.
- 쓰레기통은 자주 내·외부를 철저히 청소하고, 소독해야 하며, 세척장소에는 온수, 냉수, 바닥배수시설이 설치되어 조리장소의 오염을 방지하도록 한다.

### 2) 재활용품 처리방법

급식소에서 발생하는 폐기물 중 유리병, 플라스틱, 종이, 알루미늄캔, 박스 등은 분리하여 재활용될 수 있도록 처리해야 한다.

- 재활용품의 분리방법을 조리원에게 교육시킨다.
- 집단급식소에 배달되는 물품의 포장을 평가하여, 처리하기 곤란한 포장은 납품되지 않도록 한다.
- 재활용 교육프로그램을 실시하여 발생하는 자체 폐기물의 양을 감소시킨다.
- 재활용품 관련 업체와 연결하여, 효과적으로 배출할 수 있도록 한다.

## 3. 장비 및 기구의 위생

장비와 기구는 박테리아와 해충의 은신처가 될 수 있으므로, 적절한 디자인을 선택하여 음식물을 처리하는 환경이 위생적으로 조성되도록 한다.

위생적인 장비의 디자인을 위해 미국에서는 National Sanitation Foundation(NSF)이 표준을 정하고 있으며, Underwriters Laboratories(UL)도 이 NSF표준을 따르고 있다. 그러므로 집단급식소 관리자는 수입장비 구입 시에 NSF에 UL마크가 있는지를 확인해야 한다.

**표 8-3 NSF 기준**

- 장비는 쉽게 청소할 수 있어야 한다. 즉, 음식물이 닿는 모든 부분에 손이 쉽게 닿아 청소할 수 있어야 한다.
- 음식물이 닿는 표면의 재료는 독소가 없어야 하며, 음식물의 색, 냄새, 맛에 영향을 주어서는 안 된다.
- 음식물이 닿는 내부의 코너는 가장자리를 둥글게 만들어야 하며, 외부의 코너는 봉합하고 매끄럽게 마무리한다.
- 음식과 닿는 모든 표면은 편평해야 하며, 구멍이나 틈, 나사, 못 등이 없어야 한다.
- 마감재는 쉽게 청소할 수 있어야 하며, 금이 가거나 깨지지 않아야 한다.
- 쏟아진 음식물이나 액체는 쉽게 닦을 수 있어야 한다. 예를 들어 자동으로 음료를 따라주는 기계는 도구 없이 쉽게 열고 청소할 수 있어야 한다.

### (1) 도마

- 나무 도마는 독소가 없고, 이상한 냄새나 맛을 음식물에 옮겨서는 안 되므로 흡수성이 없는 단단한 나무, 즉 단풍나무가 가장 좋다.
- 딱딱한 고무나 아크릴로 만든 도마는 물에 담그거나 식기세척기에 넣어 쉽게 소독하고 씻을 수 있으므로 나무보다 좋다. 어떤 도마든 틈이 생기거나 금이 가지 않아야 한다.
- 조리되지 않은 식품과 이미 조리된 음식, 생선류와 채소류를 다루는 도마는 구분해서 사용하여 교차 오염을 방지한다. 사용할 때마다 도마를 씻고, 헹구고, 소독해야 한다.

### (2) 식기세척기

식기세척기는 크기나 모양, 그리고 기능에 있어서 차이가 많다. 그러므로 기계 크기나 종류의 선택은 사용 목적과 식기 종류, 기타 용품의 사용량 및 세척업무 스케줄에 따라 달라져야 한다.

- 식기세척기에 연결된 파이프는 짧을수록 좋다. 세척기로 유입되는 온수나 스팀이 식지 않고, 청소하기 어려운 부분이 줄어들기 때문이다.
- 식기세척기는 바닥에서 최소한 15cm 이상 올려 설치하여 아랫부분을 쉽게 청소할 수 있도록 한다.
- 식기세척기는 세제로 인해 손상되지 않고, 벌레가 쉽게 출입할 수 없어야 한다.

• 온도, 수압, 화학농도를 알리는 계기판은 잘 보이는 장소나 기계 가까이 부착하여 사용하는 사람이 쉽게 읽을 수 있도록 한다.

## 4. 소독방법에 따른 식기세척기의 종류

### (1) 열소독 식기세척기

• Single-tank, stationary-rack type : 이 기계는 1개의 탱크로 구성되어 랙에 그릇을 담아 세척기에 넣으면, 세제와 물이 먼저 나와 그릇을 씻어낸 후 다시 물이 나와 헹구는 작업이 한 탱크에서 이루어진다.

• Carousel or circular type : 여러 개의 탱크를 가지고 있으며, 그릇을 컨베이어나 랙에 꽂으면 움직이면서 세척된다. 헹굼과정이 끝나면 자동으로 멈추는 장치가 있기도 하나, 그렇지 않은 경우 식기를 꺼내지 않으면, 세척과 헹굼 작용이 계속된다.

• Flight-type : 여러 탱크를 가지고 있으며, 컨베이어가 있어 식기를 꽂으면 움직이면서 세척, 행굼작업이 순서대로 이루어진다. 드라이어가 부착된 것도 있다. 이 기계는 규모가 큰 급식업체에서 주로 사용한다.

### (2) 화학소독 식기세척기

• Batch-type, dump : 씻는 동작과 헹구는 동작을 한 탱크에서 함께 실행한다. 각 동작의 시간이 정해져 있고, 기계에서 세제와 화학소독제가 자동적으로 나온다.

• Recirculating, door-type, nondump : 작동주기 중에 물을 완전히 빼지 않는 형태이다. 즉, 작동주기마다 사용한 물에 새로운 물이 첨가, 희석되어 재사용한다.

### (3) 냉장 · 냉동기기

냉장실과 냉동실은 쉽게 청소할 수 있어야 하고, 어떤 냉각방식을 사용하든지 빨리 적절한 온도에 도달하여 그 온도를 계속 유지할 수 있는 것이 중요하다.

• 냉장·냉동실의 문은 자주 사용하므로 견고해야 하며, 살짝 밀어도 닫힐 수 있어야 한다. 또한, 안에서 안전하게 문을 열 수 있는 장치가 있어 사고로 내부에 갇히는 일이 없도록 한다. 문에 투명한 창문을 설치하여 밖에서 안의 내용물을 쉽게 관찰할 수 있게 함으로써, 필요 없이 문을 자주 열지 않도록 한다.

- 냉장·냉동실에는 배수구를 설치하여, 내부에서 발생된 물(응축수, 얼음 녹은 물 등)이 잘 빠질 수 있도록 한다.
- 경보장치를 설치하여 전기가 나갔을 경우 경보가 울리도록 한다.
- 충분한 저장 공간을 확보하도록 한다. 찬 공기가 잘 순환되어 음식물을 차게 하고, 습기를 방지할 수 있다. 또한, 청소를 자주 할 수 있다.
- 냉장· 냉동실 내부의 표면재료는 쉽게 청소할 수 있고, 흡수성이 없는 것이어야 한다.
- 불의 밝기는 라벨을 읽을 수 있을 정도로 한다.
- 선반은 연장을 사용하지 않고 떼어낼 수 있는 것으로 하여 청소를 자주 할 수 있도록 한다.
- 내부에는 날카로운 가장자리나 코너가 없어야 한다.
- 코일에서 떨어지는 응축수가 음식물에 들어가지 않도록 주의한다. 즉, 코일 밑에는 음식물을 놓지 않도록 하고, 물받이 그릇을 설치해 떨어지는 물을 받아낼 수 있도록 한다.
- 냉장고와 냉동고는 다리를 달아 바닥에서 15cm 떨어지도록 설치한다. 냉장·냉동실은 벽과 바닥 사이의 틈을 없애 습기나 해충이 발생하지 않도록 한다.
- 쿡-칠(cook-chill) 장비는 블라스트-칠러(blast chiller)와 텀블러-칠러(tumbler chiller)가 있다. 블라스트-칠러는 냉장고와 비슷한데, 고도의 컴퓨터 조절장치가 설치되어 음식물을 90분 안에 24℃로 식힐 수 있는 장비이다. 텀블러-칠러는 액체음식이나 끈기 있는 음식을 식히는 데 사용한다.

## 5. 시설·설비 위생관리

### (1) 주방 시설 관리

#### 1) 바닥 및 배수로 관리

- 바닥은 내수처리가 되어 있고 가급적 미끄러지지 않는 재질이어야 한다.
- 물이 고이지 않도록 적당한 경사를 주어 배수가 잘 되도록 해야 한다.
- 배수로는 역류나 퇴적물이 쌓이지 않게 하고, 손쉽게 청소할 수 있도록 해야 한다. 바닥은 오물이 끼지 않도록 매일 깨끗이 청소하며 청소 후 건조된 상태를 유지하도록 하며 정기적인 소독을 해야 한다.
- 바닥이 파손되었을 때는 즉시 보수해야 한다.

### 2) 내벽 및 창문

- 내벽은 내수처리를 해야 하며, 미생물이 번식하지 아니하도록 청결하게 관리해야 한다.
- 조리장 내에 설치된 창문은 가급적 개방하지 않으며 창문을 열고 사용할 경우 위해 곤충의 침입을 막기 위하여 반드시 방충망을 설치해야 한다.

### 3) 출입문

- 원료 및 음식의 운반구와 종업원의 출입구는 별도로 구분하여 설치해야 한다.
- 식품 보관실의 문은 쥐가 침입할 수 없도록 설치해야 한다.
- 조리실 출입구에 전용 신발소독을 위한 발판과 수세시설을 갖추도록 해야 한다.

### 4) 천장

- 천장은 먼지 또는 기름때가 잘 부착하지 않는 자재와 구조로 되어야 하며 곤충이나 미생물이 번식하지 않도록 청결히 관리해야 한다.
- 응축수가 떨어지지 않도록 단열재를 사용하는 것이 좋으며 천장을 통과하는 배관시설에 덮개를 설치하여 위생적으로 관리해야 한다.

### 5) 환기시설

- 수증기, 열 및 냄새 등을 배기시키고 조리장의 적정 온도를 유지시킬 수 있는 환기 시설이 갖추어져 있어야 한다.
- 기름기 많은 장소에 있는 후드는 부착된 기름기를 쉽게 청소할 수 있는 구조로 설치해야 한다.
- 환기가 원활하게 이루어질 수 있도록 충분한 환기시설을 설치해야 한다.

### 6) 조명

- 채광 및 조명은 모든 조리 및 청소작업에 적합하도록 220룩스 이상을 유지해야 한다.
- 전기배선, 조명갓, 조명설비 등은 식품오염이 발생되지 않도록 설치해야 한다.

### 7) 전처리실

- 원재료에 묻어 있는 흙 또는 이물질을 제거하거나 재료를 다듬을 수 있도록 충분한 공간을 확보해야 한다.

• 전처리실과 조리실은 가능한 한 따로 구분하여 원재료에 의한 교차 오염이 발생하지 않도록 해야 한다.

### 8) 조리실 및 조리설비

• 조리실은 조리하기에 불편함이 없도록 충분한 공간을 확보하고 매장에서 조리실을 볼 수 있도록 한다. 이때 조리장이 다른 곳과의 연결통로에 있어서는 안 된다.
• 식품과 식기류의 보관설비는 모두 바닥에서 50cm 이상의 위치에 설치하고 조리대와 조리 시설은 부식성이 없는 스테인리스스틸로 제작하여 녹슬지 않도록 한다.
• 세척시설과 종업원 개인위생을 위한 수세시설을 따로 갖추어야 한다.
• 조리실에는 조리종사자 이외의 외부인이 함부로 들어가서는 안 되며 흡연이나 음식을 먹는 등의 행위를 해서는 안 된다.
• 조리실 내에 개, 고양이 및 새 등 애완동물을 사육해서는 안 된다.
• 종업원이 탈의를 할 수 있는 전용시설을 설치해야 한다.

### 9) 방충 · 방서 시설

• 조리장에는 쥐, 곤충 등이 들어오지 못하도록 방충 및 방서시설을 갖추어야 한다.
• 방충망은 2개월에 1회 이상 물로 먼지를 제거하고 쥐나 곤충의 흔적이 발견될 때에는 관리책임자에게 즉시 보고하여 필요한 조치를 취하도록 한다.

### 10) 청소 · 소독 시설

• 모든 주방설비 및 기구는 정기적으로 청소 및 소독을 해야 하며 관리대장을 만들어 청소 상태를 매일 점검·기록해야 한다.
• 70%의 에틸알코올 등 소독액을 조리장 입구에 비치하여 화장실이나 조리장 밖으로 이동했다가 들어왔을 경우, 손등에 골고루 분무하여 소독하도록 한다.

## (2) 조리장 위생관리

### 1) 조리장의 청소 요령

• 음식물의 기름기나 찌꺼기가 남지 않도록 중성세제로 문질러 깨끗이 세척한다. 세척이 종료된 후 70% 에틸알코올이나 살균제를 분무한다.
• 빈 상자, 포장지, 쓰레기를 방치하지 않고 수시로 치우며 오전과 오후 즉 하루 2회 이상

청소한다.

- 청소 후 깨끗한 대걸레를 이용하여 바닥의 물기를 제거하며 환기와 통풍을 시켜 빨리 건조되도록 한다.

### 2) 조리 기구의 위생관리

- 기구, 용구, 칼 등을 사용한 후에는 흐르는 물(음용 적합한 것)로 깨끗이 세척하고 건조시켜 청결한 장소에서 위생적으로 보관한다. 칼은 전용칼집에 넣어 위생적으로 관리하며 자외선 살균기에 넣어 보관하는 방법도 좋다.
- 도마, 조리대 등 작업대 옆에는 소독세제와 살균효과가 있는 소독비누를 비치한다. 도마·조리·목제 기구는 세균이 잔존할 가능성이 높으므로 충분히 건조하여 위생적으로 사용한다. 항균기능을 가진 제품이라도 반드시 살균하여 사용해야 한다.
- 마른행주와 젖은 행주를 구분하여 사용하며 행주는 사용 후 반드시 열탕 소독하거나 염소 소독한 뒤 건조하여 사용한다. 행주는 많이 준비하여 조리 중 반복 사용하지 않도록 한다.
- 식품절단기, 야채절단기 등의 조리 기구는 자주 분해하여 세척·살균 후 사용해야 한다.

### 3) 급 · 배수 시설의 위생관리

- 물탱크를 이용한 급수시설이나 지하수인 경우 정기적으로 수질검사를 받아 오염 여부를 확인한다.
- 배수라인과 배수구에 쌓인 음식물 찌꺼기를 수시로 제거하고 틈새에 낀 이물질을 완전히 제거한다.
- 배수라인과 배수구는 덮개시설을 설치해야 한다.

### 4) 쓰레기 관리

- 쓰레기는 반드시 주방용 쓰레기통, 잔반 수거통, 일반 쓰레기통으로 분리 사용한다.
- 쓰레기통 및 잔반 수거통은 반드시 뚜껑을 사용하며 발로 자동 개폐하는 구조(페달식)로 해야 한다.
- 곤충이 침입할 수 없는 내수성 자재로 만든 것이어야 하며, 더러운 냄새가 나거나 액체가 새지 않도록 파손된 부분이 없는지 확인한다.
- 쓰레기가 놓였던 장소는 수거한 후에 세척 및 소독을 실시한다.

- 쓰레기통 및 잔반 수거통은 지정된 장소에 보관하며, 2/3 이상 채워지지 않도록 수시로 비운다.

### (3) 화장실 위생관리

#### 1) 바닥 및 배수로 관리

- 작업장에 영향이 미치지 않는 위치 및 구조로 종업원 수 등 업소의 규모를 고려하여 설치하도록 한다.
- 종업원 전용 화장실을 설치하여 타인은 사용하지 못하게 해서 감염병이나 그 밖의 외부로부터의 사고를 방지하도록 하면 더욱 좋다.
- 화장실 내부는 타일 등의 내수성 자재로 되어 있으며, 정화조 설치를 갖춘 수세식 화장실이어야 한다.
- 자동 감응식 또는 페달식 손 씻는 설비와 일회용 냅킨 또는 에어타올을 설치하는 것이 좋으며, 수건 등 여러 명이 공동으로 사용하는 것은 손을 씻으면서 오히려 오염될 가능성이 있으므로 비치하지 않는 것이 바람직하다.
- 출입문과 창은 완전히 밀폐식으로 만들며, 출입문은 자동개폐식으로 설치해야 한다.
- 방충·방서 및 환기시설을 갖추어야 한다.

**표 8-4** 살균소독의 종류 및 방법

| 종류 | 대상 | 소독방법 |
|---|---|---|
| 열탕 소독 | 행주, 식기 | 100℃에서 5분 이상 충분히 삶음 |
| 건열 소독 | 식기 | 100℃ 이상으로 2시간 이상 충분히 건조 |
| 자외선 소독 | 칼, 도마, 기타 식기류 | 포개거나 뒤집어 놓지 말고 자외선이 바로 닿도록 30~60분간 소독 |
| 화학 소독 | 작업대 기기, 도마, 생채소, 과일, 손(장갑) | • 염소용액 소독 : 채소 및 과일을 100ppm에서 5분간 담근 후 흐르는 물에 3회 이상 충분히 세척<br>• 70% 에틸알코올 소독 : 손 및 용기에 분무한 후 건조될 때까지 문지름 |

현장실무에서 관리자들이 꼭 알아야 할 NCS 기반 **식품위생관리**

Essentials of Safety & Sanitation for Foodservice Employees

1. 세척
2. 소독
3. 식기세척기를 이용한 세척과 소독
4. 손으로 씻고 소독하기
5. 위험한 물품을 사용할 때 주의 사항
6. 청소프로그램
7. 올바른 살균·소독 요령

# 소독 관리 | 09

# 09 소독 관리

청결이란 음식물 찌꺼기와 오염물질을 제거한 상태를 의미하며, 소독은 식기류, 기구류, 음식물이 접촉하는 모든 표면에서 미생물, 즉 박테리아를 안전한 수준으로 감소시키는 것을 말한다. 이 두 절차는 기구나 시설에 따라 달라진다.

음식물과 닿는 모든 기구, 예를 들면 식기류, 냄비, 솥, 감자 깎는 기계 등은 사용한 뒤 반드시 씻고, 헹구고, 소독을 해야 한다. 만약 이러한 도구들을 사용한 후 세척을 하지 않고 사용하면 교차 오염의 원인이 될 수 있다.

## 1. 세척

### (1) 세척에 영향을 주는 요인

#### 1) 오염물질

- 종류 : 단백질류(달걀, 수프류), 기름이나 지방류(동물성 지방, 마가린 등), 산성이나 알칼리성(과일주스, 김칫국물, 홍차, 와인 등), 전분류(밥, 밀가루, 녹말 등)
- 상태 : 새로운 것 또는 오래된 것, 심한 정도, 마른 상태 또는 젖은 상태

## 2) 물

- 물의 종류 : 물에 광물질(칼슘, 마그네슘, 철분 등)이 많이 섞여 있으면 물의 경도가 높다고 하며, 이러한 물을 '경수' 라 한다. 경수는 비누의 효과를 떨어뜨려 세척을 어렵게 하며, 끓거나 증발되면 스케일이 끼거나 침전물이 생길 수 있다.

**표 9-1 물의 경도**

| | |
|---|---|
| 연수 | 0~60mg/L |
| 약간 높다 | 61~120mg/L |
| 높다 | 121~180mg/L |
| 매우 높다 | 180mg/L 이상 |

- 물의 온도 : 물의 온도가 높을수록 세제가 빨리 풀어지고 더 효과적으로 세척된다. 손으로 세척할 때 이상적인 온도는 49℃이다. 몇몇 화학세제는 찬물에서도 사용할 수 있도록 제조되어 있지만, 기름기를 닦는 도이 더 걸릴 수 있다.

## 3) 세척하려는 기구, 용기의 재질

재질에 따라 사용하는 세제가 달라야 한다. 예를 들어 알루미늄은 강알칼리성 세제나 염소 소독제를 사용하면 검게 변할 수 있다.

## 4) 세제의 종류

- 세재는 각각의 용도에 맞추어 사용해야 한다. 그렇지 않으면 흠을 내거나, 기름기와 같은 잔유물을 남길 수 있다.
- 뜨거운 물을 사용하는 식기세척기에는 강알칼리성 세제를 사용한다.
- 주기적으로 식기세척기나 스팀 기구에 쌓인 스케일을 제거하기 위해서는 산성 세제를 사용한다.
- 표면에 말라붙었거나 눌어붙은 오염물질은 연마분이 함유된 세제를 사용하여 제거한다.
- 칠을 입힌 바닥이나 탄력성이 있는 바닥은 약알칼리성 세제를 사용하여 세척한다.

#### 5) 문지르거나 가해지는 압력

- 문지르는 횟수 또는 가해지는 압력에 따라 세척 정도가 달라진다.
- 솔, 대걸레 등을 이용하여 문질러 닦으면 겉에 있는 오염물질이 벗겨져 세제를 사용했을 때 찌든 오염물질을 쉽게 제거할 수 있다. 이러한 과정은 오염물질이 없어질 때까지 계속 반복한다.

#### 6) 처리시간

- 세제에 처리하는 시간이 길수록 세척효과가 향상될 수 있다.

### (2) 세척제

세척제는 오염물질이나 광물성 물질을 제거하기 위해 만들어진 화학물질을 의미한다. 세척은 청소장비나, 오염물질의 종류, 표면상태나 재질, 도구에 따라 달라질 수 있다.

세척제의 종류에는 약알칼리성 세제, 용해제, 연마분 세척제, 산성 세제 등이 있으며, 여러 종류가 함께 들어 있을 수 있다.

예를 들어 연마분 세척제에는 세제가 들어 있으며, 많은 세제에는 용해제가 포함되어 세척력이 더 강해진다.

#### 1) 세제

- 비누는 가장 오래된 청소용 세제로 오염물질을 제거하는 데 효과적이나, 잘 헹궈지지 않고, 물의 연성도에 민감하므로 주로 손 씻는 데 사용한다.
- 합성세제는 음식물이 접촉되는 표면을 세척할 때와 청소작업에 사용된다. 거품이 많이 나는 것과 적게 나는 것이 있는데, 쉽게 헹궈진다. 또한, 모든 합성세제에는 계면활성제가 포함되어 빠르게 오염물질을 불리고 분산시켜 세척하기 쉽게 해준다.
  - 급식소에서 사용하는 합성세제는 알칼리성인데, 음식물 찌꺼기는 알칼리성 조건에서 더 쉽게 분산되기 때문이다.
  - 오래되지 않은 오염물질과 모든 장비와 식기·바닥·벽·천장에는 약알칼리성 세제가 효과적이며, 오래된 오염물질, 건조된 오염물질, 왁스, 기름때에는 강알칼리성 세제가 효과적이다. 식기세척기에 사용되는 세제는 강알칼리성 세제이다.
- 주의점
  - 어떤 경우에도 급식소 자체에서 세제를 만들거나 화학품을 섞지 않도록 한다.

- 각각의 세제는 사용하는 목적이 다르므로 다른 종류의 세제와 대체하여 사용할 수 없다.
- 손으로 식기를 세척할 때 식기세척기용 세제를 사용하면 피부를 크게 손상시키므로 사용하지 않도록 한다.

### 2) 용해성 세척제

용해성 세척제는 기름을 녹이는 성분인 diglycol butyl ether와 같은 물질이 포함된 알칼리성 세제를 말한다.

- 진한 기름때, 오븐 표면 또는 청소를 자주 하지 않는 표면에 묻은 오염물질은 용해력이 있는 세척제를 사용하면 빨리 제거할 수 있다.
- 용해성 세척제는 100%나 50% 희석용액을 사용하고, 가격이 비싸므로 국부적인 세척이나 자주 하지 않는 주기적인 세척에 이용한다.

### 3) 산성세제

- 산성 세제는 알칼리성 세제를 사용해도 잘 제거되지 않는 오염물질을 없애는 데 효과적이다. 예를 들면 식기세척기의 스케일, 화장실의 얼룩, 구리와 놋쇠의 녹을 세척하는 데 사용된다.
- 산성 세제는 세척하는 기기의 표면을 손상시키거나 사용자의 건강에 해를 끼칠 수 있으므로, 주의 깊게 선택하여 사용해야 한다.

### 4) 연마분 세척제

- 오염물질이 표면에 단단히 끼어 있을 때 알칼리성 세제나 산성 세제는 효과가 없을 수 있다. 이러한 경우 연마분 세척제를 사용한다. 특히 매우 더러운 바닥의 오염물질을 쉽게 닦을 수 있다.
- 매끄러운 표면에 흠을 내므로 조심해서 사용한다.

## 2. 소독

소독은 청결한 곳에만 효과를 낼 수 있으므로 표면을 철저히 씻고 헹군 다음 실시한다. 음식물이 닿는 표면은 반드시 소독해야 한다.

소독은 위생이라는 관점에서 볼 때 세척보다는 한 단계 위이고 멸균보다 한 단계 아래이나, 완전멸균은 비용이 많이 들고 급식소에서는 실행하기 힘들므로 특별한 경우(면역능력이 저하된 경우 환자)를 제외하고는 불필요하다.

소독방법에는 열소독과 화학소독제를 사용하는 방법이 있다.

### (1) 열소독

깨끗한 용기를 적당한 시간을 두고 적절한 온도로 열을 가하면 소독된다. 대개 온도가 높을수록 미생물을 제거하는 시간이 짧아진다. 열소독에는 기기를 이용하지 않고 고온의 물에 담그는 방법과 기계를 이용하여 소독하는 방법이 있다.

#### 1) 열소독기기를 이용하지 않고 열소독하는 방법

76.7~90.6℃의 물에 최소한 30초 동안 용기를 완전히 잠기게 담근다. 온도계를 사용해서 싱크대 안의 물 온도를 자주 점검한다.

#### 2) 기기를 이용하여 소독하는 방법

기기를 이용하여 소독할 때에는 최소한 82.2℃ 이상의 온도여야 한다.

- 식기세척기의 마지막 처리온도는 82.2℃가 적당하다.
- 장비 크기가 너무 커서 완전히 잠기게 담글 수 없을 때에는 스팀을 이용하여 소독해야 하는데, 이때 스팀 온도는 최소한 93.3℃여야 한다.

#### 3) 열소독 시 온도 측정 방법

- 방수성이 있고 압력에 민감한 라벨을 용기나 장비에 부착하여 표면의 온도를 측정한다. 라벨은 소독온도에 도달했을 때 색이 바뀌게 된다.
- 파라핀 왁스를 함유한 열에 민감한 테이프를 용기나 장비에 부착하여 표면온도를 측정한다. 이 테이프는 일정한 온도에 도달했을 때 녹게 된다.
- 음식에 꽂아 사용하는 금속온도계(bimetal stemmed thermometer)는 식기세척기의 온도 측정 시 사용하지 않는다.

## (2) 화학소독

화학품은 적절히 사용해서 소독하면 질병을 일으키는 미생물을 제거할 수 있다. 그러나 화학소독제는 잘못 사용하면 건강상의 위험을 초래할 수 있으므로, 적정 농도로 사용하는 방법, 유효기간, 경고문 등을 잘 읽고서 사용하도록 한다.

화학소독제의 사용방법으로는 규정된 농도의 소독제에 1분간 완전히 담그거나, 헹구거나, 걸레에 묻혀 닦거나, 뿌리는 방법이 있다.

가장 많이 사용하는 화학소독제로는 염소계 소독제, 요오드계 소독제, 암모니아계 소독제가 있다.

**표 9-2** 열소독 시 물의 최고·최저 온도와 적용 범위

| 온도 | 적용 |
|---|---|
| 24.0~48.9℃ | 화학소독제가 작용하기 쉬운 효과적인 온도 범위 |
| 26.7~43.3℃ | 식기세척기 사용 시 애벌세척 작업온도 |
| 48.9℃ | 식기와 장비를 씻고 헹구는 물의 온도 |
| 48.9~60℃ | 화학 소독기의 마지막 소독온도 범위 |
| 65.6℃ | 식기세척기 사용 시 초기 세척온도 |
| 72.2~73.9℃ | 대부분의 미생물이 죽는 온도 |
| 73.9℃ | 식기세척기 사용 시 중간 세척온도 |
| 76.7℃ | 손으로 씻고 소독할 때의 소독온도 |
| 82.2℃ | 식기세척기 사용 시 마지막 헹굼 온도 |
| 90.6℃ | 식기세척기나 열소독기의 한계온도 |

### 1) 화학소독제 사용 시 소독에 영향을 주는 요인

- 세제 접촉시간 : 소독제가 적절히 미생물을 제거하려면 일정한 시간 동안 소독할 용기와 접촉해야 한다. 대부분 1분 정도 완전히 담근다.
- 세제의 선택 : 제거하려는 미생물의 종류에 따라 선택한다. 최소한의 농도보다 낮을 경우 소독이 잘 안 되고, 필요 이상의 농도일 경우 안전상의 위험을 초래한다. 또한 맛을 변화시키고, 냄새를 발생시키며, 금속용기를 손상시킬 수 있다. 측정하는 방법은 시험종이를 소독제에 담그거나 소독제를 사용한 용기와 접촉시켜 색의 변화를 관찰하고, 이것을 test kit에 제시된 색과 비교하는 것이다.

• 온도 : 용액의 온도는 소독효과에 영향을 줄 수 있다. 염소 소독제와 요오드 소독제 혼합물은 23.9℃ 이하이면 소독효과가 감소되고, 48.9℃ 이상이면 금속으로 된 용기를 손상시킬 수 있다. 보통 소독제는 23.9~48.9℃에서 효과가 가장 좋다.

**표 9-3 화학소독제의 종류와 사용방법**

| | 염소계 | 요오드계 | 암모니아계 |
|---|---|---|---|
| 최소농도<br>• 용액에 담가 소독할 때<br>• 스프레이를 사용 또는 담글 수 없는 기기의 소독 시 | 50ppm<br>50~100ppm | 12.5ppm<br>12.5~50ppm | 200ppm<br>200ppm |
| 용액의 온도 | 23.9℃ 이상 | 23.9~48.9℃<br>(이 범위 이상이면 증발) | 23.9℃ 이상 |
| 소독시간<br>• 용액에 담가 소독할 때<br>• 스프레이를 사용 또는 담글 수 없는 기기의 소독 시 | 1분<br>(사용설명서 참조) | 1분<br>(사용설명서 참조) | 1분<br>(사용설명서 참조) |
| pH<br>(세제의 찌꺼기는 pH를 높이므로 철저히 헹궈야 한다) | 반드시<br>pH 10 이하 | 반드시<br>pH 5 유지 | pH 7<br>(가장 효과적이나, 종류에 따라 다름) |
| 부식 가능성 | 재질에 따라 부식될 수 있음 | 영향을 받지 않음 | 영향을 받지 않음 |
| 물에 있는 유기물질과의 반응 | 빠르게 영향을 받음 | 영향이 적음 | 영향을 거의 받지 않음 |
| 경수와의 반응 | 영향을 받지 않음 | 영향을 받지 않음 | 경도가 500ppm 이상이면 작용 못함 |
| 소독효과의 측정 | test kit 사용 | 황갈색이 남아 있을 때 효과가 있으나, test kit를 사용함 | test kit를 사용함<br>사용설명서에 따름 |

## 3. 식기세척기를 이용한 세척과 소독

식기세척기는 적절히 사용하고 관리해야 각종 식기류와 용기에 붙은 음식물 찌꺼기, 박테리아, 이물질을 제거할 수 있다. 급식소의 규모가 커지면서 뜨거운 물과 화학 소독을 겸한 식기세척기의 사용이 점차 늘고 있다.

### ♣ 기계를 이용하여 효과적으로 씻고 소독하기 위한 요건

- 세척 시 충분한 물을 공급한다.
- 종업원의 동선에 맞게 기계를 배치하여 효율적으로 일할 수 있도록 하며, 세척된 그릇이 다시 오염되지 않도록 한다.
- 세척담당자는 세제와 화학약품을 잘 사용할 수 있어야 하며, 장비도 잘 관리할 능력을 갖추어야 한다.
- 세척·소독한 용기를 정기적으로 검사하여 기계가 적절하게 작동하는지 점검한다.
- 식기세척기의 세척작업 전반을 정기적으로 점검하여, 올바른 절차에 의해 세척하고 있는지 확인한다.
- 용기에 달라붙은 음식물 찌꺼기는 긁어내거나 미리 깨끗한 물에 담가 불려서 기계로 씻기 전에 찌꺼기가 제거되도록 한다.
- 수압이 평균 1~1.8kg/$cm^2$로 유지되어야 하며, 이러한 수압이 유지되는지 알 수 있도록 수압계를 갖추어야 한다.
- 식기세척을 위한 작업대는 세척할 용기 또는 세척한 용기를 처리하기 위해 잘 배치되고 크기도 알맞아야 한다.

### (1) 열소독 식기세척기

어떤 기계를 사용하는가에 따라 씻는 공정의 온도가 각각 다르다【표 9-4】.

식기세척기의 세척 온도는 single-tank, statonary-rack type과 multipletank, conveyor type은 65.6℃를, single-tank, conveyor type은 71.1℃를 유지해야 하며, single-temperature unit은 73.9℃의 온도 유지가 필수적이다.

뜨거운 물을 이용하여 효과적으로 소독하려면 마지막 헹굼 온도가 적어도 82.2~90.6℃이어야 한다. 일반적으로 세척기 내의 히터는 물을 고온으로 데우지 못하므로 부스터(booster)가 필요하다. 그러나 헹굼 온도가 90.6℃ 이상이면 헹굼물이 스팀으로 되어 헹굼 효과가 떨어질 수 있다.

**표 9-4** 시기세척기 사용 시 문제점과 처리방법

| 문제점 | 원인 | 처리방법 |
|---|---|---|
| 세척상태 불량 | 세제량이 충분하지 않음<br>물의 온도가 낮음<br>씻고 헹구는 시간이 충분하지 않음 | • 충분한 양의 세제 사용<br>• 물의 온도를 정해진 범위로 유지<br>• 타이머로 시간을 조절하거나, 컨베이어형일 경우 컨베이어의 속도 조절 |
| | 세척기의 청소 불량 | • 청소상태 확인<br>• 오버 플로우(over flow)가 잘 되는지 확인<br>• 적당한 간격으로 탱크의 물 교체 |
| | 부적절한 랙의 사용,<br>또는 컨베이어에 그릇을 잘못 꽂음 | • 랙의 크기나 종류가 적절한지 점검<br>• 그릇이 적절한 간격과 방향으로 꽂혔는지 점검 |
| 뿌연 자국 | 경수의 사용 | • 물은 연성화하여 사용<br>• 세척, 헹굼 온도 확인(필요한 온도보다 높을 경우 자국이 생김)<br>• 헹구는 물의 양, 압력, 각도 점검 |
| | 세제 찌꺼기가 남음<br>세척기의 청소 불량 | • 스케일 제거<br>• 적절한 수압과 물의 양 유지 |
| 기름기가 남음 | 낮은 pH<br>불충분한 세제량<br>물이 온도가 낮음<br>세척기 청소 불량 | • 적절한 알칼리도 유지<br>• 세제량 점검<br>• 물의 온도 점검<br>• 헹굼 노즐(nozzle) 점검 |

### (2) 화학소독 식기세척기

화학소독제는 23.9~48.9℃ 온도에서 가장 효과가 좋으므로, 화학소독 식기세척기 내의 물의 온도는 48.9~60℃ 정도가 적당하다. 또한 화학소독제의 적당한 농도를 유지하는 것이 중요하며, 이 약품은 마지막 헹굼 시 자동으로 용해되어야 한다.

## 4. 손으로 씻고 소독하기

장비, 큰 용기류, 음식이 접촉되는 표면은 손으로 씻고, 헹구고, 소독한다.

### (1) 작업장소

이동식 작업대를 씻고, 헹구고, 소독하기 위해서는 조리장과 떨어진 곳에 세척장소가 있어야 한다. 손을 세척할 때에는 세척, 헹굼, 소독을 위해 3조가 된 싱크가 필요하다. 더러운 장비는 별도로 처리될 수 있도록 분리해야 하며, 음식물 찌꺼기를 긁어내 버릴 수 있는 쓰레기통이 필요하다.

만약 소독제를 사용하지 않고 뜨거운 물로 소독할 때에는 3번째 싱크에 가열장치를 설치하여 최소한 76.6℃의 온도를 유지하도록 한다.

### (2) 식기류와 이동식 기구

어떤 기구든지 씻고, 헹구고, 소독하는 데는 다음의 과정을 거쳐야 한다.

- 작업대 표면과 싱크는 매번 사용하기 전에 씻고 소독한다.
- 씻어야 할 식기류는 음식물 찌꺼기를 미리 긁어내고, 식기의 종류와 재질에 따라 나누어 담가 놓는다.
- 첫 번째 싱크에서는 세제를 사용하여 48.9℃의 온도에서 세척하며, 솔이나 천을 사용해서 남아 있는 오염물질을 제거한다.
- 두 번째 싱크에서는 깨끗한 물을 사용하여 헹구며, 이때 온도는 48.9℃를 유지한다. 음식물과 세제가 남아 있으면 소독제의 작용을 방해하므로 잘 헹구도록 한다.
- 세 번째 싱크에서는 소독을 실시하며, 76.6℃에 30초 동안 용기를 충분히 담근다. 화학 소독제를 사용할 경우 23.9℃에서 1분간 처리하거나 사용설명서에 따라 소독한다.
- 소독된 용기류는 자연건조시킨다. 만약 행주 등으로 닦으면 소독용액이 완전히 작용하기 전에 용기 표면의 소독제을 제거시켜 소독효과를 감소시킬 수 있고, 새로 소독한 식기와 장비류를 다시 오염시킬 수 있다.

표면이 나무로 된 용기류(예 : 나무 도마, 나무 손잡이, 나무 테이블)는 위의 과정을 따르지 않고, 솔을 이용하여 세제로 씻고 헹군 다음 사용할 때마다 소독용액을 닦아낸다. 나무 도마는 세제나 소독용액에 담가 놓아서는 안 된다.

### (3) 고정된 시설 · 장비

고정된 장비는 설명서에 따라 분해하여 청소한다. 만약 설명서가 없으면 다음의 일반적인 지시사항을 적용한다.

- 전기제품일 경우 우선 코드를 뺀다. 단 냉장고나 냉동고는 코드를 빼지 않는다.
- 장비 아래나 주위에 떨어진 음식찌꺼기를 제거한다.
- 분해할 수 있는 부분을 최대한 분해한다. 이때 완전히 분해된 부분은 담그고, 씻고, 헹구고, 소독한다.
- 음식물이 닿는 표면은 깨끗한 물로 헹구고, 제조업체의 지시에 따라 소독제로 닦아낸다.
- 음식물이 닿지 않는 표면은 소독된 천으로 닦아내고, 그 부분을  조립하기 전에 완전히 건조시킨다.
- 장비를 조립할 때 음식물이 닿는 표면을 손으로 만질 수 있으므로, 이 부분은 다시 소독하도록 한다.

#### 1) 냉장고

- 냉장고는 대부분의 미생물의 성장을 늦추지만 청소를 잘 하지 않으면 몇몇 종류의 박테리아와 진균류가 번식할 수 있다. 그러므로 하루에 한 번씩 또는 일주일에 한 번씩 사용정도에 따라 청소하고 소독해야 한다.
- 선반을 청소할 경우 선반에 있는 음식물을 다른 장소로 옮긴 후 선반을 떼어내어 씻고 소독한다.
- 얼음덩어리가 쌓이거나 곰팡이 또는 불쾌한 냄새가 나면 즉시 청소를 실시한다.
- 파이프의 결합부분을 메우는 고무, 석면, 코르크는 정기적으로 청소하여 곰팡이나 음식물 찌꺼기를 제거한다. 잘 청소하고 관리함으로써 기계를 오래 사용할 수 있으며, 적정한 냉장 또는 냉동온도를 유지할 수 있다.
- 서리 제거는 온도를 유지하기 위해 정기적으로 실시하도록 한다.

#### 2) 시설

- 음식물이 닿지 않는 표면, 즉, 바닥, 벽, 천장, 배수구는 음식물의 종류, 표면의 종류, 조리구역의 환기 정도에 따라 청소 횟수를 정한다.
- 바닥에 오염물질이 쌓여 있거나 철저하게 헹구어 내지 않으면 미생물이 번식할 수 있으므로 주의하여 청소하도록 한다.

- 세제나 소독제를 준비할 때에는 제조업체의 지시에 따르며, 음식물에 사용하는 기구나 계량컵을 사용하여 계량하지 않도록 한다. 화학약품을 계량하는 데 필요한 도구는 그 목적에만 사용하며 조리하는 곳에서 떨어진 곳에 두고 그곳에서만 사용한다.

### ① 건창고

- 건창고는 정기적으로 쓸고 닦아야 한다. 벽, 천장, 바닥, 선반, 랙은 정기적으로 청소해야 한다.
- 벽은 스프레이나 걸레로 닦아내는 방법을 사용한다. 만약 스프레이를 사용할 경우에는 벽 가까이에 있는 재고품이나 장비에 손상이 가지 않도록 한다. 또한 벽의 이음새가 젖어서 벽이 손상되지 않도록 한다.

### ② 바닥 및 바닥 배수구

- 바닥은 압력 호스나 대걸레를 사용하여 청소한다. 어떤 방법을 선택하든지 배수구를 향해서 물을 뿌리거나 걸레질을 한다.
- 물청소할 때에는 먼저 바닥을 쓸어낸 다음 세제를 사용해서 닦고 헹군다. 세제 찌꺼기가 남아 있을 경우 미끄러질 수 있으므로 철저하게 씻는다.
- 바닥 배수구 청소는 매일 하는 청소일정 중 마지막에 실시한다.
- 배수구의 덮개를 열어 배수구 안의 찌꺼기를 솔로 닦아낸 다음 덮개를 다시 덮고 압력 스프레이나 호스를 사용해 배수구 안을 청소한다. 그 다음 세제를 제조업자의 지시에 따라 준비한 다음 배수구에 부어넣고 압력 스프레이나 배수구용 솔을 사용해 닦고 철저히 헹군다. 필요 시 소독제를 부어 소독한다.

### ③ 천장

- 천장은 바닥이나 벽과 같이 자주 청소할 필요는 없지만 천정의 거미줄, 먼지 또는 응축수 등이 떨어져 음식 또는 음식이 닿는 표면을 오염시킬 수 있으므로 자주 확인한다.
- 천장을 청소할 때 스프레이를 사용하면 조명기기에 물이 들어갈 우려가 있으므로 스펀지나 천으로 청소한다.

### ④ 청소도구

- 청소할 때 사용하는 도구는 분리해서 보관해야 한다. 즉, 음식물이 닿는 표면을 청소하는 도구와 그렇지 않은 도구는 분리해서 보관한다.
- 천, 스펀지, 긁어내는 패드 등은 자주 씻고 헹구며, 사용 도중에는 용도별로 분리해서

소독제에 담가 놓고, 사용 후에는 건조시켜 보관한다.

- 솔이나 대걸레는 씻고 헹구고 소독해야 하며, 손잡이를 걸어 자연건조한다. 특히, 대걸레를 젖은 채로 바닥에 보관하거나 물통에 넣어둘 경우 해충이나 미생물이 번식하므로, 소독 후 건조시켜 보관하다.
- 대걸레를 빨 수 있는 싱크가 별도로 설치되어 있어야 한다. 손 씻기, 조리작업, 기구세척은 대걸레나 솔을 세척하는 싱크를 사용해서는 안 된다.

## 5. 위험한 물품을 사용할 때 주의 사항

- 급식관리자는 조리원의 안전을 지켜주어야 한다. 조리원들은 작업 중에 사용하는 위험한 물질에 대해서 잘 알고 있어야 하며, 위험한 일을 할 때 주의하여 수행할 수 있어야 한다.
- 급식소에서 사용하는 위험한 화학약품(세척제, 소독제, 살충제 등)에는 적절한 라벨이 붙어있어 구분할 수 있어야 하며, 경고문, 제조원 또는 수입원이 표시되어 있어야 한다. 다른 통에 나누어 사용할 때에는 반드시 라벨을 붙인다.
- 제조업자로부터 각 화학약품의 이름, 폭발 가능성, 인화성, 독성, 부식성, 자극성, 장기 노출 시의 건강문제를 유발시킬 수 있는지 여부, 위험 발생 시 응급처치방법이 기록된 설명서를 받아 비치해야 하며, 이러한 정보들을 조리원에게 알려주어야 한다. 특히 안전한 사용방법과 화학품이 쏟아지거나 새어 나왔을 경우의 처리방법을 알려주어야 한다.

## 6. 청소 프로그램

급식소의 청결과 위생은 잘 계획된 청소 프로그램이 있어야 가능하다. 관리자는 지속적인 훈련과 감독으로 예정표에 따라 청소 프로그램을 실행해야 한다. 즉, 관리자는 청소와 소독에 대한 지식을 가지고, 급식소의 시설물, 기계, 세척도구와 세제, 소독제 등을 적절히 선택하는 한편, 항상 정확한 방법과 절차를 통해 청소해야 한다.

**표 9-5** 청소 프로그램의 강점

| |
|---|
| 1. 현재 사용하는 도구나 인력을 최대한 활용할 수 있다. |
| 2. 공평하게 작업을 분배한다. |
| 3. 작업의 책임소재를 알 수 있어 임무를 성실히 수행한다. |
| 4. 조리원의 결원이 있더라도 다른 인원이나 청소전문업체에게 의뢰할 수 있다. |
| 5. 감독의 합리적인 기준을 제공한다. |
| 6. 다음 작업을 진행하기 위한 시간의 낭비를 줄일 수 있다. |
| 7. 새로운 조리원이 청소나 위생에 대한 사항에 쉽게 익숙해진다. |

### (1) 청소가 필요한 곳

- 청소가 필요한 장소(조리장, 식당, 건물 밖 주차장, 쓰레기 및 재활용품 처리장 등)와 장비들을 세밀히 기록하여 그 목록을 작성한다. 건물 밖의 쓰레기통, 재활용품 분리수거장소, 주차장 등도 청소계획에 포함시킨다.
- 청소방법 및 필요한 도구와 물품을 정한다.
  - 스팀취반기를 비롯한 스팀기기는 정기적으로 스케일을 제거해야 한다.
  - 조리장의 바닥은 조리한 후(특히 기름기 있는 음식) 매번 닦아야 하며, 며칠에 한 번씩은 꼭 솔로 문질러 닦아야 한다.
- 청소와 소독에 소요되는 시간과 인원을 각각 정한다.
- 청소에 필요한 인원이 부족한 경우, 주기적인 대청소나 식당의 청소를 외부용역업체에 의뢰하는 방법도 고려해 본다.

### (2) 청소계획표의 작성

청소계획표에는 누가, 언제, 무엇을, 어떻게 청소하는지를 적는다.

#### 1) 누가

- 일반적으로 조리원들은 자신이 맡고 있는 업무장소의 청소를 담당한다. 그러나 힘든 청소작업은 골고루 나누어 배정하도록 한다.
- 담당자가 자주 변동되면 담당자의 이름 대신 근무조를 적는다.
- 조리원들의 의견을 참고하여 정한다.

## 2) 언제

- 시간은 충분하게 계획한다. 업무의 마감시간에 너무 많은 청소작업을 계획하는 것은 바람직하지 않다.
- 대청소는 오염을 막기 위해 음식을 처리하지 않은 시간이나 바쁘지 않은 시간에 계획하는 것이 좋다.
- 주기적인 청소는 같은 날 한꺼번에 하는 것보다 작업구역이나 업무 종류를 요일별로 나누어 계획하는 것이 좋다.

## 3) 무엇을

- 청소가 필요한 구역 또는 각 실의 청소업무 목록을 함께 기록한다.

| 청소구역 및 항목 | 청소작업 | 청소시기 | 필요 도구(준비물) | 담당 근무조 및 담당자 |
|---|---|---|---|---|
| 바닥 | 쏟은 것 닦기<br>대걸레질<br>바닥 솔 청소 | 될 수 있는 대로 빨리<br>근무조 교체 시마다<br>매일 업무 마감시간 | 빗자루, 쓰레받기, 대걸레, 양동이, 바닥 솔, 세제(구체적으로 세제의 상품명을 적음), 양동이 | ○○○<br>○○○<br>○○○ |
| 벽과 천장 | 튀긴 것 닦기<br>벽 닦기 | 될 수 있는 대로 빨리<br>2월, 8월 | 깨끗한 천, 세제(구체적으로 세제의 상품명을 적음) | ○○○ |
| 작업대 | 세척과 소독 | 사용할 때마다<br>매일 업무 마감시간 | '청소 절차' 참고<br>(각 작업대마다 청소와 소독 절차를 코팅해서 붙여 놓음) | ○○○ |
| | 작업대 위아래의 장과 서랍, 선반 정리 및 청소 | 매주 토요일<br>업무 마감시간 | '청소 절차' 참고<br>(각 작업대마다 청소와 소독 절차를 코팅해서 붙여 놓음) | ○○○ |

## 4) 어떻게

- 청소 절차는 신규 직원도 알 수 있도록 청소 매뉴얼을 참조하여 상세하게 적는다.
- 안전이나 위생에 관한 내용은 각 작업마다 분명하게 기록한다.
- 필요하면 그림이나 사진도 이용한다.
- 음식물이 닿는 부분과 닿지 않는 부분의 세척 및 소독은 색을 구분하여 기록한다.
- 매뉴얼은 한 장소에 보관하여 관리자와 조리원이 필요할 때에 항상 참조할 수 있도록 한다.

| 언제 | 어떻게 | 준비물 세부사항 |
|---|---|---|
| 매번 사용 후 | 1. 기계를 끈다. | |
| | 2. 전기코드를 뺀다. | |
| | 3. 절단용 칼의 회전표시를 '0' 으로 놓는다. | |
| | 4. 분리한다(분리의 절차와 방법을 상세히 적음). | |
| | 5. 분리된 부품을 도구 씻는 전용 싱크대에서 닦는다 (주의 : 칼날을 조심함, 장갑 사용함). | 솔, 세제(상품명 제시) |
| | 6. 헹군다. | 78℃ 이상의 뜨거운 물에서 1분 이상 소독제(상품명 제시) 사용 |
| | 7. 소독한다. | |
| | 8. 공기에서 완전히 말린다. | |
| | 9. 조립한다(조립의 방법을 상세히 적음). | |
| | 10. 전기코드를 꽂는다. | |

### (3) 청소장비의 선택

#### 1) 세제 및 소독제

소독제를 제외하고는 한 가지 세제를 여러 가지 작업에 사용할 수 있다.

적절한 세제와 도구, 청소방법, 보관은 청소를 효과적으로 하는 데 도움을 주며, 비용절감 효과를 가져올 수 있다.

- 손 세정제
- 바닥용 다용도 세제
- 연마분이 들어 있는 세제
- 유리제품용 세제
- 수작업용 세제
- 기름기를 제거하는 세제
- 식기세척기용 세제
- 식기세척기용 린스
- 소독제(test kit 포함)
- 기타 : 석회질 제거제, 배수구용 세제, 오븐용 청소세제, 스텐인리스스틸용 세제 등

#### 2) 청소도구

- 청소용 빗자루나 솔은 나일론이나 플라스틱 제품이 더 좋다. 자연소재로 된 것은 청소할 때 수분과 세세가 스며들어 청소가 어렵고 세균이 성장할 수 있으며, 스며들었던 세제로

인해 화학적 위험이 있을 수 있다.

- 솔은 음식이 닿는 곳에 사용하는 것과 닿지 않는 곳에 사용하는 제품을 분리한다.
- 철 수세미나 거친 연마제 등 표면에 손상을 입히는 제품은 사용하지 않는 것이 좋다. 철 수세미 등에서 이물질이 떨어져 음식에 들어갈 수 있다. 대신 나일론제품의 패드를 사용하는 것이 좋다.
- 건식 또는 습식 진공청소기는 부속품을 교체해서 다방면으로 사용할 수 있으므로 경제적이다. 새로운 방식의 청소기기와 세제를 사용할 때에는 급식소의 조건에 맞는지 세밀히 검토하여 결정한다.
- 청소도구는 청소 계획표상의 도구와 일치해야 하며, 작업인원 수에 맞는 수량을 확보해야 한다. 또한, 작업에 적절한 용량과 크기를 갖추어야 한다.
- 청소장비가 너무 낡았거나 더러우면 청소를 효과적으로 할 수 없을 뿐 아니라 오히려 세균을 증식시킬 수 있다.

**기본 도구**
- 주걱 모양의 긁는 기구
- 유리창 닦기용 압착기
- 바닥 닦기용 압착기
- 호스
- 쓰레받기
- 긴 자루걸레
- 긴 자루걸레용 버켓(buket)
- 걸레 짜는 기구
- 빗자루

**행주**
- 식기용
- 작업대 닦기용
- 지저분한 것 닦기용
- 면행주

**솔**
- 유리식기용
- 식기용
- 병세척용
- 관세척용
- 문지르기용
- 화장실용
- 배수구용
- 그릴용
- 일반세척용

**장비류**
- 진공청소기
- 왁스를 칠하는 기계
- 바닥에 윤을 내는 기계
- 카페트 세척용 기계

**스펀지**
- 여러 종류와 크기로 준비
- 눌어붙지 않도록 표면처리가 된 기기용
- 나일론 재질의 문질러 닦기 위한 패드

**조리원에게 지급해야 할 것들**
- 1회용 장갑
- 금속섬유장갑
- 보호안경
- 앞치마

### (4) 청소 프로그램 소개와 실행 관리

급식관리자의 청소 프로그램을 준비하고, 계획표를 작성해야 한다. 또한 작성한 프로그램이 이행되는지 확인하고, 잘 실행했을 때 포상하는 등의 방법으로 격려한다【표 9-6】.

- 청소 프로그램을 지시할 때는 조리원들이 책임감을 갖고 정확히 절차를 따를 수 있도록 교육이나 회의시간을 통해 청소방법이나 절차가 왜 중요한지를 설명해 주는 것이 필요하다.
- 주요 청소계획표를 중심으로 청소구역이나 조리원별로 세부계획서를 짜주면 더욱 효과적이다.

표 9-6 청소계획표 작성 예시

주간 직원식당 청소계획표

담당일자 ○○○○년 ○월 ○일 ~ ○월 ○일 담당자 ○○○

| 월 | 화 | 수 | 목 | 금 | 토 |
|---|---|---|---|---|---|
| 배선실 선반 먼지 닦기, 정수기 청소 | 배선실 유리 및 창틀 닦기 정수기 청소 | 식당, 식탁, 식탁용 양념통 점검 | 배선실 선반 먼지 닦기, 정수기 청소 | 보온·보냉고 청소 | 식당, 식탁, 식탁용 양념통 점검 |

### (5) 프로그램의 감독과 검토

청소 프로그램을 세운 다음 급식관리자는 반드시 지속적인 관심을 가지고 관찰해야 한다. 그리고 정기적으로 다음 사항을 토대로 검토해 보도록 한다.

- 프로그램이 알맞게 적용되고 있는가? 변경이 필요하지는 않는가?
- 정해진 절차에 따라 적절한 도구가 마련되어 있는가?
- 청소할 시간이 충분한가?
- 조리원들이 청소, 소독, 안전 절차에 대해 철저히 훈련되어 있는가?
- 청소를 할 조리원의 수가 적절한가? 적절하지 않다면 일부 업무는 전문 청소용역업체에 맡길 것인가?

## 7. 올바른 살균·소독 요령

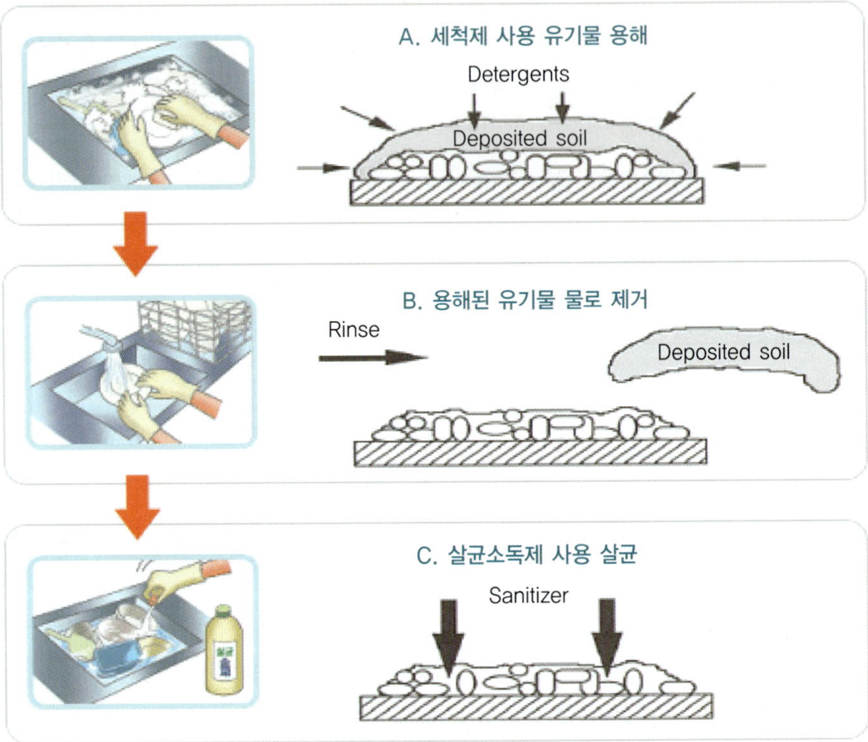


[그림 9-1] **살균·세척 방법 요약**

조리기구를 세척제로 깨끗이 세척하지 않고 살균소독제를 사용하게 되면 식품접촉표면에 남아있는 유기물질이나 지방 등의 이물질 때문에 살균소독 효과가 감소하므로 반드시 '세척하고 물로 헹군 후 살균소독' 해야 한다. 간혹 세척과 살균소독을 동시에 하기 위해 두 제품을 임의로 섞어 쓰는 일이 있는데, 이 경우 세척제와 살균소독제 간의 화학반응으로 가스 등 유해물질이 발생할 수 있으므로 반드시 구분 사용해야 한다.

### (1) 세척

세척이란 세척제를 사용하여 식품용 기구 또는 용기의 표면에서 음식성분과 기타 유기성분을 제거하는 일련의 작업과정을 말한다. 식품용 기구별 세척방법을 정확히 숙지하고 실천해야 해야 하며, 세척제는 식품과 구분하여 안전한 장소에 보관해야 한다. 세척제는 야채 또는 과실용 세척제인 1종 세척제, 식기류용 세척제(자동식기세척기 또는 산업용 식기류 포함)인 2종 세척제 및 식품 가공·조리기구용 세척제인 3종 세척제로 구분된다. 1종은 2종 및 3종 세척제로, 2종은 3종 세척제로 대체 사용이 가능하나, 3종은 2종 및 1종의 목적에, 2종은 1종의 목적에 사용할 수 없으므로 세척하고자 하는 대상에 따라 바르게 선택해야 한다. 또한, 세척제는 용도 이외로 사용하거나 규정 사용량 이상을 사용해서는 안 되며 사용한 후에는 조리기구 등에 세척제가 남지 않도록 음용에 적합한 물로 반드시 씻어야 한다.

[그림 9-2] 세척제의 종류

### (2) 식품용 기구의 살균소독

살균소독이란 세척 후 식기나 조리기구 등에 남아 식중독을 일으키는 유해미생물을 제거하는 일련의 작업 과정이다. 기구 등의 살균소독제는 미리 만들어 놓으면 살균소독력이 감소할 수 있으므로 1회 사용량을 물로 희석하여 사용해야 하며 사용 전 시험지(test paper) 등을 사용하여 농도를 확인하고 살균소독 후 남은 액은 폐기해야 한다. 기구 등의 살균소독제는 반드시 식품과 구분하여 화기와 직사광선을 피하여 환기가 잘 되는 곳에 보관해야 한다.

## 01 세척

음식물 찌꺼기 제거

세척제 제품에 표시된
사용기준에 따라 희석한 액을
스펀지에 묻혀 세척

세척제가 잔류하지 않도록
음용에 적합한 물로
충분히 헹굼

## 02 살균소독

식기류는 집단급식소용 살균소독제를 사용하여
제품에 표시된 사용농도로 희석한 액에 5분간
침지하여 살균소독

▸ 예시

차아염소산나트륨 200mg/L 용액에 5분간 살균소독

## 03 보관

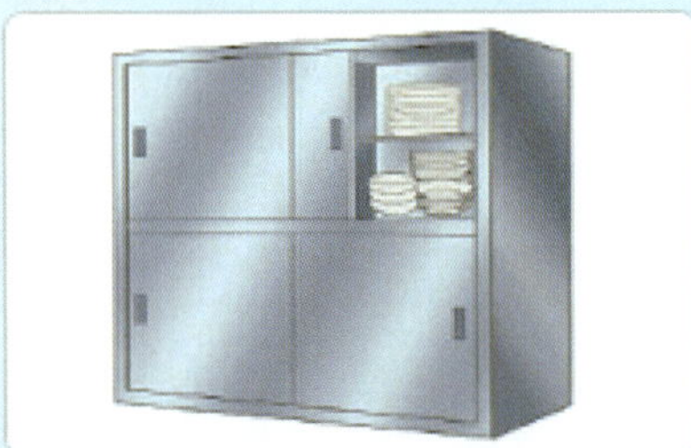

잘 건조된 식기를 정돈하여 수납하고
문은 반드시 밀폐

[그림 9-3] **세척·살균소독·보관 요령**

## (4) 주방 기구별 살균소독법

### 1) 식기류 및 조리기구

| 구분 | 방법 |
|---|---|
| 세척 | • 음식물 찌꺼기 제거<br>• 세척제 제품에 표시된 사용기준에 따라 희석한 액을 스펀지(도마의 경우 전용 솔 사용)에 묻혀 세척<br>• 세척제가 잔류하지 않도록 음용에 적합한 물로 충분히 헹굼 |
| 살균소독 | 집단급식소용 살균소독제를 사용하며, 제품에 표시된 사용농도로 희석한 액에 5분간 침지하여 살균소독 |
| 보관 | 잘 건조하여 청결한 보관고에 수납 |

### 2) 가열조리기구(국솥, 볶음솥 등)

| 구분 | 방법 |
|---|---|
| 세척 | • 전기를 사용하는 기구는 전원 차단<br>• 국솥 등의 내부를 물에 불려 낸 후 찌꺼기를 음용에 적합한 물로 세척<br>• 세척제 제품에 표시된 사용기준에 따라 희석한 액을 스펀지에 묻혀 세척<br>• 세척제가 잔류하지 않도록 음용에 적합한 물로 충분히 헹구어 건조 |
| 살균소독 | 집단급식소용 살균소독제를 사용하며, 제품에 표시된 사용농도로 희석한 액을 분무한 후 5분간 유지하여 살균소독 |

### 3) 작업대 · 싱크대

#### ① 작업시작 전(前)

| 구분 | 방법 |
|---|---|
| 살균소독 | 집단급식소용 살균소독제를 사용하며, 제품에 표시된 사용농도로 희석한 액을 분무한 후 5분간 유지하여 살균소독 |

② 작업종료 후(後)

| 구분 | 방법 |
|---|---|
| 세척 | • 음식물 찌꺼기를 제거하고 음용에 적합한 물로 세척<br>• 세척제 제품에 표시된 사용기준에 따라 희석한 액을 스펀지에 묻혀 세척<br>• 세척제가 잔류하지 않도록 음용에 적합한 물로 충분히 헹군 다음 물기를 제거하여 완전히 건조 |
| 살균소독 | 집단급식소용 살균소독제를 사용하며, 제품에 표시된 사용농도로 희석한 액을 분무한 후 5분간 유지하여 살균소독 |

### 4) 기타 수세미 등

| 구분 | 방법 |
|---|---|
| 세척 | • 수세미는 용도별(식기 세척용, 조리기구 세척용, 오염된 물받이 등 기타 세척용)로 구분하여 사용<br>• 사전에 1일 사용 수량의 살균소독·건조된 수세미 준비<br>• 사용한 수세미는 음용에 적합한 물로 세척<br>• 세척제 용액이 담긴 전용용기에 수세미를 침지한 후 음용에 적합한 물로 헹굼 |
| 살균소독 | 집단급식소용 살균소독제를 사용하며, 제품에 표시된 사용농도로 희석한 액을 분무한 후 5분간 유지하여 살균소독 |
| 건조 | 충분히 탈수한 후 청결한 장소에서 건조 |
| 보관 | 용도별로 |

# 환경위생 및 관리 | 10

# 10 환경위생 및 관리

집단급식소에서 해충을 효과적으로 구제하려면 적절한 관리방법이 필요하다. 살충제에만 의존하지 말고, 급식관리자와 구제업체가 구제 프로그램을 잘 계획하여 여러 종류의 화학약품 및 다양한 방법을 통해 해충을 효과적으로 구제한다.

### ♣ 해충 구제(驅除) 프로그램 계획 시 기본 요건

- 위생관리를 철저히 하여 해충이 번식할 수 있는 장소, 해충이 먹을 수 있는 음식과 물을 없앤다.
- 방충망을 설치하고, 건물의 구멍 등을 막아 해충이 급식소 내로 들어오지 못하게 한다.
- 자격을 갖춘 구제업체와 협력하여 해충을 효과적으로 구제한다.

# 1. 일반적인 해충 구제방법

- 모든 식품은 자격을 갖춘, 신용할 수 있는 공급처에서 구입한다. 물품은 지정된 검수 장소에서만 검사하며, 배달된 식품 또는 포장(천 또는 종이 등)에서 바퀴벌레나 쥐똥이 발견될 경우 반품한다. 바퀴벌레나 쥐 등은 박스나 케이스를 통해 급식소 내로 들어오기 쉽고, 바퀴벌레와 개미는 냅킨, 종이컵, 종이박스에서 자주 발견된다. 특히 바퀴벌레는 감자를 좋아하므로 감자박스를 잘 살펴본다.
- 급식소에서 사용하는 모든 식품과 기구는 적절하게 보관한다. 모든 물품은 바닥에서 15cm, 벽에서 15cm 떨어진 상태로 보관한다.
- 코코아, 분말우유, 견과류 등 쉽게 오염될 수 있는 음식물은 냉장(4℃ 이하) 보관하여 바퀴벌레의 번식을 막는다.
- 오래된 재고품에 해충이 생겨 다른 식품도 오염될 우려가 있으므로, 선입선출(先入先出) 방법을 시용한다.
- 건창고의 습도는 50% 이하로 유지하고, 건창고와 조리장소는 통풍이 잘 되도록 한다.
- 재활용품은 보관 시 유의한다. 병, 깡통, 종이박스 등을 장시간 보관할 경우 해충의 은신처가 될 수 있다.
- 쓰레기는 지정된 장소로 즉시 처리한다.
- 청소용품을 세척한 물은 오수 배수관에 버리고, 흘린 물은 즉시 닦는다. 젖은 걸레는 바퀴벌레가 가장 잘 숨는 장소이므로, 모든 청소용품은 깨끗하게 세척한 후 건조시켜 보관한다.
- 급식소는 항상 깨끗하게 청소하고 소독한다. 음식물을 쏟으면 바로 청소하고, 남은 가루나 음식물 찌꺼기는 빨리 버린다.
- 휴게실이나 탈의실도 철저히 청소하여 관리하고, 옷장이나 옷장 아래의 바닥에 음식물이나 지저분한 옷을 보관하지 않는다.

# 2. 건물과 주변 관리

오래된 건물은 해충 출입이 쉬우며, 해충의 번식장소가 될 수 있다. 그러나 잘 수리하고 보수하여 관리할 경우 해충으로 인한 피해와 구제비용을 줄일 수 있다.

### (1) 문, 창문

- 모든 문과 창문에는 방충망을 설치하는 한편, 항상 구멍이 없는 상태로 깨끗하게 유지한다.
- 창문과 문틀은 갈라진 곳이 있는지 정기적으로 점검하여 갈라진 곳을 메우거나 막는다.
- 에어커튼은 날아다니는 곤충을 막는 데 유용하다. 에어커튼은 문 전체를 통제할 수 있도록 충분한 너비와 속도로 공기가 나와야 한다.
- 바닥의 턱은 해충이 문 아래로 들어오는 것을 막기 위해 필요하다. 바닥의 턱 때문에 카트(cart) 사용이 어려우면, 없애는 대신 사용하기 편리한 형태로 교체한다.
- 모든 문은 자동으로 닫히는 것이 좋고, 문틀 아랫부분과 양쪽 문이 겹치는 부분에 틈이 없어야 한다.
- 문 밖에는 신발의 흙을 터는 매트를 설치한다.
- 물품을 받을 때는 문과 방충망이 열리는 시간을 짧게 한다.

### (2) 파이프

- 파이프 주변에 구멍이 났거나 콘크리트가 약하면 금속판을 덮거나 콘크리트로 메운다. 100원짜리 동전 크기의 작은 구멍도 쥐가 건물 내부로 들어올 수 있는 입구가 되므로 주의한다.
- 천장의 통풍 파이프도 쥐가 들어오지 못하게 덮개로 막는다. 파이프 안의 공간은 바퀴벌레의 서식지가 될 수 있으므로 주의한다.

### (3) 바닥과 벽

- 금이 간 바닥과 벽은 잘 메워서 해충의 출입을 막는다.
- 고정설비는 바닥과 받침대 사이에 공간이 없도록 설치하며, 공간 크기에 따라 콘크리트 또는 실리콘 봉합제를 사용하여 그 공간을 없앤다.
- 건창고 바닥에 가장자리에서 15cm 떨어진 지점에 하얀 줄을 그어 놓으면 쥐 발자국이나 쥐털 등이 쉽게 발견되어 쥐가 서식하는지 확인할 수 있다.
- 쥐가 배수구를 통해 건물 안으로 들어오는 것을 막기 위해 바닥 배수구는 뚜껑을 꼭 덮는다.

### (4) 기타

- 쓰레기는 통에서 넘치거나 냄새가 날 때까지 쌓아두지 않는다. 또한 비닐팩에 넣고 잘

묶어 쓰레기통에 넣은 후 뚜껑을 꼭 닫는다. 쓰레기통을 비운 후에는 잘 헹구고, 소독제를 분사해 살균한다.

- 살균등을 설치할 경우에는 조리장소 또는 음식물 서빙장소에서 적어도 1.5m 이상 떨어진 곳에 설치한다. 가급적 벽에 설치하고, 천장에 매다는 형태는 사용하지 않는다. 벽에 설치할 경우 바닥에서 최소한 1m 이상의 위치에 설치해야 한다. 죽은 곤충이 바닥에 떨어지지 않도록 살균등에 밑받침을 설치하고, 이 밑받침은 정기적으로 비우고 청소한다.

### (5) 해충 찾아내기

관리자가 내부 청소 및 위생관리를 철저히 해도 해충이 급식소 내에 들어올 수 있다. 그러므로, 적절한 해충 통제방법을 수립하고 이를 실행하기 위해서는 해충을 찾아내는 방법을 알고, 구제업체와 협력해야 한다.

#### 1) 바퀴벌레

- 바퀴벌레는 번식능력이 좋고 살충제에도 내성이 뛰어나서 구제하기 어려운 해충 중의 하나이다. 주로 어둡고 따뜻하며, 수분이 많고 청소하기 어려운 장소에 숨거나 알을 깐다(냉장고 뒷부분, 싱크대 배수구 안, 온수 파이프 공간, 금이 간 천장 타일 사이 등).
- 낮에 바퀴벌레가 보이면 많은 수의 바퀴벌레가 번식한 상태로 판단해야 하며, 구제업체에 즉시 연락한다. 만약 바퀴벌레가 있다고 의심되면 다음 사항이 있는지 점검한다.
  - 강한 기름 냄새
  - 큰 입자의 후춧가루 같은 배설물
  - 밤색, 짙은 밤색, 짙은 빨간색 또는 검정색으로 빛이 나는 캡슐 모양의 알집
- 바퀴벌레가 서식하고 있는지 알아보는 가장 쉬운 방법은 접착식 바퀴잡이집을 설치하는 것이다. 이것은 끈끈한 접착제에 바퀴벌레가 붙어 잡히게 만드는 구조로, 바퀴벌레가 많이 다니는 구석에 설치하면 효과적이다.
- 접착식 바퀴잡이를 설치한 후 24시간 동안 관찰 기록하여 어떤 종류의 바퀴벌레가 서식하는지 확인한다. 이것은 구제방법을 결정하는 데 도움이 된다.

#### 2) 파리

- 파리는 박테리아 및 박테리아의 배설물을 입, 발, 머리에 묻혀 음식물에 옮기며, 파리의 배설물 자체가 음식물과 기구 표면을 오염시킬 수 있다.

- 파리는 이가 없어 영양분을 액체상태로 섭취하는데, 고체 음식물의 경우에는 타액을 뱉어내어 음식물을 녹인 후 섭취한다. 이때 파리가 뱉은 물질은 박테리아가 번식하고, 음식물과 용기를 오염시킨다.
- 파리의 습성
  - 파리는 건물에 아주 작은 구멍만 있어도 들어오며, 냄새가 나는 곳에 모인다.
  - 파리는 한 번에 천여 개의 알을 낳는다.
  - 파리는 바람이 잘 통하지 않는 장소, 쓰레기통 가장자리 같은 곳에 잘 서식한다.
  - 축축하고 따뜻하며, 햇빛이 없고 물품이 썩는 곳은 파리가 번식하기 좋은 장소이다. 더운 여름철에는 구더기에서 파리로 성장하는 데 약 6일이 소요된다.

### 3) 설치동물(쥐, 생쥐, 다람쥐 등)

- 쥐와 생쥐는 음식물을 오염시켜 건강상의 심각한 위험을 초래한다. 또한 전깃줄을 갉아 화재를 유발하거나, 음식을 먹어 막대한 금전적 손실을 초래할 수 있다.
- 쥐와 생쥐는 직·간접적으로 살모넬라와 같은 병을 감염시킨다. 쥐똥 하나에도 수백 마리의 박테리아가 생존할 수 있다.
- 쥐와 생쥐는 후각·청각 등의 감각이 예민하여 새롭거나 생소한 물품을 쉽게 알아낸다.
- 설치동물은 낮에는 숨어 지내므로, 낮에 보이지 않더라도 급식소에 있을 수 있다. 또한 쥐와 생쥐는 각각 다른 구역에서 살기 때문에 한 종류의 설치동물이 발견되었다고 해서 다른 종류가 없다고 판단해서는 안 된다.
- 설치동물이 있었던 흔적 및 있었던 기간을 알아내는 방법
  - 배설물 : 배설물이 있으면, 설치동물이 들어왔다는 증거가 된다. 이때 배설물이 검고 빛이 나면 최근에 들어온 것이며, 밤색이거나 회색이면 오래되었다는 증거가 된다.
  - 갉거나 쏜 자국 : 납파이프, 거칠게 마감한 콘크리트, 자루나 종이박스를 갉아 구멍을 낼 수 있다. 최근에 갉았을 경우에는 이빨자국을 발견할 수 있다.
  - 발자국 : 먼지가 쌓인 표면에 적절한 각도로 조명을 비추면 잘 볼 수 있다.
  - 쥐가 있었던 자리 : 종이조각, 머리카락, 기타 부드러운 재료가 뭉쳐져 있는 것은 쥐가 있었던 자리로 볼 수 있다.
  - 구멍 : 쥐들은 구멍을 은신처로 이용한다. 주로 어둡거나 돌이 쌓인 곳, 건물 골격 구조물에서 찾을 수 있다.
- 쥐는 위협을 당하거나 궁지에 몰리면 물고, 새로운 덫이나 미끼는 잘 피하며, 죽었을 경우에도 병원균을 감염시킬 수 있으므로, 쥐의 구제는 전문가에게 맡기는 것이 좋다.

#### 4) 기타 해충

- 딱정벌레, 나방, 개미 등도 파리나 바퀴벌레처럼 감염병을 유발할 수 있으며, 이들은 적은 양의 음식물만으로도 번식할 수 있다. 주로 건창고에서 발견된다.
- 죽은 벌레 또는 거미줄이 있을 때, 음식물 찌꺼기가 뭉쳐 있을 때, 음식물이나 포장지에 구멍이 생겼을 때에는 벌레가 있다는 표시로 볼 수 있다. 그러므로 음식물을 담는 통의 뚜껑을 꼭 닫고, 선입선출방법에 의해 재고품을 사용하며, 조리구역을 깨끗이 청소하고 소독하여 해충을 통제해야 한다.
- 개미는 벽과 바닥, 온수 파이프 근처에서 발견된다. 개미는 끈적이는 당분과 지방을 특히 좋아하므로, 음식물 찌꺼기는 어느 장소에도 쌓아 두지 말고, 음식물과 음료수를 쏟았을 경우에는 바로 청소한다.

### (6) 살충제의 사용

살충제는 열 종류의 해충에 효과적으로 사용할 수 있으나, 다른 구제방법을 사용해 본 후 마지막으로 사용하는 것이 좋다. 왜냐하면 ① 살충제를 사용하여 해충을 구제해도 비위생적인 환경이 되면 해충이 다시 생길 수 있으며, ② 살충제를 사용하거나 저장하는 것 자체가 음식물, 조리원, 피급식자에게 위험할 수 있기 때문이다. 또한 ③ 해충마다 면역이나 저항력이 다르므로 적절한 살충제를 결정하는 것이 쉽기 않기 때문이다.

- 연막소독, 살충제 살포, 스프레이를 이용한 소독은 항상 자격 있는 구제업자가 실시하도록 한다.
- 살충제를 뿌리기 전에는 청소를 한다.
- 살충제를 사용하는 사람은 두꺼운 작업장갑, 보호안경, 마스크를 착용하여 신체를 보호한다.
- 살충제는 목적에 맞게 사용하고, 설명서에 지시된 사항을 잘 따른다.
- 살충제를 사용할 때에는 사용설명서에 제시된 양만 사용한다. 2배로 증량시켜 사용한다고 해서 효과가 더 크지 않으므로 정량을 초과하지 않도록 한다.
- 식기나 음식물이 닿는 표면과 장비 등은 살충제에 오염되지 않도록 한다.
- 살충제를 사용한 후에는 철저히 손을 씻고, 착용했던 의복도 잘 세탁한다.
- 살충제가 묻은 식기, 장비 등은 깨끗이 씻고, 헹구며, 철저히 소독한다.

### (7) 살충제의 보관과 처리

- 살충제는 원래 포장용기에서 다른 용기로 옮겨 보관하지 않는다.
- 살충제는 잠금장치가 있는 보관고에 넣어 보관하며, 조리장소나 식품저장소에 보관하지 않는다. 또한, 청소세제나 소독제와도 분리해서 보관하도록 한다.
- 스프레이식 살충제통은 온도가 높을 경우 폭발할 수 있으므로, 시원한 장소에 보관하고 48.9℃ 이상에서는 절대 보관하지 않도록 한다.
- 살충제통은 극소량이 남아 있어도 위험하므로, 사용설명서의 지시에 따라 폐기 처리한다. 특히, 스프레이식 살충제통은 폭발할 가능성이 있으므로 찌그러뜨리거나 태우지 않도록 한다.

## 3. 전문 구제업체와의 협력

급식소의 관리자는 적절한 위생절차를 실행하고, 해충이 들어오지 못하게 관리해야 하나, 실제 해충 구제작업은 전문업체에게 맡기는 것이 바람직하다. 즉, 관리자는 일정 자격을 갖춘 해충 구제업체와 계약하여 정기적인 서비스를 받는다.

- 해충 구제업체와 계약서를 작성할 때에는 작업 기록을 보고하는 내용을 포함시킨다. 보고 내용은 급식소에서 발견된 해충의 종류 및 잡은 해충의 수, 해충이 발견된 장소, 위생상 문제점, 기구·구조의 문제점, 해충 구제 시 사용한 약품의 종류, 덫의 종류 및 위치 등이다.
- 관리자는 해충 구제업체에게 건축설계도, 시설과 장비의 배치도를 제공한다.
- 해충 구제업체는 급식소를 사전조사한 후 사용할 구제방법을 간략하게 제시해야 한다. 여기에는 사용할 약품, 실시 날짜와 시간, 급식소에서 사전에 해야 할 업무내용이 포함된다.
- 관리자는 해충 구제에 사용될 약품과 기구에 대해서 반드시 알고, 발생될 수 있는 위험을 종업원에게 알린다. 조리원은 훈련을 통해 위험을 최소로 줄여 조리원과 고객의 안전을 보장하도록 한다.
- 해충 구제는 반드시 추적 조사를 해야 한다. 즉, 해충 구제를 실시한 다음 정기적으로 해충이 있는지 조사한다. 시설물은 자주 검사하고, 해충이 다시 보이면 구체업체에 즉시 연락한다.

## 4. 해충 구제방법

### (1) 해충을 쫓는 약(repellents)

벽 주위 등 손이 닿기 힘든 공간에 사용하며, 접착식 바퀴잡이집이나 스프레이식 살충제와 함께 사용하면 효과적이다.

### (2) 스프레이식 살충제

- 바퀴벌레나 파리를 구제할 때 주로 사용한다.
- 금이 있거나 갈라진 곳, 벌레가 잘 다니는 곳, 벌레가 잘 숨는 곳에 뿌리면 효과적이다.
- 스프레이를 뿌릴 경우 음식물과 식기는 다른 장소로 옮겨 오염을 방지한다.
- 고정된 설비는 스프레이를 뿌린 다음 씻고, 헹구고, 소독한다.

## 5. 설치동물 구제방법

### (1) 덫

- 덫을 사용하는 것은 단시간에 구제하기는 어렵지만, 가장 안전한 방법이다.
- 덫을 설치할 때는 설치류가 도망가는 방향과 일치하게 놓고, 미끼나 덫의 작동장치는 벽쪽으로 놓는다.
- 미끼로는 싱싱한 멸치, 오징어, 간 고기 등을 사용할 수 있다.
- 사람 냄새가 나면 피하므로 장갑을 끼고 덫을 설치한다.

### (2) 접착식 쥐덫

- 독성이 없어 음식물을 취급하는 장소에서 비교적 안전하다.
- 쥐가 잘 다니는 장소에 설치하고, 잡히면 바로 처리한다.
- 다른 방법보다 효과가 약하다.

### (3) 쥐약

- 쥐약은 위험하므로, 자격 있는 구제업자의 지시에 따라 사용한다.
- 쥐약과 쥐약이 묻은 미끼는 주의해서 다루며 반드시 잠가서 보관한다.
- 쥐가 잘 다니는 길이나 새끼 낳은 장소 근처에 설치한다. 미끼는 여러 곳에 충분한 양을 놓는다. 미끼를 몇 번 검사해도 먹은 흔적이 없으면 다른 장소로 옮긴다.
- 미끼는 음식물과 혼동될 수 있는 장소나 음식물이 떨어질 수 있는 장소에 놓지 않는다.

현장실무에서 관리자들이 꼭 알아야 할 NCS 기반 **식품위생관리**
Essentials of Safety & Sanitation for Foodservice Employees

1. 위생 훈련의 필요성
2. 위생 훈련 프로그램의 계획
3. 위생 훈련의 실시
4. 위생 훈련 결과의 평가

# 위생 및 안전총괄 | 11
## (종업원 위생교육)

# 11 위생 및 안전총괄 (종업원 위생교육)

식품위생법에서는 집단급식소의 경우 월 1시간 이상의 위생교육을 반드시 실시하도록 규정하고 있다(식품위생법 시행규칙 제37조 5항). 그러나 이런 법적인 규제 때문에 위생교육을 실시하는 것은 몹시 소극적인 자세이다. 집단급식소에서 비위생적인 행동은 식중독 발생으로 이어져 많은 사람의 생명을 위협하는 무서운 결과를 초래할 수 있기 때문이다.

조리원들이 위생의 중요성과 내용을 아는 것도 중요하지만, 더 중요한 것은 위생적인 절차와 방법이 따른 식품의 취급 및 개인위생의 철저한 관리 등 위생적인 행동을 몸에 익히는 것이다. 따라서 위생교육보다는 위생 훈련이라는 개념이 더 적절하다고 볼 수 있다.

그러므로 급식관리자는 형식적인 교육이 아닌, 집단급식소의 성격에 맞는 적절한 위생 훈련 프로그램을 수립하여 철저한 훈련을 실시, 평가, 보완할 책임이 있다.

### ♣ 위생 훈련 프로그램을 성공적으로 수행하기 위한 절차

- 위생교육 및 훈련의 필요성을 평가
- 위생 훈련 프로그램을 계획, 실시하여 작업에 이용
- 위생 훈련의 실행도와 성공 여부를 확인, 평가, 보완, 피드백(feedback)한다.

# 1. 위생 훈련의 필요성

## (1) 위생 훈련 주제 결정

훈련 주제는 모든 조리원이 일반적으로 알아야 할 것과 각 개인의 고유 직무에 관한 것으로 나눌 수 있다. 신입직원의 오리엔테이션에서는 일반 훈련 주제에 관한 사항을 강조하고, 그 후 개별적으로 직무에 관한 사항을 훈련시킨다.

### 1) 일반 훈련 주제

- 식중독을 예방하기 위한 위생관리의 중요성
- 개인위생
- 식품의 위생적인 취급절차
- 시설 및 기기의 위생적인 유지·관리
- 작업 중의 안전과 사고 예방을 위한 조치
- 위험물질의 적절한 취급방법 등

### 2) 직무별 훈련 주제

급식관리자는 조리원 각각의 직무 및 작업을 분석하여 각 직무별로 실시해야 할 위생 훈련 주제를 선정하고, 직무별로 위생 훈련을 실시해야 한다【표 11-1】.

**표 11-1 직무별 훈련 주제의 예 : 배식원의 작업 분석 및 위생 훈련 주제**

| 작업분석 | 위생 훈련 주제 |
|---|---|
| - 모든 장신구를 빼고 깨끗한 작업복으로 탈의실에서 갈아 입는다.<br>- 머릿수건을 쓴다. | 배식원의 복장 |
| - 손 씻는 싱크대에서 '손 씻는 방법'에 따라 손을 씻는다. | 손 씻기 |
| - 식기를 준비할 때 음식이나 피급식자의 입이 닿지 않는 부분을 잡고 나른다.<br>- 더러운 식기를 만진 후에는 손을 즉시 씻는다. | 식기와 음식의 위생적인 취급법 |

### (2) 위생 훈련 목적 수립

예상되는 훈련의 성과와 이점을 분석하여 목적을 수립한다【표 11-2】. 위생 훈련의 목적은 훈련대상자의 현재 수준과 기술의 정도, 급식소의 형태와 대상자의 필요성에 모두 적합해야 한다. 즉, 급식소의 모든 종사원들이 위생에 대한 훈련을 받을 필요는 있지만, 전문적인 교육이나 기술을 필요 이상으로 실시하는 것은 낭비가 될 수 있다.

목적을 서술할 때에는 교육 훈련이 끝났을 때 훈련받은 사람이 할 수 있는 구체적인 동작으로 표현한다( '수행한다', '실시한다', '사용한다' 등).

**표 11-2** 훈련 목적 기술의 예

훈련을 마친 다음 조리원은

**일반 사항**

- 위생의 중요성을 설명할 수 있어야 하며, 왜 위생 훈련을 받아야 하는지 이해한다.
- 식중독의 발생 원인을 이해한다.
- 적절한 개인위생을 실시하여 식품의 오염을 피한다.

**구체 사항**

- 식품의 조리와 공급 시 식중독을 방지하기 위해 식품위해요소 중점관리기준(HACCP)의 중점관리점(CCP)에 따라 작업한다.
- 식품을 처리하는 과정에서 교차 오염을 피하는 방법으로 업무를 수행한다.
- 식품을 조리할 때 식품의 내부 온도는 온도계를 사용해서 측정한다.
- 튀김기와 레인지, 오븐을 청소하고 소독할 때 정해진 절차를 철저히 따른다.

## 2. 위생 훈련 프로그램의 계획

### (1) 훈련자는 위생 훈련의 전 과정을 이해한다.

훈련의 과정은 훈련을 실시하는 사람(훈련자)이 알고 있는 정보를 배우는 사람(훈련생)에게 이전하는 기술이다. 훈련자는 적절한 위생절차와 이유에 대해 반드시 알고 있어야 한다.

훈련과정은 훈련생에게 ① 배우고 싶은 동기를 유발하도록 자극하여 훈련의 필요성을 인식시키고, ② 지식(무엇을, 어떻게, 왜)을 습득하도록 하여 ③ 배운 것을 실습해 보며, ④ 업무에서 실행하여 그 결과에 따라 훈련 수료증을 주는 등의 포상과정을 포함한다.

## (2) 위생 훈련 방법을 선택한다.

위생 훈련 방법은 크게 개별 훈련과 집단 훈련으로 나눌 수 있다. 훈련 방법의 선택은 훈련 대상자의 수와 비용 등에 따라 달라지는데, 훈련생이 가장 신속하고 정확하게 배울 수 있는 방법을 선택하는 것이 관건이다. 그러나 어떤 훈련방법이든 단기간의 집중적인 훈련은 효과가 떨어질 수 있는데, 이는 계획이 불충분할 수 있고 지속적인 결과를 얻을 수 없기 때문이다.

### 1) 개별 훈련

신규 식원을 훈련시키거나 한두 사람을 재훈련시킬 필요가 있을 때 주로 사용한다. 이 방법은 전임자에게 후임자를 배정하여 훈련시키거나, 신규 조리원을 조리책임자에게 배정해 하루의 전 과정을 따라다니면서 배우게 하는 것이다. 특별한 상황과 업무, 훈련생의 수준이나 경력에 맞게 훈련시간이나 내용을 조정할 수 있다. 그리고 훈련을 업무장소에서 실시할 수 있어 별도의 장소가 필요 없고, 훈련생의 발전과정을 관찰할 수 있으며, 의문사항에 대한 응답이나 시범을 직접 보여줄 수 있어서 좋다. 그러나 위생에 대한 기본 지식이 없는 신규 조리원이 시범을 보이는 조리원에게 위생적으로 좋지 않은 행동이나 습관을 배울 수 있다. 그러므로 잘 훈련된 경력 있는 조리원이 훈련을 실시하도록 한다.

### 2) 집단 훈련

많은 수의 조리원을 대상으로 할 경우 사용한다. 강의, 토론, 역할극 등의 방법을 이용할 수 있으며, 비디오나 다른 시청각 교재를 사용하여 흥미를 유발할 수 있다. 그러나 훈련을 개별화할 수 없어서 훈련생에 따라서는 내용을 모두 습득하지 못하는 경우가 있다. 그러므로 이 훈련은 전 급식종사자에게 필요한 경우에만 실시한다.

### 3) 훈련 방법의 적용

훈련 방법은 훈련 목적에 따라 몇 가지를 섞어 사용할 때 더 효과적일 수 있다.

- 비디오를 본 뒤 그룹 토의를 한다.
  예 : 식중독 발생과 잘못된 음식 처리에 대한 비디오를 본 후, 질의 응답하는 시간을 갖고 문제점을 토의한다.
- 가장 좋은 절차의 시범을 보이고 훈련생이 실행해 보도록 한다. 훈련자는 시범을 보일 때 중요한 점을 설명하고, 훈련생이 실행해 보일 때 절차를 제대로 따라 하는지 관찰한다.
  예 : 작업대의 청소, 소독절차

- 작업 시 지켜야 할 절차나 방법을 간단하고 이해하기 쉽게 써서 각 작업장소에 붙인다.
  예 : 배식할 때 잘 볼 수 있는 곳에 위생적인 음식의 보관(보온, 보냉)절차와 공급방법을 써 놓는다.

### (3) 훈련 자료를 선정한다.

책자, 그림, 도표, 포스터, 슬라이드, OHP, 영화, 비디오를 함께 사용하여 훈련효과를 높일 수 있다. 그러나 이러한 자료들을 모든 훈련 프로그램에 사용하지는 못한다. 왜냐하면 이런 자료만 가지고 필요한 내용을 다 습득할 수는 없기 때문이다. 자료를 제시할 때 먼저 그 목적에 대해 설명하고, 토론이나 시범을 함께 사용하여 훈련 효과를 높인다.

각 자료는

① 출처가 확실한 것으로 정확한 내용을 담고 있고,

② 훈련 목적에 맞고, 훈련자와 훈련생 모두가 사용하기에 적절하며,

③ 훈련생의 흥미를 유발할 수 있는 것으로 선정한다.

### (4) 강사를 선정한다.

급식소의 사정을 가장 잘 알고, 위생에 대한 최종 책임이 있는 급식관리자가 대개 훈련자의 역할도 담당한다. 만약 다른 강사를 선정할 경우에는 위생에 대한 전문 지식이 있고, 급식소의 사정을 잘 아는 사람으로 한다.

주로 훈련생의 직속 상관, 전문 훈련자, 관계 당국의 식품위생담당자를 훈련 강사로 선정할 수 있다.

### (5) 위생 훈련 계획표를 작성한다.

위생 훈련을 계획할 때에는 우선순위를 정한다.

예를 들어 신규 직원 또는 업무가 바뀐 직원의 훈련과 전 직원을 대상으로 한 일반적인 위생과 안전에 대한 재교육 중 먼저 할 훈련을 정하는 것이다.

계획표에는 주(主) 훈련 계획표, 오리엔테이션, 재훈련 계획표 등이 있다. 기본 계획표를 짜 놓고 실시하되 특별한 상황이 생기면 조정하도록 한다【표 11-3】. 훈련시간은 30분 정도가 가장 좋으며, 훈련 내용에 따라 10분에서 1시간 30분까지도 조정 가능하다. 훈련 홍보는 개별 통지서나 포스터로 훈련 날짜, 시간, 장소, 주제, 대상을 적어 사전에 훈련이 있음을 알린다. 훈련

시간은 근무 도중 바쁘지 않은 시간, 작업이 시작되기 전이나 다 마친 후가 좋다. 장소는 개별 훈련이나 소수를 대상으로 한 시범이 필요한 훈련일 경우에는 업무 장소에서 실시할 수도 있다. 집단 훈련은 좌석 수가 확보되고 필기가 가능한 곳을 선택하는 한편, 시청각 자료를 사용할 경우에는 암막시설이 있는 곳을 선택한다. 또한, 교육 내용에 따라 좌석을 배치한다.

이 외에 관리자가 개인별 훈련 계획표를 짜두면

① 훈련을 체계적이며 계획적으로 실시할 수 있고,

② 누구에게 어떤 작업을 언제까지 지도해야 하는지 알기 쉬우며,

③ 개인별 작업능력을 한눈에 파악할 수 있다.

**표 11-3** **연간 훈련 계획표의 예**

| 월별 | 교육주제 | 강의자 |
|---|---|---|
| 1 | ○○○○년 위생 훈련의 기본방향 및 중점 사항 | 영양과장 |
| 2 | 올바른 식품의 저장법(건저장과 냉장저장을 중심으로) | ○○○ |
| 3 | 식품의 냉동저장과 올바른 해동법 | ○○○ |
| 4 | 음식의 조리와 공급 시의 위생 | ○○○ |
| 5 | 식중독 I | ○○○ |
| 6 | 식중독 II | ○○○ |
| 7 | 해충의 예방의 구제 | ○○○ |
| 8 | 식기의 올바른 세척과 소독 | ○○○ |
| 9 | 시설과 설비의 청소 | ○○○ |
| 10 | 안전사고의 방지와 대책 | ○○○ |
| 11 | 소방안전교육 | 안전관리자 |
| 12 | ○○○○년도 위생 훈련 프로그램에 대한 평가 | ○○○ |

**개인별 위생 훈련 계획표(배식원)** **훈련자 : ○○○**

100% 숙련 75% 숙련 50% 숙련 25% 숙련 완전 미숙련 * ; 훈련 예정 일자

## 3. 위생 훈련의 실시

어떤 훈련이든지 단순한 것이 좋다. 훈련이 완벽하게 되려면 훈련자가 어떤 질문에도 능숙하게 대답할 수 있게 내용을 숙지하도록 해야 한다【표 11-4】~【표 11-9】. 그렇지 못하면 교육 내용이 정확하게 전달되지 않거나 훈련의 신뢰성이 떨어지기 쉽다.

**표 11-4** 개별 훈련을 위한 교안의 예

| 훈련 주제 | 식품 내부 측정용 온도계 사용법 |
|---|---|
| 훈련 목적 및 기준 | 1. 식품 조리 시 내부 온도를 측정해야 하는 음식 종류를 안다.<br>2. 식품 내부의 온도를 정확하게 측정, 기록하는 방법을 안다. |
| 준비물 | • 식품 내부 측정용 온도계<br>• 소독액<br>• 내부 온도를 측정하려는 음식(예: 닭오븐구이, 생선오븐구이, 미트로프 등) |
| 훈련 장소 | 예 : 전기오븐 앞(사전에 식단을 확인하여 육류, 가금류, 생선으로 조리하는 음식이 만들어지는 시간과 장소를 알아둔다). |

| 주요단계 | 세부적인 처리요령 | 비고 |
|---|---|---|
| 1. 온도계 케이스에서 온도계를 꺼낸다. | | |
| 2. 온도계의 꽂는 부분을 소독액에 담갔다 꺼낸다. | | |
| 3. 측정하려는 음식에 꽂는다. | 육류, 가금류, 생선류 음식의 가장 두꺼운 곳 | |
| 4. 온도와 시간을 기록한다. | 온도계의 숫자가 천천히 움직일 때까지 기다린 다음 15초 후에 HACCP 일지에 기록 | |
| 5. 온도계를 소독액에 담근다. | | |
| 6. 3~5의 과정을 내부 온도가 기준치 이상 올라갈 때까지 반복하여 온도를 측정한다. | 내부 온도가 73.9℃ 이상으로 올라간 것을 확인할 때까지 여러 부위를 측정 | |
| 7. 온도계를 씻고 소독하여 건조시킨다. | | |

### 표 11-5 개별 훈련 과정의 예

① 무엇을 배울 것인가, 왜 이것을 배우는 것이 중요한가를 설명한다.
② 교육 자료를 주거나 보여준다.
③ 단계와 절차를 시범해 보인다.
④ 질의 응답 시간을 가진다.
⑤ 훈련생이 실습해 보도록 한다.
⑥ 훈련자가 실습한 것에 대한 의견을 말한다.
⑦ 교육 자료를 검토하고, 다시 시범을 보인다.

### 표 11-6 훈련 방법 중 강의를 성공적으로 이끌기 위한 요령

① 강의 내용(위생의 중요성과 이유, 위생적인 작업 실행에 필요한 모든 절차)을 확실히 알아야 한다. 강의의 요점을 정리해 놓고, 자신 있게 설명할 수 있을 때까지 연습한다. 시청각 교재를 사용할 경우에는 순서가 섞이지 않도록 준비하고 기계의 작동상황도 미리 확인한다.
② 강의 도중에 듣는 사람과 눈길을 계속 맞춘다.
③ 대화하듯이 편한 분위기를 만든다.
④ 강조해야 할 때에는 목소리의 톤을 바꾸고, 메모가 가능하도록 너무 빨리 말하지 않는다.
⑤ 쉬운 말을 사용한다.
⑥ 훈련생의 모든 의견에 정중하게, 빨리, 솔직하게 답변한다. 참 좋은 질문이라고 격려도 해준다.
⑦ 강의 도중 자주 질문하여 훈련생 스스로 설명해 보는 기회를 준다.
⑧ 강의 내용을 이해하지 못하거나 흥미가 없어 지루해하는 경우에는 흥미를 가질 수 있는 다른 방법을 사용한다.
⑨ 강의는 짧게 하고, 계획된 시간에 시작하고 끝낸다. 강의 내용은 위생과 관련된 훈련생의 특정 업무와 연관시켜 한다. 강의의 범위가 너무 넓으면 실제로 필요한 절차를 하지 못한다.

### 표 11-7 훈련생의 동기 유발 방법

① 재미있는 교재를 사용한다. 예를 들어 이번 강의에 슬라이드를 사용했다면 다음에는 역할 연기나 시범을 보이고, 그 다음에는 비디오를 시청한다. 창의적으로 게임이나 퀴즈, 관련된 노래를 만드는 등 여러 가지 프로그램을 계획해 본다.
② 훈련생 개개인에게 이야기하는 것 같은 기분을 주고, 그들의 의견에 흥미가 있음을 보인다.
③ 훈련 프로그램의 성취도를 높이기 위해 훈련 과정을 도표로 만들어 개별적으로 이수과정을 표시하고, 훈련이 끝나면 훈련 수료증을 준다.
④ 훈련 중 훈련생의 협조를 최대한 구한다.

표 11-8 강의식 위생교육(훈련) 교안의 예

## 위생교육교안

시행일자 : OOOO년 O월 O일 2:00(AM/PM)
장소 : 시청각실
작성자(강사) : OOO

| 교육 주제 | 세균성 식중독의 원인과 예방 | | |
|---|---|---|---|
| 교육 목적 | • 세균성 식중독의 발생 원인을 안다.<br>• 식중독을 예방하기 위해 지켜야 할 수칙을 이해한다. | | |
| 단계 | 교육 내용 | 시간 | 교육자료 및 준비물 |
| 도입 | 최근 발생한 식중독의 사례를 이야기한다. | 5분 | 마이크 |
| 전개 | • 식중독의 원인과 예방에 관한 슬라이드 자료를 본다.<br>1. 식중독의 발생현황<br>2. 식중독의 발생원인<br>3. 식중독의 종류, 증상, 주된 전파경로(관련 식품)<br>4. 식중독의 예방수칙<br>• 도입 부분에서 이야기한 사례를 적은 궤도를 제시하고, 어느 부분에 문제가 있었는지 지적해 보도록 한다. | 30분<br>10분 | 슬라이드 60장<br>('식중독의 예방' 보건복지부)<br>녹음기<br>궤도자료 ①<br>'식중독의 사례' |
| 정리 및 강조 | 식중독의 예방을 위해 지켜야 할 수칙을 정리하여 강조한다. | 5분 | 궤도자료 ②<br>'식중독의 예방수칙' |

### 궤도자료 ①

#### ♣ 사례 이야기

○○○○년 ○월 ○일 서울에서 코펜하겐까지 운항하는 비행기에 탑승한 승객들은 아침식사로 오믈렛, 햄, 요구르트, 빵, 버터, 치즈를 먹었다. 식사 후 2시간이 지나자 승객들은 설사, 구토, 복통, 메스꺼움 등을 호소하였다.

아침식사는 앵커리지의 한 급식업체에서 공급한 것인데, 3명의 조리사가 햄을 하루 전날 조리해 냉장고에 보관했다. 그 다음날 오믈렛을 만드는 동안 한 조리사가 햄을 선반 위에 올려 놓았으며, 햄은 오믈렛을 만드는 6시간 동안 상온에 놓여 있었다. 아침 식사는 오전 7시 30분 비행기 내에 실려 저장되었고, 음식을 공급하기 전에 오븐으로 데워서 공급했는데, 이로 인해 많은 승객들에게 식중독이 발생하였다. 이 식중독의 원인은 요리사가 상처가 나서 염증이 생긴 손으로 햄을 다루어 포도알구균 식중독이 발생한 것으로 밝혀졌다.

#### ♣ 문제점

식중독의 원인은 포도알구균에 감염된 햄을 음식물이 상하기 가장 쉬운 온도인 10~21.1℃ 사이에 장시간 놓아두었기 때문이다. 포도알구균 독소는 일반적인 조리온도에서 쉽게 제거되지 않으므로 가장 쉬운 관리방법은 그 발생시초를 막는 것이다.

관리법 : ① 상처로 오염된 종업원이 음식을 다루는 일이 없도록 하며, ② 음식을 상하기 쉬운 온도에서 4시간 이상 방치하지 않도록 한다면 이 식중독은 예방할 수 있다.

### 궤도자료 ②

#### ♣ 식중독 예방수칙

**1. 청결의 원칙**
- 손 씻기, 개인의 위생을 철저히 지킨다.
- 식품을 위생적인 처리 기준에 맞게 취급한다.
- 주방 내 청결을 유지한다.
- 해충 예방에 힘쓴다.

**2. 가열의 원칙**
- 음식물 조리 시 식품의 내부 온도는 74℃ 이상으로 한다.

**3. 신속의 원칙**
- 조리 후 2시간 이내에 소비하고, 식품을 4시간 이상 방치하지 않는다.
- 냉장 보관은 4℃ 이하, 온장 보관은 60℃ 이상에서 한다.

표 11-9 위생교육일지(보고서)의 예

| 위 생 교 육 일 지 | 담당자 | 과장 | (기관)장 |
|---|---|---|---|
| | | | |

| | |
|---|---|
| 교육주제 | 세균성 식중독의 원인과 예방 |
| 교육일시 | ○○○○년 ○월 ○일 2:00~3:00(AM/PM) |
| 교육장소 | 시청각실 |
| 교육실시자 | 직위 : 영양실　　성명 : ○○○ |
| 참석자 | 45명 중 8명(불참자 : ○○○, □□□, ×××, …) |

**교육내용 :** 1. 세균성 식중독의 발생상황
2. 세균성 식중독의 발생원인
3. 식중독의 종류, 증상, 주된 전파경로
4. 식중독의 예방수칙

건의사항 및 특기사항 : 교육 세부 사항은 교안 및 슬라이드 자료 참조

**차기 교육 계획 :** 일시 : ○○○○년 ○월 ○일 ○시(AM/PM)
장소 : 회의실
교육주제 : 해충의 예방의 구제
강사 : ○○○ 영양사

## 4. 위생 훈련 결과의 평가

훈련 결과에 대한 평가는 단순히 훈련생들이 흥미있어 했는지에 초점을 맞추기보다는 훈련에 소비한 시간과 비용을 훈련을 통하여 얻게된 이익(식중독, 안전사고의 감소로 인한 비용절감 효과 등)과 비교해 보는 구체적인 평가까지도 포함해야 한다.

훈련 프로그램이 끝난 후 급식관리자는 다음을 평가한다.

- 훈련이 업무를 실행하는 데 효과적으로 반영되고 있는가?
- 만약 원하는 결과가 나오지 않았으면 원인은 무엇인가?

훈련생 개개인의 훈련 결과는 대개 두 가지 방법으로 평가할 수 있다. 하나는 간단한 시험으로 훈련생의 이해 수준을 측정하는 것이며, 또 하나는 업무의 실행도를 급식관리자가 관찰하는 것이다. 계속적으로 관심을 보이며 실행을 잘할 경우 격려하고 게시판에 진보상황을 도표로 그려 포상함으로써 훈련을 성공적으로 강화할 수 있다.

## ♣ 조리원

① 조리원들은 일하는 장소에서 일어날 수 있는 위험에 대해 잘 알고 있는가?
② 조리원들은 슬라이서처럼 위험성이 있는 기구를 조작할 때의 주의사항을 교육받았는가?
③ 조리원들은 뜨거운 기구를 잡을 때 패드장갑 등의 보호용구를 사용하는가?
④ 조리원들은 발이 보호되고 미끄러지지 않는 신발을 신고 있는가?
⑤ 조리원들은 믹서(mixer), 커터(cutter), 그라인더(grinder), 팬(fan) 등의 기기에 끼어 들어가지 않도록 디자인된 옷을 입고 있는가?
⑥ 각 근무조에서 응급처치를 훈련받은 조리원이 있는가?

## ♣ 화재방지기구

① 화재가 발생하기 쉬운 장소에 소화기 및 소화전이 위치하고 있는가?
② 소화기 및 소화전이 잘 보이는 곳에 있는가?
③ 소화기 및 소화전이 화재를 진압하기에 적당한 크기인가?
④ 소화기는 주기적으로 점검하는가?
⑤ 스프링클러(sprinkler)나 자동경보장치가 설치되어 있으며 주기적으로 점검하는가?
⑥ 모든 화재 방지 기구가 소방당국에 의해 허가·검사받은 것인가?

## ♣ 바닥

① 바닥은 안전한가?
  – 부서지거나 손상되어 사람이 걸리거나 넘어질 위험은 없는가?
② 쏟은 국물이나 음식 부스러기는 즉시 치우는가?
③ 자주 젖어 있거나 사람이 많이 다니는 곳에 미끄러짐을 방지하는 매트가 깔려 있는가?
④ 미끄러짐을 방지하기 위해 작업 중간마다 청소하는가?
⑤ 배수로에 격자 모양의 덮개가 있는가?
⑥ 모든 카펫은 걸려 넘어지지 않도록 안전하게 고정시켜 놓았는가?

# 현장 위생교육사례

## 1. 위생관리의 개념

① 위생의 정의

- 식품으로 인한 위생상의 위해 방지
- 식품의 재배부터 최종적으로 소비자가 섭취할 때까지 모든 단계에 걸친 위생관리

② 위생의 중요성

③ 깨끗함과 위생의 차이

## 2. 기본위생

### 1) 개인위생

**① 건강검진**

- 연 1회(병원의 경우 6개월마다)
- 보건소나 지정병원에서
- 각 급식점에서 보관
- 건강관리표에 명단 및 재검일 관리

**② 개인위생관리**

- 화농성 질환, 설사나 발열, 동거자 중 법적 감염병 또는 감염병 보균자 발견 시에는 점장에게 알리고 조리작업 금지
- 모든 장신구(시계 포함)는 제거
- 규정된 유니폼 착용

**③ 올바른 손 씻기**

- 구비해야 할 비품

세면대　　손톱 브러시　　페달 휴지통
비누 + 손소독액
에어드라이어 또는 종이수건

– 반드시 손을 씻어야 할 때

- 조리장에 들어가서 작업에 임하기 전
- 오염된 작업 후
- 전화기나 비위생적인 기구를 만졌을 때
- 몸에 난 상처나 신체의 일부분을 만졌을 때
- 담배를 피운 후
- 작업에 임하기 전
- 배식 전

## 올바른 손 씻기 방법

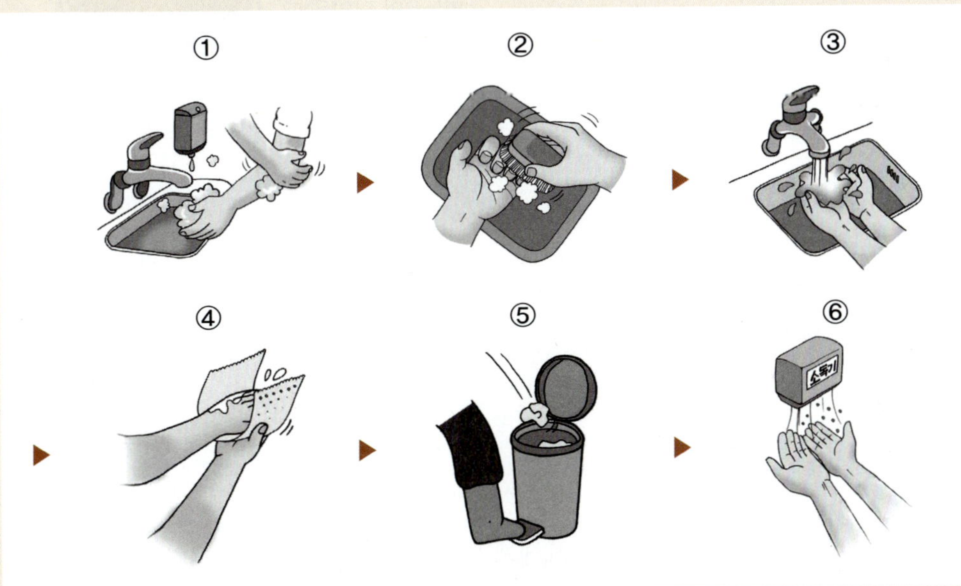

## 손 씻기의 효과

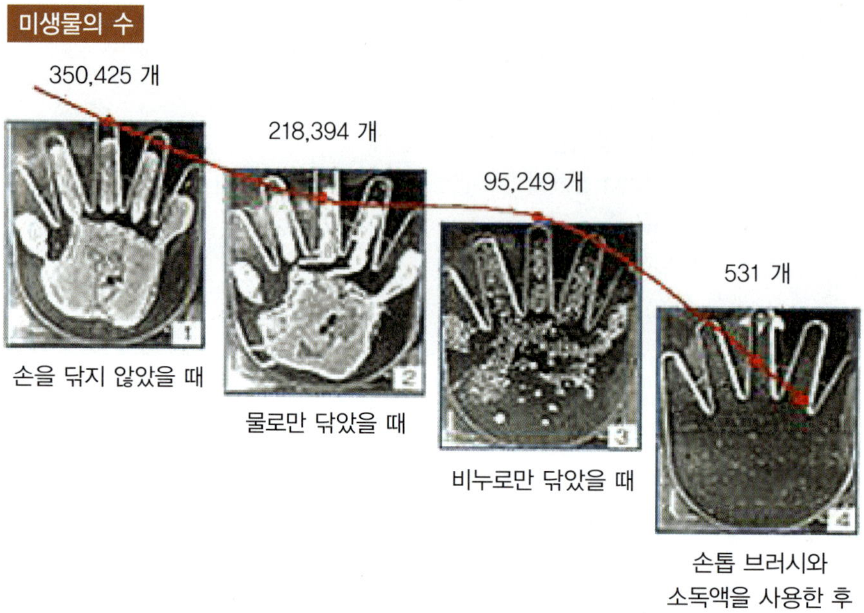


### ④ 환자 발생 시

- 구급상자의 구비

소독약　지혈제　화상약
일회용 밴드　고무골무

- 상처 처리 시 : 사용 전에 책임자에게 알리고
  → 사무실에 비치된 구급상자를 이용
  → 일일위생안전점검일지에 기록

소독 → 일회용 밴드 → 고무골무
→ 면 + 위생장갑 착용
→ 조리나 배식작업에서 배제

– 중한 상처 및 안전사고 발생 시

→ 1차 임시조치 후 병원 후송

→ 인사노무/위생안전파트에 보고

## 3. 식재와 상품위생

### 1) 검수실시

|  |  |
|---|---|
| 배송차량온도 | 냉장, 냉동상태로 운반 여부, 청결상태 확인<br>배송차량 온도 확인 후 기록(동절기 1회/월, 하절기 2회/월) |
| ▼ | |
| 하역·운반 | 팔레트 위에 식재 보관 |
| ▼ | |
| 검수 기록 | 검수일지(수기기록용) 출력 후 수기기록<br>냉장·냉동 식재 2~3품목의 내부·표면온도 체크 후 기록 |
| ▼ | |
| 조치·보관 | 반품 및 교환 여부 결정<br>표시기준에 맞는 장소에서 보관 |

### 2) 저장지침

| 구분 | 지침 | 기준 |
|---|---|---|
| 일반건조저장 | – 최소 15cm 이상 바닥과 떨어질 것<br>– 환풍이 잘 되어야 함<br>– 해충의 징후가 없어야 함 | 10~20℃ |
| 저온저장 | – 온도 확인 후 기록할 것<br>– 직사광선을 피할 것 | 상대습도 50~60%<br>: 일 1회 확인·기록 |
| 냉장저장 | – 짧은 시간 동안 식품을 보관<br>– 선반에 녹이 슬면 안 되며 물이 떨어지지 않도록 함 | 4℃<br>: 일 3회 확인·기록 |
| 냉동저장 | – 장기저장 및 식품의 특성상 냉동보관<br>– 결빙되어 성에가 끼지 않도록 관리<br>– 용량을 초과하지 말 것(70% 이하)<br>– 해동된 식품은 재냉동 금지 | –18℃<br>: 일 3회 확인·기록 |

※ 주방 내의 온·습도는 일 1회 확인 후 기록하도록 한다.

### 3) 우선사용 지침

• 채소류, 어육류 등 ⟶ 선입선출 원칙(FIFO)

• 공산품, 절임류 등 ⟶ 유통기한 우선사용 원칙(FIFO)

### 4) 전처리 · 조리

|  |  |
|---|---|
| 씻기 | 3회 이상 세척 |
| ▼ | |
| 다듬기 | 흙, 이물질 |
| ▼ | |
| 녹이기 | 냉장고에서 3일, 흐르는 물에서 4시간 |
| ▼ | |
| 소독하기 | 듀오크린 50배, 2회 이상 헹굼 |
| ▼ | |
| 자르기 | 식자재별 도구를 사용하여 자르기 |
| ▼ | |
| 반죽하기, 모양 만들기 | 위생장갑/고무장갑 착용, 맨손 금지 |
| ▼ | |
| 끓이기, 볶기, 삶기, 굽기, 튀기기 | 중심온도 확인(75℃ 이상, 1분) |
| ▼ | |
| 식히기 | 위험온도대에서 4시간 이내 |

세균의 증식온도와 속도

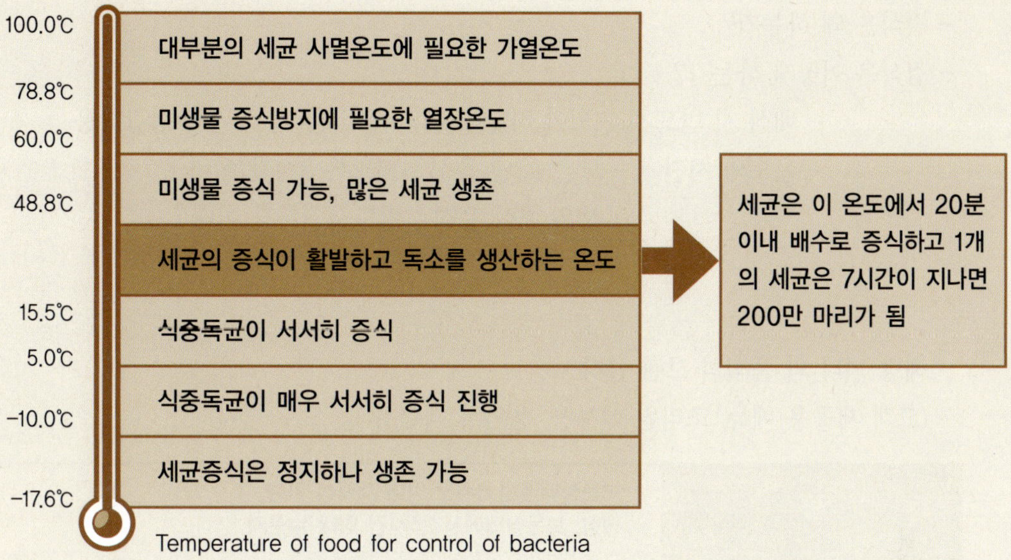


Temperature of food for control of bacteria

## 5) 보존식

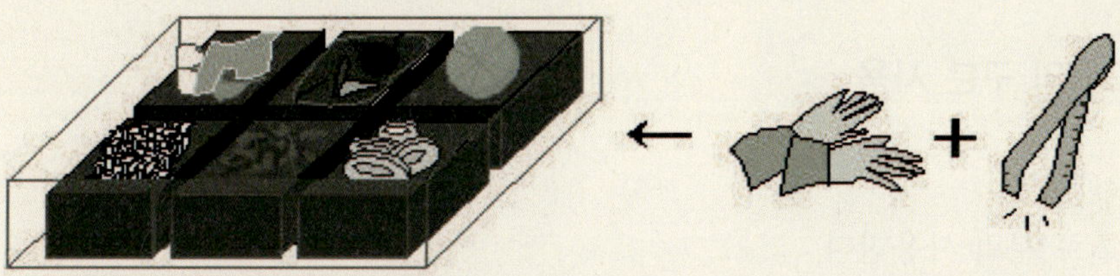

- 목적 : 위생사고 발생 시 원인을 정확하게 규명할 수 있는 유일한 증거물
- 보관 : 냉장고에서 72시간(폐기일이 휴일인 경우 그 기간만큼 연장)
- 방법 : 달걀 하나의 무게 또는 부피만큼(약 50~60g 정도)

### 6) 검식 및 배식

- 검식은 왜 하는가?
- 검식은 어떻게 하는가?
    - 배식 시 반드시 지켜야 하는 것은? : 올바른 손 씻기와 장갑착용
    - 온도와 시간 – 보온·보냉 음식 : 되도록 3시간 이내
        - 상온 배식 음식 : 반드시 3시간 이내

### 7) 잔식 관리

- 해당 끼니 외 음식의 보관 금지
(고객 제공용 메뉴, 조리원 식사용, 용역사 제공용 등 모두 금지)

| | |
|---|---|
| 밥 | 보온상태에서 8시간 이내 재배식 가능<br>냉장, 보온상태에서 24시간 이내 누룽지 |
| 김치 | 대면배식 후 바트에 남은 김치류를 가열조리 후 재사용<br>예: 김치찌개, 김치전, 김치볶음 등 |
| 보관 가능한 일부 메뉴 | 절임류, 젓갈류, 제조된 소스류 등 |

## 4. 조리도구의 구분 사용

### 1) 칼, 도마

- 색깔별로 분리 사용한다.

빨강 – 육류

초록 – 채소

파랑 – 생선

흰색 – 조리된 음식

## 2) 식재 용기, 덮개

| 구분방법 | 채소 및 완제품용(생식재용) | 가열 전 어·육류용 |
|---|---|---|
| | - 용기의 색, 모양, 크기 등으로 구분하는 방법<br>- 동일한 용기라면 케이블타이, 아크릴 등으로 구분 | |
| 사례 |  |  |

## 3) 싱크조

채소전용, 육류전용, 생선전용 싱크조로 구분 사용하는 것이 원칙이나 통상 식재의 사용량에 따라 크게 2종으로 나누어 사용한다.

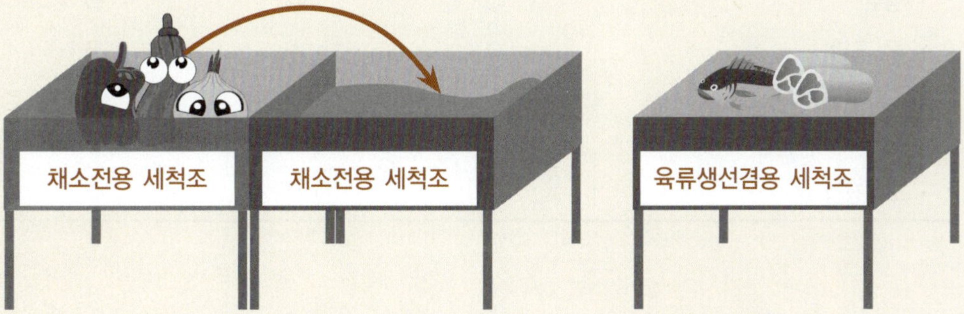

### 4) 고무장갑

| 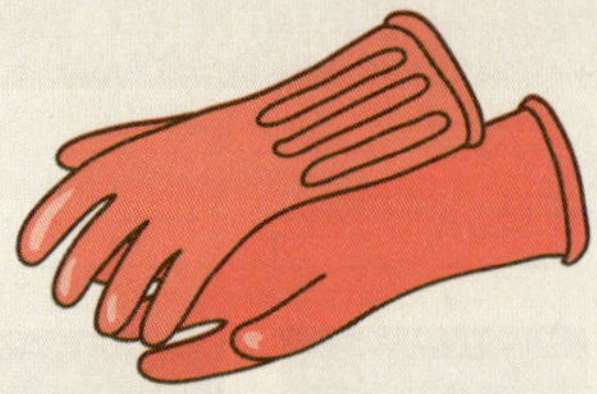<br>적색 고무장갑 | 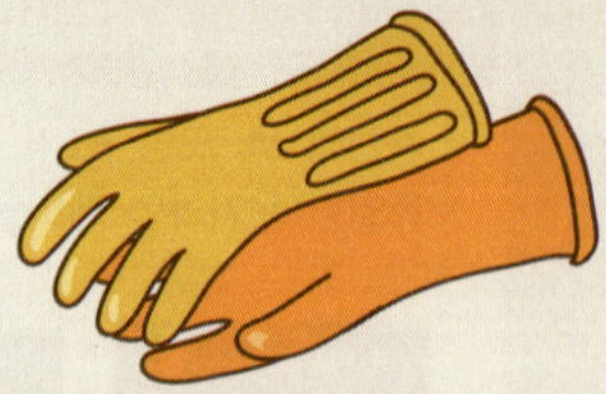<br>노란색 고무장갑 |
|---|---|
| 채소, 어육류 전처리 시<br>1차 세척 시<br>청소 시<br>세정 시 | 세척완료 시<br>세척 후 커팅 시<br>조리 시<br>세정 후 그릇 정리 시 |

## 5. 외부인 관리/화장실 이용 시

- 외부인 방문 시 가운, 모자, 신발을 착용 후 주방에 출입한다.
- 화장실 출입 시 화장실 전용 신발을 착용한다.
- 탈의실은 항상 정리정돈하고, 외·내부용 고무장화를 구분 보관한다.

## 6. 청소 소독 관리

| 조리기구 세척 소독 | 열탕소독 | 약품소독 | 자외선소독 |
|---|---|---|---|
| • 행주 | ◎ | ◎ | ◎ |
| • 칼, 도마 | ○ | ◎ | ◎ |
| • 조리도구 | ○ | ◎ | ◎ |
| • 식기, 수저, 물컵 | ○ | ○ | ○ |
| • 고무장갑 | ○ | ○ | ○ |

| 시설설비의 청소관리 | 청소주기 | 청소방법 |
|---|---|---|
| • 작업대 | 매 작업 후 | 세제로 닦은 후 소독분무 |
| • 트렌치, 후드, 기름받이 | 매일 | 세제로 닦음 |
| • 바닥 | 매 작업 후 | 건조구역은 물 사용 자제 |
| • 냉장·냉동고 | 주 1회 | 재고 최소화 → 전원 off → 청소 |

## 7. 마무리

① 개인위생 - 본인의 건강관리, 올바른 손 씻기

② 조리도구 구분 사용

③ 세균은 50~60℃ 온도에서 빠르게 증식되며 대부분의 균은 75℃ 이상에서 사멸하므로 온도 확인 및 관리가 중요하다.

현장실무에서 관리자들이 꼭 알아야 할 NCS 기반 **식품위생관리**
Essentials of Safety & Sanitation for Foodservice Employees

1. 안전에 대한 조사
2. 사고의 원인
3. 사고 방지 프로그램
4. 급식소에서의 사고 방지
5. 위급사태에 대한 조치

# 위생 및 안전총괄 | 12
# (안전관리)

# 12 위생 및 안전총괄 (안전관리)

'사고'란 예기치 않았던 사건으로 그 결과는 신체적인 손상, 물질적 피해, 경제적인 손실로 나타난다.

## 1. 안전에 대한 조사

다른 곳에서 발생한 사고의 예를 참조하거나 예가 없을 경우에는 조리원들의 의견을 수렴하여 사고가 자주 발생하는 원인을 조사한 다음 작업환경을 개선하거나 교육을 실시한다. 사고의 예방이 가장 중요하지만, 만일 사고가 발생하면 원인과 경과를 면밀히 분석하여 사고보고서를 작성하고 위험요소를 개선하도록 한다.

무엇보다도 급식관리자는 작업상황과 환경을 관찰하여 안전하지 못한 행동이나 환경을 발견했을 때 즉시 교정하도록 조치를 취해야 한다.

안전점검표를 만들어 점검하는 것도 사고의 예방을 위해 도움이 될 수 있다.

## 2. 사고의 원인

사고의 원인에 대한 분류는 다음과 같다【표 12-1】.

**표 12-1** 사고의 원인

**사람으로 인한 것**

- 안전하지 못한 조건이 조성된 경우
  - 사다리 대신 박스를 밟고 올라감
  - 바닥에 기름기 있는 국물을 쏟고 그대로 방치
- 위험을 알고도 무시하고 진행함
  - 맨손으로 깨진 유리를 잡음
  - 무거운 짐을 보조기구나 다른 사람의 도움 없이 들어 올림
  - 고기를 육류분쇄기에 넣을 때 기구 대신 손으로 밀어 넣음
- 작업을 할 때 주의를 하지 않는 경우
  - 서로 부딪힘
  - 서랍이나 문에 손을 넣고 닫음
- 안전하지 않은 행동을 하는 경우
  - 칼을 비눗물이 담긴 싱크에 넣어 둠
  - 레인지 위 냄비의 긴 자루가 길목에 나와 있음

**환경으로 인한 것**

- 건물의 설계, 모양
  - 가파르고 좁은 계단
  - 미끄러운 바닥재료
- 기구와 장비
  - 보호장치가 없는 슬라이서
  - 복잡한 설비 설치
  - 좁은 통로

### 배식공간과 식당

1. 배식대와 식탁의 가장자리는 부서진 곳이 없는가?
2. 모든 식기는 금이 가거나 이가 빠진 곳이 없는지 정기적으로 조사하는가?
   파손된 그릇이나 조각이 안전한 방법으로 폐기되는가?
3. 배식대는 음식을 나르거나 가져갈 때, 서로 부딪히지 않도록 잘 배치되었는가?
4. 천장은 견고하며, 보수가 쉬운가?
5. 식탁과 의자는 수리가 잘 되는가?

### 출입구

1. 복도와 문은 청결하게 유지되고 보수되는가?
2. 모든 출입구는 내부에서 열쇠 없이 열리도록 되어 있는가?
3. 출입구는 위험한 구역을 통과하지 않도록 되어 있는가?
4. 출입구는 가는 통로가 잘 설계되어 있으며, '출입구' 라는 표시가 명확하게 되어 있는가?
5. 출입구로 가는 통로에 기기나 기구가 놓여 있지는 않은가?
   기기나 운반 카트가 잘 통과될 수 있는가?
6. 문은 사고가 날 수 있는 통로 쪽으로 움직이지 않도록 되어 있는가?

### 계단, 경사로, 사다리

1. 계단과 경사로는 확실하게 표시되어 있으며, 밝은가?
2. 계단에는 미끄러짐이나 낙상을 방지하는 마찰장치가 되어 있는가?
3. 계단에 손잡이 난간이 설치되어 있는가?
4. 넓은 계단에는 가운데 손잡이 난간이 설치되어 있는가?
5. 계단은 견고한가?
6. 경사로의 경사는 안전한 각도인가? 너무 가파르지 않는가?
7. 사다리는 자주 점검하는가?
8. 사다리의 밑은 미끄러지지 않는 장치가 되어 있는가?

### 환기

1. 검수장소, 창고, 식기 세척구역, 냉장·냉동고 주변이 적절히 환기되고 있는가?
2. 모든 팬에는 보호망이 설치되어 있는가?
3. 가스를 사용하는 기기는 구멍이 막히거나 가스가 새지 않는가?

### 전기기구

1. 표준 규격에 맞는가?
2. 전기기사에 의해 전기기구와 전선이 정기적으로 점검되고 있는가?
3. 스위치는 응급상황에서 쉽게 작동시킬 수 있는가?
4. 스위치는 조리원들이 손으로 잡을 때 금속부분이 닿지 않도록 되어 있는가?
5. 코드는 꼬이거나, 금이 가거나, 낡지 않았는가?
6. 전기기구는 방수장치가 되어 있는가?
7. 바깥에 설치된 전기기기는 비바람에 잘 견디는 코드나 플러그로 되어 있는가?
8. 물에 젖어 있는 구역은 전기기구를 두지 않도록 되어 있는가?
9. 전기기기의 코드는 연결코드를 쓰지 않아도 될 정도로 충분한 길이인가?
10. 모든 스위치와 접속상자, 콘센트 등은 덮개가 있는가?
11. 모든 코드와 플러그로 연결된 기기는 접지가 되어 있는가?

### 조명

1. 조명은 모든 구역에 적절한가?
2. 전구, 형광등은 덮개로 보호되어 있는가?
3. 조리구역, 환기후드 등은 내열성 조명기기로 되어 있는가?

### 온수

1. 온수의 온도는 세면대나 싱크대에서 적당히 조절할 수 있으며 화상을 방지하기 위하여 냉·온수가 한 꼭지로 나오는가?
2. 천장의 파이프나 붙박이시설이 낮아 머리가 부딪히지는 않는가?

### 검수구역

1. 모든 물품을 저장할 충분한 공간이 있는가?
   바닥이나 문 뒤, 복도, 계단 등에 보관된 것은 없는가?
2. 선반은 물품의 무게를 견디기에 충분한가?
3. 무거운 것은 아래에, 가벼운 것은 위에 보관하는가?
4. 높은 곳에 있는 물품을 꺼내거나 넣기 위한 사다리나 받침대가 있는가?
5. 이동 가능한 저장랙이나 고정랙은 안전한가?
   깨지거나 뒤틀린 선반은 없으며, 다리가 견고한가?
6. 냉장실은 안에서 열고 나올 수 있으며, 조명 스위치가 안에 있는가?

**위험물질**

1. 독성물질이나 위험물질을 적절히 보관하고 취급하는가?
2. 조리원들은 위험물질을 알고 있으며 취급기준에 따라 주의하여 다루는가?
3. 가연물질이나 인화물질은 적절하게 보관되는가?
4. 압축가스(예: $CO_2$ 탱크)는 서늘하고 건조하고 환기가 잘 되며 화기와 떨어진 곳에 있는가?
5. 조리원들은 작업안전기준에 따라 작업하는가?

**폐기물 보관구역**

1. 폐기물 처리용기는 새지 않는 재질로 되어 있는가?
2. 폐기물 처리용기의 숫자와 크기는 적절한가?
3. 폐기물 처리장소는 청결하게 유지·관리되고 있는가?
4. 쓰레기 운반용구는 조리원이 직접 들지 않도록 바퀴가 달려 운반하기 쉬운가?

## 3. 사고 방지 프로그램

안전에 대한 조사로 위험요소가 발견되었을 때 급식관리자가 취할 수 있는 적절한 조처는 다음과 같다【표 12-2】.

### (1) 환경 개선

위험한 환경을 개선한다는 것은 식당의 식탁을 다시 배치하여 통로를 넓게 하거나 미끄러운 장소에 거친 깔판을 까는 등의 간단한 조치부터, 전문가의 도움을 받아 큰 공사를 해야 하는 것까지 그 범위가 다양하다. 만약 위험한 환경을 즉시 바로잡지 못할 경우에는 훈련을 통해 강조하고, 안전표지를 해 놓는다. 즉, 천장이 낮아지는 곳이나 바닥의 층이 지는 곳에는 밝은 페인트로 눈에 잘 띄게 칠을 한다거나, 사람이 부딪힐 수 있는 낮은 파이프나 코너에는 패드를 부착하는 등의 조치를 할 수 있다.

**표 12-2** 위험요소 점검사항

**조리구역**

1. 작업, 이동하는 공간과 기기들 사이의 공간은 적절한가?
2. 육류분쇄기에는 고기를 밀어 넣는 막대가 있는가?
3. 가스레인지, 오븐 등 뜨거운 기기에 사용하는 패드장갑, 주걱 등이 있는가?
4. 칼이나 날카로운 기구를 보관하기에 적당한 칼집, 랙(rack), 자석막대 등이 있는가?
5. 기계에 적절한 위험 방지장치가 되어 있는가?
6. 조리원들은 분쇄기에 고기를 밀어 넣는 막대, 패드장갑, 칼집, 기계의 위험 방지장치 등을 잘 알고 사용하는가?
7. 칼과 다른 기구의 날은 날카롭게 유지되는가?
8. 조리원들은 믹서, 육류분쇄기, 초퍼(chopper), 식기세척기 등의 기계 작동방법을 적절히 공유하고 있는가?
9. 조리기구의 손잡이는 항상 통로 쪽으로 나와 있지 않도록 취급하는가?
10. 조리원들은 유리 등이 깨졌을 때 주변에 있던 모든 음식을 폐기하도록 교육받았는가?
11. 믹서는 안전한 작동조건에서 작동되는가?
12. 스팀기구는 자격 있는 기사에 의해서 정기적으로 관리되는가?

**식기세척구역**

1. 이동카트는 안전하게 사용하는가? 바퀴가 잘 작동하며 선반은 단단한가?
2. 그릇을 담는 랙은 사람이 걸려 넘어지도록 바닥에 두지는 않는가?
   그릇을 너무 높게 쌓아두지는 않는가?
3. 조리원들이 식기를 세척할 때 뜨거운 물과 세제가 담긴 곳에 손을 직접 담그지 않도록 장갑, 랙, 갈고리 등이 제공되는가?
4. 세제를 뺄 때 직접 손을 넣어 빼지 않도록 체인이 있는 배수마개나 기계적 장치가 되어 있는가?

**운반기기**

1. 식사공급용 카트(cart)에 안전장치가 있는가?
2. 카트를 운전하는 사람은 안전한 운행에 대한 교육을 받았는가?
3. 운반기기는 운전자의 전방에 물건이 쏟아지지 않도록 안전 칸막이가 있는가?
4. 선반에 얹어 둔 것, 사용하지 않는 보관랙은 끈 또는 망으로 묶어 미끄러짐, 낙상, 깨짐을 방지하는가?

### (2) 안전 훈련

사고를 방지하는 데 가장 어려운 점은 개인이 사고 방지 의무감을 가지고 주의를 하면 사고는 방지할 수 있음을 인식시키는 것이다. 신규 직원의 오리엔테이션은 안전에 대한 교육을 포함해야 하고, 정기적으로 안전 훈련을 실시해야 한다. 이런 훈련에는 위생교육도 포함된다. 관계 기관에서 제작한 안전과 관련된 포스터, 슬라이드, 영화 등을 사용해 교육할 수 있다.

## 4. 급식소에서의 사고 방지

'치우면서 작업한다' 는 기준으로 일을 하지 않으면 안전사고가 일어날 수 있다. 예를 들면 바닥이 젖어 있거나 기름기가 있으면 미끄럼 사고의 위험이 있으므로 즉시 치워야 한다.

### (1) 칼

날카로운 칼보다 무딘 칼에 베이는 사고가 더 많이 발생한다. 무딘 칼은 압력을 많이 가해야 자를 수 있으므로 미끄러지거나 떨어뜨릴 확률이 더 크다. 그러므로 칼날은 자주 정기적으로 갈아 둔다.

- 손잡이는 한 방향으로 보관한다.
- 비누거품이 많은 싱크대에 넣어 두지 않는다.
- 기계의 칼날을 청소할 때에는 금속섬유로 된 보호 장갑을 착용해 소독과 청결에 주의한다.
- 칼을 떨어뜨렸을 때는 잡으려 하지 말고 멀리 피하도록 한다.

### (2) 동력에 의해 작동되는 조리기계(slicer, chopper, blender 등)

- 제조업자의 사용설명서에 따라 사용하고 분해·청소한다.
- 고기가 딱딱하게 냉동된 상태에서는 사용하지 않는다.
- 안전장치를 수리나 청소 도중에 떼어 내면 안 된다.
- 고기를 밀어 넣을 때에는 꼭 막대나 기구를 사용하도록 한다.
- 장신구, 느슨한 소매, 넥타이, 스카프 등은 착용하지 않는다. 잘못하면 기계로 끌려 들어갈 수 있기 때문이다.

### (3) 유리식기

- 유리식기는 다른 식기와 분류해서 씻고 소독한다.
- 싱크 안에서 유리컵이 깨졌을 때에는 물을 빼내고 보호 장갑을 낀 다음 유리조각을 조심스럽게 옮긴다.
- 깨진 유리를 버릴 때에는 '깨진 유리'라는 표시를 하여 다른 사람이 다치지 않도록 한다.
- 유리컵을 계속 쌓아 놓는 것은 위생과 안전 면에서 좋지 않다. 유리컵이 서로 깨질 수 있기 때문이다.
- 제빙기에서 얼음을 꺼낼 때 유리컵이나 그릇을 사용하지 않도록 한다. 유리그릇이 깨지거나 조각날 위험이 있으며, 깨졌을 때 얼음과 구분되지 않아 2차 사고가 발생할 수 있다.

### (4) 화상 예방

- 사용하기 불편한 디자인의 냄비, 손잡이가 느슨한 팬, 안전장치가 느슨한 스팀솥 등은 위험하므로 즉시 제거하거나 고친다.
- 긴 자루냄비의 손잡이는 통로 쪽으로 놓지 않는다.
- 레인지 위가 복잡하지 않도록 조리한 후 즉시 서빙 장소나 식히기 위한 장소로 옮긴다.
- 뜨거운 냄비나 스팀솥의 뚜껑을 열 때에는 스팀을 천천히 뺀 후, 얼굴을 돌리고 멀리 떨어져 열어야 한다.
- 뜨거운 설비를 사용하는 곳은 충분한 공간이 확보되도록 배치 계획을 세운다. 또한 조리원들의 이동을 적게 하고 장애물을 두지 않도록 주의한다.
- 튀김을 할 때, 방금 씻은 식품은 물기를 닦아야 하며, 부피가 큰 냉동식품은 집게나 튀김용 바구니에 담아 기름에 넣도록 한다. 이때도 바구니에 너무 많이 담지 않도록 한다.
- 사용하고 난 뜨거운 기름은 38℃ 이하로 식혀서 기름을 보관하는 통에 담는다. 다시 사용할 수 있는 기름이면 표시를 하고 뚜껑을 닫아 놓는다. 그리고 기름통은 즉시 옮겨서 걸려 넘어지거나 쏟아지지 않게 주의한다.

### (5) 미끄럼 사고 방지

- 이동이 많은 장소(주방 입구, 식당의 복도)의 발판은 움직이지 않게 고정시킨다.
- 바닥에 물이 쏟아지면 즉시 닦고, 배수구는 자주 살펴 물이 잘 빠지도록 하여 바닥을 건조하게 유지한다.

- 바쁜 시간에도 서두르거나 뛰지 않도록 교육한다.
- 앞을 볼 수 없을 정도로 음식을 높이 쌓아 나르지 않도록 한다.
- 조리원의 신발은 바닥이 고무나 네오프렌(neoprene)과 같이 미끄러짐을 방지할 수 있는 소재로 된 것을 신도록 한다. 굽이 높은 신발이나 쇠가 박힌 신발은 신지 않는다.
- 식당 바닥에 음식물이 떨어졌을 때 피급식자들이 미끄러지지 않게 즉시 치우도록 교육한다.

## (6) 기타 사고의 방지

- 창고에 물품을 너무 높지 않게 차곡차곡 잘 쌓아 작은 충격에도 떨어지지 않도록 한다. 사람에게 떨어지면 위험하며, 통로에 떨어졌을 때에도 걸려 넘어질 수 있다.
- 물품을 꺼낼 때에는 박스나 의자, 다른 선반을 타고 올라가 꺼내는 것은 피하도록 한다.
- 여닫이 문일 때 문 한 짝은 '입구', 다른 한 짝은 '출구' 로 표시한다. 또한, 문 가까이 서 있지 않고, 물품을 문 뒤에 보관하지 않는다.
- 무거운 물품은 아래, 가벼운 물품은 위에 보관한다. 혼자 힘으로 들기 어려운 것을 무리하게 운반하면 허리를 심하게 다칠 수 있으므로, 반드시 다른 사람의 도움을 청하도록 교육한다. 물건을 들 때는 무릎을 구부리고 허리를 편 자세를 유지하며, 방향을 돌릴 때에도 허리를 돌리지 말고 발의 방향을 바꾸도록 한다. 무거운 것을 옮겨야 할 경우에는 반드시 보조기구(hand truck)를 이용한다.
- 전기제품은 접지시켜 사용하고, 청소와 소독 시에는 코드를 빼 전기로 인한 충격이나 위험을 피하도록 한다.
- 전자레인지를 사용할 경우 깨끗하게 유지하고 정기적으로 점검하여 전자파가 누출되지 않도록 한다. 특히 문이 잘 닫히지 않을 때, 또는 전원스위치가 작동하지 않을 때에는 즉시 점검한다.

## (7) 화재 방지

화재는 다른 곳보다 주방에서 잘 발생한다. 급식관리자는 화재의 위험요소가 없는지 정기적으로 점검해야 하며, 소화기구를·화재가 발생할 수 있는 모든 장소에 비치해야 한다. 특히 가스기구와 튀김기구 옆에는 필수적이다. 신규 직원 오리엔테이션에 소화기의 사용법, 안전대피 훈련 등을 꼭 포함시키고, 주기적으로 강화 교육을 해야 한다.

- 화재 발생의 1/3은 전기로 인한 것으로, 배선에 문제가 있거나 취급을 잘못한 경우가

그 원인이다. 전기기사가 정기적으로 점검하도록 한다. 낡은 전선이나 쥐에 의한 전선 손상이 없는지 수시로 점검하며, 접지상태를 확인하여 손상된 것은 즉시 고치도록 한다.

- 튀김설비, 그 주변의 벽, 통풍시스템, 후드필터는 자주 청소한다. 찌든 기름때를 방치하면 불이 붙는 사고가 발생할 수 있다.
- 흡연 장소를 통제한다. 특히 화장실에서의 흡연은 금지하고 경고문을 붙이며, 화장실의 휴지통은 금속으로 하는 것이 현명하다.
- 인화성이 있는 물품(스프레이식 살충제 등)은 그릴이나 오븐, 가스레인지 등 열이 발생하는 기구 옆에 두어서는 안 된다.

## 5. 위급사태에 대한 조치

급식관리자와 조리원의 노력에도 불구하고 사고가 발생할 수 있다. 이때에는 도움을 청하고 응급치료를 하는 등 적절한 조치가 필요하다.

### (1) 화재가 났을 때의 조치

- 화재가 발생하면 당황하지 말고 소화기를 사용하기 전에 화재신고를 한다(자체에 화재 담당 부서가 있으면 그곳에 먼저 전달한다). 소화기 사용 후 잘 진화되지 않아 뒤늦게 신고하면 화재가 더 크게 번질 수 있다.
- 초기 진화가 중요하므로 미리 자리를 피하지 말고 소방요원이 올 때까지 진화작업을 한다. 소화기는 작은 화재에만 사용이 가능하다.
- 화재가 심각하면 건물 밖으로 먼저 철수한 다음 소방서에 알린다.

### (2) 응급처치가 필요한 경우의 조치

급식소에는 구급함을 갖추고 있어야 하며 구급함의 내용물은 정기적으로 점검하여 누락된 것이 없도록 한다. 그리고 그 내용물을 구급함 밖이나 옆에 기록해 놓는다.

- 당황하지 않고 침착하게 행동한다.
- 필요할 때 도움을 청한다.
  - 응급 전화번호와 급식관리자의 전화번호는 전화기가 있는 곳곳에 붙여 놓는다.
- 응급처치법을 훈련받은 사람이 있으면 응급처치를 실행할 준비를 한다.
- 피해자를 편하게 해주고, 관계없는 사람들은 피해자로부터 멀리 떨어져 있게 한다.

- 사고에 대해 기록한다.
  - 날짜, 시간, 피해자 이름, 사고나 병의 원인, 사고와 관계된 사람, 취한 조치, 도움을 요청한 곳에서 얼마나 빨리 도착했는가 등

## (3) 응급처치법

이상적으로는 응급처치법을 훈련받아 면허증이 있는 사람이 항상 있어야 한다. 그러나 전문가의 도움을 받지 못할 경우를 대비하여 기본적인 몇 가지 응급처치법을 관련 기관에 의뢰하여 조리원에게 교육시킨다. 관련 포스터를 잘 보이는 곳에 붙여 놓는 것도 한 방법이 될 수 있다.

### 1) 질식

음식물로 인해 질식한 사람은 4~6분 사이에 산소 부족으로 뇌의 손상을 입을 수 있다. 질식했을 때에는 목을 두 손으로 잡고 말도 하지 못하며 기침도, 숨도 쉬지 못하면서 얼굴이 파랗게 변한다【표 12-3】. 질식 사고의 원인은 주로 이야기를 하다가 음식물을 씹지 않고 넘겨서 일어나는데 특히 어린아이에게 잘 발생된다.

- 질식 시에는 혼자 화장실에 가게 하지 않는다. 도중에 기절해서 사망하는 경우가 있다.
- 말 또는 기침을 할 수 있고 숨을 쉬는 것이 가능할 때에는 등을 절대로 치지 않는다.
- 숨도 쉬지 못할 때는 즉시 도움을 청한다. 유아, 어린이, 어른에게 실행할 때 방법이 모두 다르므로 훈련받은 사람만이 실행해야 한다.

**표 12-3** 질식 시의 응급처치법(어른의 경우)

**사고자가 의식이 있을 때에는**

1. "음식이 목에 걸렸습니까?" 라고 물어본다.
2. "도와주세요" 라고 소리쳐 도움을 요청한다(사고를 당한 사람이 숨쉬는 것이 가능하거나, 약하게 기침을 하거나, 겨우 새어나오는 높은 소리를 내고 있다면).
3. 구급대에 전화하도록 한다(모여든 사람 중 한 사람에게 요청한다).
4. 복부압박 응급처치를 시행한다.
   - 사고자를 세운 상태에서 뒤에서 팔로 사고자의 허리를 감싼다.
   - 왼손으로 잡고, 오른손(힘이 있는 손)을 주먹 쥐어 사고자의 복부 중앙(가슴뼈 밑과 배꼽 윗부분 사이)에 대고 밀어 올리듯 압박한다.
   - 기침을 하거나 숨을 제대로 쉴 수 있을 때까지 계속한다.

**사고자가 의식이 없으면**

5. 바닥에 똑바로 눕힌다.
6. 입에 손가락을 넣어 입 안의 음식물을 제거한다.
   - 혀와 아래턱을 잡고 아래턱을 들어 올리면서 벌린다.
   - 손가락을 볼과 혀 밑으로 넣어 음식물을 꺼낸다.
7. 사고자의 고개를 뒤로 젖히고 턱을 들어 기도를 연다.
8. 2회 인공호흡을 실시한다.
   - 고개를 뒤로 젖힌 상태로
   - 코를 막고
   - 처치자의 입으로 사고자의 입을 완전히 감싸 막은 상태로
   - 깊은 숨을 5초 간격으로 각각 1~1.5초 동안 사고자에게 2회 불어 넣는다.
9. 만약 공기가 들어가지 않으면 눕힌 상태에서 6~10회의 복부압박 응급처치를 한다.
   - 사고자의 복부 중앙에 처치자의 두 손을 펴서 포개 얹는다.
   - 위쪽으로 빠르게 누르면서 밀이올린다.
   - 6, 7, 8, 9를 사고자가 숨을 쉴 때까지, 혹은 구급차가 올 때까지 계속 실시한다.

**호흡이 없을 때에는**

10. 흔들어 반응이 있는지, 호흡을 하는지 확인한다.
11. 똑바로 눕혀 맥박을 확인한다(턱 아래쪽, 중앙에서 2~3cm 옆쪽에 검지와 중지를 놓고 5~10초간 맥박을 잰다).
12. 맥박이 있으면 인공호흡(7, 8, 9)을 실시하고
13. 맥박이 없으면 인공호흡을 실시하면서 맥박이 있는지 여부를 확인하고, 계속 없으면 CPR(cardiopulmonary resuscitation, 심폐소생술)을 실시한다.

### 2) 창상(찢어진 상처)

깊은 상처로 출혈이 심할 때에는 전문가의 도움을 청하는 동안 지혈해야 한다.

- 피해자를 가능한 한 안심시키고, 상처가 심할 때에는 전문가의 도움을 청한다.
- 소독된 두꺼운 붕대로 상처 부위를 단단히 압박한다. 만약 붕대가 더 필요한 경우에는 먼저 댄 붕대 위에 새로운 붕대를 감아 압박한다.
- 유리나 기타 다른 것에 찔려있는 상태라면 그것을 빼려고 하지 말고 그대로 둔다. 지혈대도 사용하지 않도록 한다.
- 상처 난 곳(팔이나 다리)을 높게 받쳐 누면 출혈을 줄일 수 있다.

### 3) 화상

화상은 열이나 화학약품으로 인한 상처이다.

1도 화상은 피부가 분홍색 내지 붉은색으로 변하며 약간 부풀고 통증이 있는 정도이다.

2도 화상은 피부가 붉은색으로 변하고 물질이 잡히는 정도이다.

3도 화상은 허옇거나 검게 탄 정도로, 통증이 아주 심하거나 아예 없다.

- 1도나 2도 화상의 경우에는 즉시 시원하게 흐르는 물로 씻거나 찬 수건으로 화기를 뺀다. 멸균된 붕대로 느슨하게 감고, 가능하면 화상을 입은 부위를 심장보다 높은 위치에 올려 놓고 의료진의 도움을 받는다.
- 3도 화상의 경우에는 즉시 의료진의 도움을 받도록 한다. 피해자가 통증을 느끼지 못해도 심각한 상태이다. 상처에 붙은 옷은 절대로 떼지 말고, 상처에 아무것도 붙이지 않는다. 이 상태에서 의료진이 아닌 사람이 할 수 있는 일은 피해자가 침착할 수 있게 도와주고 충격을 받지 않도록 하는 것이다.
- 화학약품으로 인한 화상은 그 약품에 안내된 처치법에 의해서 처리하고 의료진의 치료를 받도록 한다.

### 4) 낙상

피해자가 넘어져 일어나지 못할 때에는 구급대가 올 때까지 옮기지 말고 편안하게 해준다.

### 5) 중독

음식물에서 화학중독의 위험이 발생할 수 있다. 중독이 되었다고 생각되면 증상이 나타나기를 기다리지 말고 병원이나 관련기관에 즉시 연락하여 조처를 받도록 한다.

# 음식점 식중독 예방·관리

## 1. 종업원 위생관리

조리실 내에서 일하는 종업원은 위생모를 착용해야 한다. 위생모는 외부에 모발이 노출되지 않도록 올바르게 착용해야 한다. 남자 종업원은 면도를 깨끗이 해야 한다.

### 1) 위생복

- 조리 시에는 항상 청결한 위생복을 착용한다.
- 위생복은 매일 세닥 및 다림질을 깨끗이 한다.
- 앞치마는 전처리용, 조리용, 세척용으로 구분하여 사용한다.

### 2) 악세서리 및 화장

- 조리실 종사자는 시계, 반지, 목걸이, 귀걸이, 팔찌 등의 장신구를 착용해서는 안 되며, 손톱은 짧고 청결하게 유지한다.
- 손톱은 매니큐어나 광택제를 칠하거나 인조 손톱을 부착해서는 안 된다.
- 화장은 진하게 하지 않으며 향이 강한 향수는 사용하지 않는다.

### 3) 작업화

- 종업원은 매장 내에서 슬리퍼를 끌고 다녀서는 안 되며, 조리실 내에서는 전용작업화를 신어야 한다.
- 외부 출입 후에는 반드시 소독판에 작업화를 소독하고 들어오도록 한다.

### 4) 작업 중 화장실 출입

- 화장실은 전용 신발을 비치하여 이용한다.
- 종업원이 조리 중 화장실에 갈 경우 사복으로 갈아입고, 용무 후 손과 신발을 소독한 다음 다시 위생복으로 갈아입고 작업에 임해야 한다.

## 2. 주방 위생관리

### 1) 배달

- 책임자는 평소에 창고 및 냉장·냉동고에 물품이 얼마나 남아있는지 꼼꼼하게 재고조사를 실시하고 기록한다.

- 음식의 재료는 지나치게 많은 양을 주문하지 말고 다음날 필요한 적정 물품량을 예측하여 주문한다.
- 냉동 또는 냉장 상태로 배달되어야 할 육류가 일반 박스에 담겨 실온에서 배달되는 일이 없는지 확인한다.
- 채소나 과일 등은 심하게 손상이 되지 않았는지, 흙 등의 이물이 많이 묻어 있지 않은지, 채소의 잎이나 과일 꼭지 등이 신선한지, 통조림은 상하면이 손상되지 않고 외관에 이상이 없는지 등을 자세하게 살핀다.
- 상하기 쉬운 우유나 두부 등 유통기한이 짧은 식품은 물론 모든 가공식품의 유통기한을 반드시 확인해야 한다. 또한 유통기한이 표시된 부분은 제품 폐기 시까지 알아볼 수 있도록 보존하여 어느 조리자라도 알아볼 수 있게 해야 한다.
- 냉장·냉동하지 않은 패류·식육·생선 또는 포장이 조잡하거나 제조원이 불분명한 불량품은 반드시 반품 조치한다.

### 2) 보관 및 저장

- 배달된 물품은 식자재와 일반 소모품을 분리하여 깨끗한 창고나 진열장에 보관하도록 한다. 저장실은 깨끗하고 건조하며 다른 오염원이 없어야 하고 보관된 식자재가 해충과 쥐 등으로 인해 오염되지 않도록 주의해야 한다.
- 모든 식품은 반드시 소독된 보관 용기에 뚜껑을 덮어 보관하거나 위생적으로 잘 포장하여 내용물이 노출되지 않도록 한다.
- 수시 또는 정기점검을 실시하여 정돈된 상태를 유지하며, 유통기한이 지난 물품은 폐기한다.
- 배달된 식자재는 다음 개별 사항을 유의하여 보관하도록 한다.

| 종류 | 보관법 |
|---|---|
| 육류 | 냉장고에 장기간 저장할 때는 냉동시켜 보관 |
| 두부 | 찬물에 담가 냉장 보관 |
| 생선 | 내장을 제거하고 흐르는 수돗물(비브리오 예방)로 깨끗이 씻어 물기를 없앤 후 다른 식품과 접촉하지 않도록 하여 냉장 보관 |
| 패류 | 내용물을 모아서 흐르는 수돗물(비브리오 예방)로 깨끗이 씻은 후 냉장·냉동 보관 |
| 어묵 | 냉장 상태로 보관 |
| 달걀 | 씻지 않은 상태로 냉장 보관(살모넬라 예방) |

| | |
|---|---|
| 우유 | 4℃ 이하로 냉장 보관하며 가능한 신속히 사용 |
| 채소 | 물기를 제거한 후 포장지로 싸서 냉장 보관하며 씻지 않은 채소와 씻은 채소가 섞이지 않도록 분리 보관 |
| 젓갈 | 서늘하고 그늘진 곳에 뚜껑을 잘 닫아 보관 |
| 양념류 | 물, 이물이 들어가지 않도록 주의하여 보관 |
| 통조림 | 개봉 후 깡통에 담긴 채로 보관하지 말고 별도의 깨끗한 플라스틱 용기에 보관하며 개봉일시를 기록하고 가능한 빨리 사용 |

- 냉장 및 냉동 보관 시에 다음 사항을 유의한다.
  - 냉장고의 온도는 4℃ 이하, 냉동고의 온도는 −18℃ 이하가 적합하다. 또한 내부 온도를 정확히 측정할 수 있는 온도계를 설치하여 정상적으로 작동되고 있는지 확인해야 한다.
  - 냉장·냉동고에 지나치게 물품을 가득 채울 경우에는 찬 공기가 잘 순환되지 않기 때문에 용량의 70% 정도로 식품을 보관하는 것이 좋다.
  - 냉장·냉동고에 식품을 보관할 경우 반드시 그 제품의 식품표시사항(보관방법)을 확인한 후 보관해야 한다.
  - 뜨거운 것은 식힌 후 냉장·냉동고에 보관해야 하며, 뚜껑 또는 투명비닐을 씌운 후 음식물을 보관해야 한다.
  - 냄새가 나는 식품(생선 등)은 냄새를 흡수하는 식품(우유, 달걀 등)과 분리하여 저장해야 하며, 달걀은 별도의 투명비닐이나 뚜껑을 씌워 보관한다.

### 3) 재료 준비

- 먼저 보관한 재료를 먼저 꺼내 쓸 수 있도록 해야 한다.
- 배달된 물품은 유성펜 등 지워지지 않는 필기도구를 사용하여 내용물이 오염되지 않도록 배달된 날짜를 포장에 적어 둔다.
- 새로 배달된 물품을 보관할 경우 먼저 보관되어 있는 것을 앞으로 배치하여 먼저 들어온 물품을 먼저 소비할 수 있도록 한다(선입선출).
- 채소나 과일을 씻을 때는 우선 흙·먼지 등의 이물을 제거하고 소독액을 만들어 3~5분간 담근 후, 흐르는 물에 깨끗하게 세척해야 한다.
- 육류의 핏물을 빼기 위해 담가 둔 물에 다른 재료 또는 조리기구를 담그지 않도록 한다.
- 깨끗이 씻은 재료는 다음 사용을 위해 용기에 잘 담은 후 밀봉하여 냉장·냉동고에 보관해야 한다.

- 포장된 재료의 일부만 사용하여 조리하는 경우 유통기한이 표시되어 있지 않은 쪽을 먼저 사용하고 유통기한이 표시되어 있는 쪽을 나중에 사용하여, 폐기 시까지 유통기한 표시가 보이도록 한다.

### 4) 조리

- 오염된 식품이나 기구와 접촉하여 발생하는 교차 오염을 방지하기 위해 채소, 어류, 육류는 도마와 칼을 별도로 지정하여 사용해야 한다. 또한 익힌 음식과 조리하지 않은 음식도 별도의 도마와 칼을 사용해야 한다.
- 조리를 준비하기 위해 냉동고에서 꺼낸 재료는 냉장고 또는 찬물에서 해동해야 하고 급할 경우는 전자레인지에서 해동한다. 해동한 식품은 실온에 방치하지 말고 바로 조리한다.
- 무치기, 버무리기 등 여러 가지 식품을 혼합하는 경우, 반드시 위생장갑을 착용해야 한다.
- 식중독균을 없애기 위해서는 가능한 한 음식 내부를 완전히 익혀야 한다. 음식의 내부 온도가 74℃로 최소 1분 이상 유지되도록 조리한다.
- 음식은 가능한 한 소량씩 나누어 조리하며 자주 저어서 온도가 균일하게 되도록 해야 한다.
- 조리한 음식은 반드시 보관용기에 담아 덮개를 덮어 낙하세균에 의한 오염을 방지한다.

### 5) 손님에게 제공하는 먹는 물 관리

수돗물이 아닌 물을 음용수로 사용하는 경우는 먹는 물 관리법의 먹는 물 수질 기준에 적합한 것이어야 한다. 수질검사 결과, 음용하기에 부적합하다고 판정된 경우에는 바로 해당 시·군·구의 지시를 받아서 적절한 조치를 강구해야 한다.

#### ① 정수기

정수기 관리는 필터 교환이 아주 중요하다. 필터를 관리해 주지 않으면 정수기를 사용하지 않을 때보다 더 해로운 물을 마시는 결과를 초래하므로 정수기 기종, 필터의 모양과 규격을 파악하여 정기적으로 필터를 교환해야 한다. 또 정수된 물이라도 기온이 올라가는 여름철에는 일반세균이 번식할 우려가 높으므로 1달에 2~3회 청소 및 소독을 반드시 해준다.

#### ② 지하수

지하수는 수돗물과 달리 정기적인 수질검사가 어렵고 소독도 잘 이루어지지 않고 있어 세균에 의한 수인성 질병의 가능성이 높으므로 지하수의 관리는 위생상 매우 중요하다. 따라서 정기 수질검사를 통해 관리하고 반드시 물을 끓여서 제공해야 한다.

# 집단급식소 식중독 예방·관리

## 1. 식품위생

식품으로부터 오는 위해 인자를 확인하여 사전에 미리 방지하기 위한 수단이다. 이것은 가공분야에만 한정하는 것이 아니라 원료의 재배 환경부터 사람들의 식탁에 오르기까지 전 과정을 포함하는 넓은 의미이다. 즉 식품위생이란 식품의 재배, 생산, 제조에서 최종적으로 사람이 섭취하기까지 모든 단계에 걸친 식품의 안전성, 건전성 및 완전무결성을 확보하기 위해 필요한 모든 수단을 말한다. 그러나 의약품과 달리 식품의 경우에는 완전한 무균성을 확보하기가 현실적으로 불가능하다. 따라서 이런 위험성을 관리하기 위하여 나라마다 식품위생 관련법으로 각종 잔류물질과 미생물 허용기준을 정하여 엄격하게 관리하고 있다. 따라서 식품의 안전성은 무균이라는 절대 기준이 아니라 안전 수준을 정하여 관리하는 상대 개념이고 과학의 발달과 소비자의 기대 수준에 따라 변할 수 있는 개념이다.

## 2. 개인위생

식품을 다루는 종사자의 위생이 좋지 않고 신체가 건강하지 않을 경우 이들에 의해 질병의 원인이 되는 미생물이 교차 오염될 수 있다. 이는 식품과 직접 접촉하는 조리종사자와 영양사는 물론 간접적인 접촉이 빈번히 일어나는 식품 납품업자에게도 중요한 사안이다. 따라서 급식의 안전성 확보를 위해서는 식품을 취급하는 종사원들의 개인위생관리가 철저히 이루어져야 한다.

### 1) 건강진단

조리종사자는 식품위생법에 따라 1년 1회 건강진단을 받아야 할 의무가 있으며, 건강진단 결과 제1군 감염병, 피부병 및 기타 화농성 질환, 제3군 감염병 중 결핵(비전염성인 경우 제외) 진단을 받은 경우 조리에 종사하지 못한다.

| 제 1종 감염병 중 소화기계 전염병 |
|---|
| 제 3종 감염병 중 결핵(비감염성인 경우 제외) |
| 피부병 기타 화농성 질환 |
| 간염(감염의 우려가 없는 비활동성 간염은 제외) |

정기적인 건강진단 이외에도 매일 조리작업 전에 급식관리자가 조리종사자의 건강상태를 체크하는 것도 중요하다. 발열, 설사, 복통, 구토 증상이 있을 경우 식중독이 의심되므로 조리 작업에 참여하게 해서는 안 되며 의사의 진단을 받은 후 조치해야 한다. 본인 및 가족 중에 법정 감염병 보균자가 있거나 발병한 경우에는 완쾌될 때까지 조리작업에 참여하지 않게 해야 한다. 또한 손이나 얼굴에 화농성 상처나 종기가 있는 경우 조리를 담당하지 않도록 업무를 조정해야 한다.

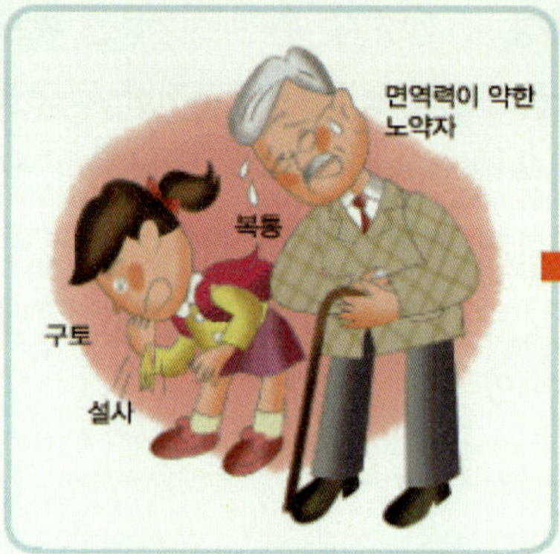

정기건강진단항목 및 그 횟수

| 대상 | 건강진단항목 | 횟수 |
|---|---|---|
| 식품 또는 식품첨가물(화학적 합성품 또는 기구등의 살균·소독제를 제외한다)을 채취·제조·가공·조리·저장·운반 또는 판매하는데 직접 종사하는 자. 다만, 영업자 또는 종업원 중 완전 포장된 식품 또는 식품첨가물을 운반 또는 판매하는데 종사하는 자를 제외한다. | 1. 장티푸스(식품위생관련 영업 및 집단급식소 종사자에 한함)<br>2. 폐결핵<br>3. 전염성 피부질환(한센병 등 세균성 피부질환) | 1회/년 |

## 2) 손 위생

사람의 손에는 육안으로는 보이지 않지만 많은 세균이 존재하여 식품을 다루는 과정에서 교차 오염이 발생할 수 있다. 따라서 조리종사원은 손톱을 항상 짧게 다듬고 매니큐어를 칠하거나 반지와 시계 등을 착용하지 않아야 한다. 또한 조리를 시작하기 전 손가락에 상처나 화농이 없는지 확인하고 작업해야 한다.

청결하지 못한 손에 존재하는 세균 확인 실험 결과

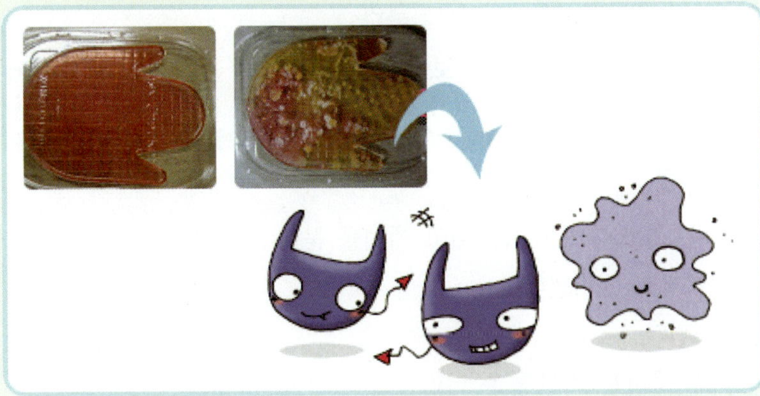

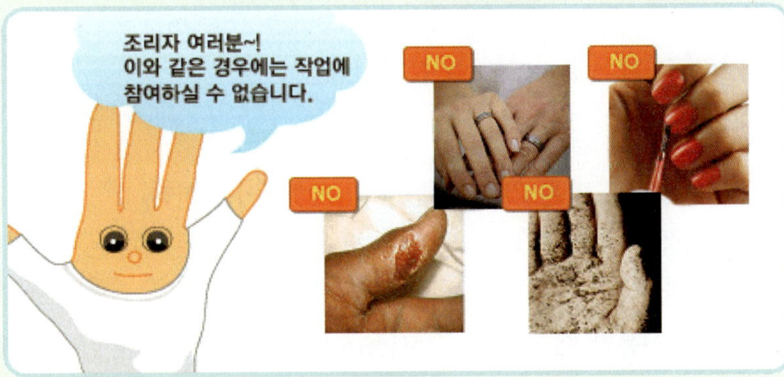


### 3) 주방위생(급식기기 및 식기, 기구의 위생)

한 번에 대량의 식품을 취급하고 많은 사람들에게 식사를 제공하는 단체 급식의 특성상 급식기기나 식기, 기구는 특히 더러워지기 쉽고 미생물이 번식할 가능성이 크다. 무엇보다도 식품 표면에 직접적으로 접촉하여 교차 오염을 일으킬 수 있으므로 아래와 같은 기본 준수 사항을 정확히 숙지하고 실천해야한다.

**① 냉장 · 냉동고**

- 주 1회 이상 청소를 한다.
- 온도를 주기적으로 측정 기록한다.
- 교차 오염을 예방하기 위해 식품을 분리 보관한다.
- 내부 용적의 70% 이하로 식품만 보관한다.
- 조명은 라벨을 읽을 수 있을 정도로 한다.

### ② 식기세척기

- 바닥에서 최소한 15cm 이상 위에 설치한다.
- 온도, 수압을 알리는 계기판은 잘 보이는 장소나 기계 가까이에 부착되어 쉽게 확인할 수 있어야 한다.

### ③ 식기와 각종 기물

- 사용 후 뜨거운 물로 깨끗이 씻어내고 세제를 묻힌 스폰지로 더러움을 제거한다.
- 흐르는 물로 세제를 씻어낸다.
- 완전히 건조시킨다.
- 물을 사용하지 못하는 기물들은 더러움을 제거한 후 청결한 행주로 닦고 소독용 알코올을 분무한다.
- 기물을 사용하기 전 소독용 알코올을 분무한 후 사용한다.

### ④ 칼, 도마, 행주

- 딱딱한 고무나 아크릴로 만든 것으로 틈이나 금이 없어야 한다.
- 조리되지 않은 식품과 조리된 음식, 생선류, 채소류를 다루는 도마는 구분해서 사용하여 교차 오염을 방지한다.
- 자외선 살균 등을 이용할 때 조사(radiation)시간을 충분히 한다.
- 청결하고 건조된 상태로 보관한다.
- 행주는 5분 이상 열탕소독한다.

### ⑤ 식기와 각종 기구의 소독

- 소독 방법의 종류에는 자비소독(열탕소독), 건열소독, 자외선 소독, 화학소독 네 가지가 있으며 그 내용은 아래와 같다.

식기와 각종 기구에 따른 소독의 종류 및 방법

| 대상 | 소독 종류 | 방법 |
|---|---|---|
| 식기, 행주 | 자비소독(열탕소독) | 열탕에서는 77℃에서 30초 이상 |
| 식기 | 건열소독 | 식기표면온도 71℃ 이상 |
| 칼, 도마, 기구 | 화학소독 | 용도에 맞는 '기구 등의 균소독제'를 구입하여 용법, 용량에 맞게 사용 |

## 위생적인 급식시설을 위한 고려사항

| 시설 구분 | 고려 사항 | 사진 예시 |
|---|---|---|
| 바닥 | • 바닥재는 흡수성과 미끄러짐이 없어야 한다.<br>• 바닥에는 이은 자국, 틈, 깨진 곳이 없어야 한다.<br>• 바닥과 벽 사이의 각진 코너나 틈은 굴곡지게 하고 틈새를 막아 청소하기 쉽게 한다. | 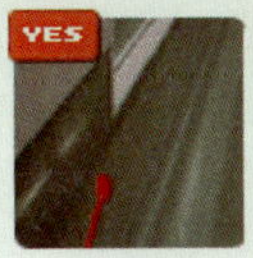 둥근 모서리<br>(라운드 처리)<br> 물기가 많음<br>(미생물 증식 위험)<br> 깨지고 금 간 바닥 |
| 벽과 천장 | • 청소하기 쉬워야 한다.<br>• 소음을 줄일 수 있어야 한다.<br>• 색상이 밝아야 한다.<br>• 열을 받는 구역은 내열성이 있어야 한다.<br>• 습기나 충격으로 벽이 헐거나 금이 가기 쉬운 곳은 스테인리스 스틸을 부분적으로 사용한다. |  밝은 색상의<br>재질 및 내구성<br> 먼지 쌓임 방지<br>(청소 용이)<br> 벽 사이의 틈 발생 |
| 출입구 | • 조리종사자와 식재료 반입을 위한 출입구는 별도로 구분 설치한다.<br>• 위생해충의 진입을 방지하기 위한 방충·방서 시설 또는 에어커튼 등이 설치되어야 한다.<br>• 조리장 전용 신발로 갈아 신기 위한 신발장 및 발판 소독조와 수세시설을 갖추어야 한다. |  에어커튼 설치<br> 작업별 전용 신발<br>구분 사용<br> 수세 시설 갖춤 |
| 하수 | • 배수량이 충분하고 배수관이 천장 위로 지나가지 않아야 한다.<br>• 바닥 청소용 물과 장비에서 나오는 오수가 주방 바닥으로 쏟아지지 않도록 한다.<br>• 배수로의 거름망은 크게 설계하고 자주 이물질을 제거한다. |  항상 청결하게 유지<br>(주기적 청소)<br> 음식물 찌꺼기<br>(토질오염, 냄새 발생)<br> 녹이 슨 경우<br>(시설 교체 요망) |
| 조명 | • 조리 장소, 식기세척 장소, 화장실, 식기저장고는 최소한 200룩스여야 한다.<br>• 작업대에 그림자가 생기지 않도록 한다.<br>• 전구를 보호할 수 있는 커버를 씌운다. |  덮개 설치<br>(이물질 낙하 방지)<br> 방수 아크릴<br>(매립형, 돌출형)<br> 어두운 작업장<br>(눈 피로 야기) |
| 환기 | • 조리장 내에서 발생하는 가스, 매연, 증기, 습기, 먼지 등을 바깥으로 배출할 수 있는 충분한 시설을 갖추어야 한다.<br>• 팬을 이용하여 환기시키며, 공기의 흐름은 청결작업구역에서 일반작업구역 방향으로 흘러가도록 한다.<br>• 기름을 많이 사용하는 구역에는 후드 필터를 설치한다. |  조리실 내 충분한<br>환기시설<br> 집진 장치의 예<br>(먼지 흡입)<br> 환기구 청결 불량<br>(먼지 낌) |

# 부 록

## 식음료조리·서비스 및 제과제빵 직무별 위생·안전관리하기 능력단위(요소) _2014 NCS 기준

(출처 : NCS_국가직무능력표준)

# 한식조리실무(3)

| 분류번호 | 능력단위(수준) | 능력단위요소 | 수준 |
|---|---|---|---|
| 1301010101_14v2 | 한식조리실무 (3) | 1. 위생관리 하기 | 2 |
| | | 2. 안전관리 하기 | 2 |
| | | 3. 메뉴관리 하기 | 3 |
| | | 4. 구매관리 하기 | 3 |
| | | 5. 식재료관리 하기 | 3 |
| | | 6. 기초기능 익히기 | 3 |

- **분류번호** : 1301010101_14v2
- **능력단위명칭** : 한식조리실무
- **능력단위정의**

한식조리실무란 한식조리작업 수행에 필요한 조리원리를 이해하고 조리실무기능을 익히며 조리방법을 이해하여 기술을 적용할 수 있는 능력이다.

| 능력단위 요소 | 수행준거 |
|---|---|
| 1301010101_14v2.1<br>위생관리 하기 | 1.1 개인위생을 위한 위생복과 안전한 복장을 착용할 수 있다.<br>1.2 개인위생을 관리하기 위해 신체청결을 유지하고 근무 중의 흡연, 음주, 취식 등에 대한 작업장 근무수칙을 준수할 수 있다.<br>1.3 법률기준에 따라 작업장 위생 관리 업무를 준비, 수행할 수 있다.<br>1.4 작업장 내에서 사용하는 주방도구, 장비, 작업공간을 구분하여 사용할 수 있다.<br>1.5 위생안전에 있어 위해요소를 파악하고, 취급규칙에 따라 다룰 수 있다.<br>1.6 작업 중 교차오염의 발생을 예방하기 위하여 세척, 소독, 작업순서를 조절할 수 있다.<br>1.7 남은 재료, 폐기물 등을 정해진 절차에 따라서 처리할 수 있다.<br><br>【지 식】<br>o 기구의 종류와 명칭·특징<br>o 도구, 장비의 종류와 특성<br>o 미생물의 분류, 성질특성<br>o 세제, 소독제 등 약품 취급 법<br>o 식품위생법 |

| | ○ 식품위생에 관련된 질병, 식중독의 종류와 특성<br>○ 위생관리법<br><br>【기 술】<br>○ 냉장, 냉동고의 관리능력<br>○ 매뉴얼에 의한 위생적으로 실행능력<br>○ 방서, 방충 능력<br>○ 세제, 소독제 등 약품 취급능력<br>○ 숫돌 사용 및 관리능력<br>○ 식중독 예방과 대처 능력<br>○ 용도별·종류별 칼 사용관리능력<br>○ 위생장구의 활용능력<br>○ 응급처치능력<br>○ 조리도구, 장비 관리능력<br><br>【태 도】<br>○ 관찰태도<br>○ 메모하는 태도<br>○ 매뉴얼에 따른 위생관리태도<br>○ 문제 해결태도<br>○ 반복훈련태도<br>○ 식품위생법 준수태도<br>○ 위생복과 안전한 복장 착용태도<br>○ 의사소통태도<br>○ 주방도구 정리정돈태도 |
|---|---|
| 1301010101_14v2.2<br>안전관리 하기 | 2.1 개인안전사고 예방을 위해 도구, 장비의 정리정돈을 상시할 수 있다.<br>2.2 반복 작업에 의한 부상과 질환에 대하여 안전 장구류를 착용하여 예방할 수 있다.<br>2.3 화재 발생 시 소화기 등을 사용하여 초기에 대응할 수 있다.<br>2.4 안전 장비류(가스렌지 등) 취급 시 주의사항을 숙지하고 실천할 수 있다.<br>2.5 조리기구의 종류를 파악하여 안전하게 사용할 수 있다.<br>2.6 작업장 내의 밝은 조명으로 이물질오염, 미끄럼을 방지할 수 있다.<br>2.7 작업장의 환기를 위한 통풍을 파악할 수 있다.<br><br>【지 식】<br>○ 기구의 종류와 명칭, 특징, 용도파악<br>○ 도구, 장비의 종류와 동작특성<br>○ 식품성분<br>○ 안전 규칙 및 법규<br>○ 안전관리 지침과 산업재해<br>○ 위급 시 응급 처치법 |

| | ○ 질병, 식중독, 미생물의 특성<br>○ LNG, LPG 등 연료용 가스 취급(유출검사, 안전 취급)<br><br>【기 술】<br>○ 냉장고, 냉동고의 종류동작기술<br>○ 도구, 장비의 종류와 작동능력<br>○ 숫돌 사용능력<br>○ 용도별·종류별 칼 사용 기술 관리능력<br>○ 응급처치(지혈, 소독, 화상 처치 등)능력<br>○ 조리작업을 매뉴얼에 의한 안전실행능력<br>○ 주방도구를 활용하고 관리, 보관 능력<br><br>【태 도】<br>○ 관찰태도<br>○ 도구 정리정돈태도<br>○ 메모태도<br>○ 문제해결태도<br>○ 반복훈련태도<br>○ 안전사항 준수태도<br>○ 안전한 용모와 복장<br>○ 원활한 의사소통<br>○ 위생관리태도<br>○ 안전관리준수태도 |
|---|---|

## 〈적용범위 및 작업 상황〉

### ■ 고려사항

- **한식조리 조리실무 능력단위는 다음 범위가 포함된다.**

  - 위해요소중점관리기준(HACCP) 활용에 대한 이해
  - 안전을 위한 가스밸브와 전기를 관리하는 능력
  - 안전화 착용 수칙을 지킬 수 있는 능력
  - 위생과 안전을 위한 위생복착용을 기본으로 하는 능력
  - 조리도구의 사용 전 후 세척하여 관리하는 능력2. 개인위생과 관련하여 준수해야 할 개인 습관으로서 다음과 같은 사항을 준수하여야 한다.

## ■ 자료 및 관련서류

- 한식조리 전문서적
- 조리도구 관련서적
- 조리원리 전문서적
- 식품영양 관련서적
- 식품위생법규 전문서적
- 공중보건 관련서적
- 안전관리수칙서적

## ■ 장비 및 도구

- 냉장고, 냉동고, 조리용 칼, 도마, 숫돌, 도마소독기 등
- 조리용 불 또는 가열도구 등
- 위생복, 앞치마, 위생모자, 위생행주, 분리수거용 봉투 등

## ■ 재료

- 채소류, 육류, 가금류, 어패류, 버섯류, 장류, 유지류, 양념류 등

### 〈평가지침〉

## ■ 평가방법

- 평가자는 능력단위 한식조리 조리실무의 수행준거에 제시되어 있는 내용을 평가하기 위해 이론과 실기를 나누어 평가하거나 종합적인 결과물의 평가 등 다양한 평가 방법을 사용할 수 있다.
- 피 평가자의 과정평가 및 결과평가 방법

| 평 가 방 법 | 평 가 유 형 | |
|---|---|---|
| | 과 정 평 가 | 결 과 평 가 |
| A. 포트폴리오 | | ✓ |
| B. 문제해결 시나리오 | | |
| C. 서술형 시험 | | ✓ |
| D. 논술형 시험 | | |
| E. 사례연구 | | |
| F. 평가자 질문 | ✓ | ✓ |
| G. 평가자 체크리스트 | ✓ | ✓ |
| H. 피 평가자 체크리스트 | | |
| I. 일지/저널 | | |
| J. 역할연기 | | |
| K. 구두발표 | | |
| L. 작업장 평가 | ✓ | ✓ |
| M. 기타 | | |

■ 평가 시 고려사항

- **수행준거에 제시되어 있는 내용을 성공적으로 수행할 수 있는지를 평가해야 한다.**
- **평가자는 다음 사항을 평가해야 한다.**
  - 조리 시 위생관리를 할 수 있는 능력
  - 안전관리를 지킬 수 있는 능력

## 〈직업기초능력〉

| 순번 | 직 업 기 초 능 력 | |
|---|---|---|
| | 주 요 영 역 | 하 위 영 역 |
| 1 | 의사소통능력 | 문서이해능력, 문서작성능력, 경청능력, 의사표현능력, 기초외국어능력 |
| 2 | 문제해결능력 | 사고력, 문제처리능력 |
| 3 | 정보능력 | 컴퓨터 활용능력, 정보처리능력 |
| 4 | 기술능력 | 기술이해능력, 기술선택능력, 기술적용능력 |
| 5 | 직업윤리 | 근로윤리, 공동체윤리 |

## 〈개발 이력〉

| 구 분 | | 내 용 |
|---|---|---|
| 직무명칭 | | 한식조리 |
| 분류번호 | | 1301010101_14v2 |
| 개발연도 | 현재 | 2014 |
| | 최초(1차) | 한국산업인력공단 |
| 버전번호 | | v2 |
| 개 발 자 | 현재 | (사)한국조리기능장협회 |
| | 최초(1차) | |
| 향후 보완 연도(예정) | | 2019 |

| 주 요 업 무 | 책임 및 역할 |
|---|---|
| 위생관리 하기 | · 개인위생 위한 위생복과 안전한 복장을 착용한다.<br>· 개인위생을 관리하기 위해 신체청결을 유지하고 근무 중의 흡연, 음주, 취식 등에 대한 작업장 근무수칙을 준수한다.<br>· 법률기준에 따라 작업장 위생관리 업무를 준비, 수행한다.<br>· 작업장 내에서 사용하는 주방도구, 장비, 작업공간을 구분하여 사용한다.<br>· 위생안전에 있어 위해요소를 파악하고, 취급규칙에 따라 다룬다.<br>· 작업 중 교차오염의 발생을 예방하기 위하여 세척, 소독, 작업순서를 조절한다.<br>· 남은 재료, 폐기물 등을 정해진 절차에 따라서 처리한다. |
| 안전관리 하기 | · 개인안전사고 예방을 위해 도구, 장비의 정리정돈을 상시한다.<br>· 반복 작업에 의한 부상과 질환에 대하여 안전 장구류를 착용하여 예방한다.<br>· 화재 발생 시 소화기 등을 사용하여 초기에 대응한다.<br>· 안전 장비류(가스렌지 등) 취급 시 주의사항을 숙지하고 실천한다.<br>· 조리기구의 종류를 파악하여 안전하게 사용한다.<br>· 작업장 내의 밝은 조명으로 이물질 오염, 미끄럼을 방지한다.<br>· 작업장의 환기를 위한 통풍을 파악한다. |

<table>
<tr><th colspan="2">평가영역</th><th>평가문항</th><th>매우미흡</th><th>미흡</th><th>보통</th><th>우수</th><th>매우우수</th></tr>
<tr><td rowspan="14">한식 조리 실무</td><td rowspan="7">위생관리 하기</td><td>· 개인위생 위한 위생복과 안전한 복장을 착용할 수 있다.</td><td>①</td><td>②</td><td>③</td><td>④</td><td>⑤</td></tr>
<tr><td>· 개인위생을 관리하기 위해 신체청결을 유지하고 근무 중의 흡연, 음주, 취식 등에 대한 작업장 근무수칙을 준수할 수 있다.</td><td>①</td><td>②</td><td>③</td><td>④</td><td>⑤</td></tr>
<tr><td>· 법률기준에 따라 작업장 위생 관리 업무를 준비, 수행할 수 있다.</td><td>①</td><td>②</td><td>③</td><td>④</td><td>⑤</td></tr>
<tr><td>· 작업장 내에서 사용하는 주방도구, 장비, 작업공간을 구분하여 사용할 수 있다.</td><td>①</td><td>②</td><td>③</td><td>④</td><td>⑤</td></tr>
<tr><td>· 위생안전에 있어 위해요소를 파악하고, 취급규칙에 따라 다룰 수 있다.</td><td>①</td><td>②</td><td>③</td><td>④</td><td>⑤</td></tr>
<tr><td>· 작업 중 교차오염의 발생을 예방하기 위하여 세척, 소독, 작업순서 조절을 할 수 있다.</td><td>①</td><td>②</td><td>③</td><td>④</td><td>⑤</td></tr>
<tr><td>· 남은 재료, 폐기물 등을 정해진 절차에 따라서 처리할 수 있다.</td><td>①</td><td>②</td><td>③</td><td>④</td><td>⑤</td></tr>
<tr><td rowspan="7">안전관리 하기</td><td>· 개인안전사고 예방을 위해 도구 및 장비의 정리정돈을 상시할 수 있다.</td><td>①</td><td>②</td><td>③</td><td>④</td><td>⑤</td></tr>
<tr><td>· 반복 작업에 따른 부상 및 질환에 대하여 안전 장구류를 착용하여 예방할 수 있다.</td><td>①</td><td>②</td><td>③</td><td>④</td><td>⑤</td></tr>
<tr><td>· 화재 발생 시 소화기 등을 사용하여 초기에 대응할 수 있다.</td><td>①</td><td>②</td><td>③</td><td>④</td><td>⑤</td></tr>
<tr><td>· 안전 장비류(가스렌지 등) 취급 시 주의사항을 숙지하고 실천할 수 있다.</td><td>①</td><td>②</td><td>③</td><td>④</td><td>⑤</td></tr>
<tr><td>· 조리기구의 종류를 파악하여 안전하게 사용할 수 있다.</td><td>①</td><td>②</td><td>③</td><td>④</td><td>⑤</td></tr>
<tr><td>· 작업장 내의 밝은 조명으로 이물질 오염, 미끄럼을 방지할 수 있다.</td><td>①</td><td>②</td><td>③</td><td>④</td><td>⑤</td></tr>
<tr><td>· 작업장의 환기를 위한 통풍을 파악할 수 있다.</td><td>①</td><td>②</td><td>③</td><td>④</td><td>⑤</td></tr>
</table>

| 1301010101_14v2 한식 조리실무 | | | | | | |
|---|---|---|---|---|---|---|
| 진단영역 | 진 단 문 항 | 매우미흡 | 미흡 | 보통 | 우수 | 매우우수 |
| 위생관리 하기 | 1. 나는 개인위생 위한 위생복과 안전한 복장을 착용할 수 있다. | ① | ② | ③ | ④ | ⑤ |
| | 2. 나는 개인위생을 관리하기 위해 신체청결을 유지하고 근무 중의 흡연, 음주, 취식 등에 대한 작업장 근무수칙을 준수할 수 있다. | ① | ② | ③ | ④ | ⑤ |
| | 3. 나는 법률기준에 따라 작업장 위생 관리 업무를 준비, 수행할 수 있다. | ① | ② | ③ | ④ | ⑤ |
| | 4. 나는 작업장 내에서 사용하는 주방도구, 장비, 작업공간을 구분하여 사용할 수 있다. | ① | ② | ③ | ④ | ⑤ |
| | 5. 나는 위생안전에 있어 위해요소를 파악하고, 취급규칙에 따라 다룰 수 있다. | ① | ② | ③ | ④ | ⑤ |
| | 6. 나는 작업 중 교차오염의 발생을 예방하기 위하여 세척, 소독, 작업순서를 조절할 수 있다. | ① | ② | ③ | ④ | ⑤ |
| | 7. 나는 남은 재료, 폐기물 등을 정해진 절차에 따라서 처리할 수 있다. | ① | ② | ③ | ④ | ⑤ |
| 안전관리 하기 | 1. 나는 개인안전사고 예방을 위해 도구 및 장비의 정리정돈을 상시할 수 있다. | ① | ② | ③ | ④ | ⑤ |
| | 2. 나는 반복 작업에 따른 부상 및 질환에 대하여 안전 장구류를 착용하여 예방할 수 있다. | ① | ② | ③ | ④ | ⑤ |
| | 3. 나는 화재 발생 시 소화기 등을 사용하여 초기에 대응할 수 있다. | ① | ② | ③ | ④ | ⑤ |
| | 4. 나는 안전 장비류(가스렌지 등) 취급 시 주의사항을 숙지하고 실천할 수 있다. | ① | ② | ③ | ④ | ⑤ |
| | 5. 나는 조리기구의 종류를 파악하여 안전하게 사용할 수 있다. | ① | ② | ③ | ④ | ⑤ |
| | 6. 나는 작업장 내의 밝은 조명으로 이물질 오염, 미끄럼을 방지할 수 있다. | ① | ② | ③ | ④ | ⑤ |
| | 7. 나는 작업장의 환기를 위한 통풍을 파악할 수 있다. | ① | ② | ③ | ④ | ⑤ |

# 양식조리실무(3)

| 분류번호 | 능력단위(수준) | 능력단위요소 | 수준 |
|---|---|---|---|
| 1301010201_14v2 | 양식조리실무(3) | 1. 위생관리 하기 | 3 |
| | | 2. 안전관리 하기 | 2 |
| | | 3. 메뉴관리 하기 | 3 |
| | | 4. 구매관리 하기 | 3 |
| | | 5. 식재료관리 하기 | 3 |
| | | 6. 기초기능 익히기 | 2 |

- **분류번호** : 1301010201_14v2
- **능력단위명칭** : 양식조리실무
- **능력단위정의**

양식조리실무란 수행에 필요한 위생관리, 안전관리, 메뉴관리, 구매관리, 식재료관리, 조리 기초기능을 습득하는 능력이다.

| 능력단위 요소 | 수행준거 |
|---|---|
| 1301010201_14v2.1<br>위생관리 하기 | 1.1 개인위생을 관리하기 위해 신체청결을 유지하고 근무 중의 흡연, 음주, 취식 등에 대한 작업장 근무수칙을 준수할 수 있다.<br>1.2 법률기준에 따라 작업장 위생 관리 업무를 준비, 수행할 수 있다.<br>1.3 작업장 내에서 사용하는 주방도구, 장비, 작업공간을 구분하여 사용할 수 있다.<br>1.4 위생안전에 있어 위해요소를 파악하고, 취급규칙에 따라 다룰 수 있다.<br>1.5 작업 중 교차오염의 발생을 예방하기 위하여 세척, 소독, 작업순서 조절을 할 수 있다.<br>1.6 남은 재료, 폐기물 등을 정해진 절차에 따라서 처리할 수 있다.<br><br>【지 식】<br>o 미생물의 분류, 성질, 특성<br>o 식품위생법<br>o 식품위생에 관련된 질병, 식중독, 미생물의 특성<br>o 양식조리기구의 종류와 명칭, 특징<br>o 위생관리의 기초<br>o 조리도구·장비의 종류와 특성 |

| | |
|---|---|
| | O 조리원리<br>O 방서, 방충방법<br><br>【기 술】<br>O 냉장 냉동고의 관리능력<br>O 세제, 소독제 등 약품류의 취급 능력<br>O 식중독을 예방하고 대처할 수 있는 능력<br>O 식중독증상과 응급처치능력<br>O 용도별 위생기물 사용 기술과 관리능력<br>O 위생장구의 활용능력<br>O 조리도구·장비 관리능력<br>O 조리작업을 매뉴얼에 의해 위생적으로 실행하고 관리할 수 있는 능력<br><br>【태 도】<br>O 매뉴얼에 따른 위생관리수칙을 지키고자 하는 자세<br>O 반복적으로 훈련하는 태도<br>O 법이 정한 기준에 따라 위생관리 방법을 지키고자 하는 준법정신<br>O 식품위생법을 준수하는 데도<br>O 자기 능력을 개발하고자 메모하는 태도<br>O 적극적으로 문제를 해결하려 질문하는 태도<br>O 적합한 용모와 복장<br>O 주방 도구를 사용 전, 조리과정, 사용 후 정리정돈 하고자 하는 태도<br>O 주방 직원 간의 원활한 의사소통<br>O 주의 깊게 관찰하는 태도 |
| 1301010201_14v2.2<br>안전관리 하기 | 2.1 개인안전사고 예방을 위해 도구 및 장비의 정리정돈을 상시할 수 있다.<br>2.2 반복 작업에 따른 부상 및 질환에 대하여 안전 장구류를 착용하여 예방할 수 있다.<br>2.3 화재 발생 시 소화기 등을 사용하여 초기에 대응할 수 있다.<br>2.4 안전 장비류 취급 시 주의사항을 숙지하고 실천할 수 있다.<br>2.5 양식기구의 종류를 파악하고 사용할 수 있다.<br>2.6 작업장 내의 적정한 수준의 조명과 환기, 이물질, 미끄럼 및 오염을 방지할 수 있다.<br><br>【지 식】<br>O 식중독증상과 응급처치<br>O 식품위생법<br>O 식품위생에 관련된 질병, 식중독, 미생물의 특성<br>O 안전관리 지침과 산업 재해법<br>O 양식조리기구의 종류와 명칭, 특징, 용도<br>O 조리도구·장비의 종류와 특성<br>O 조리원리<br>O 냉장고·냉동고의 종류·동작특성 |

【기 술】
- ㅇ 도구, 장비의 종류와 사용능력
- ㅇ 숫돌 사용능력
- ㅇ 용도별·종류별 칼 사용능력
- ㅇ 응급처치(지혈, 소독, 화상 처치 등)기술
- ㅇ 조리작업을 매뉴얼에 의해 안전하게 실행할 수 있는 능력
- ㅇ 주방도구를 활용하고 관리, 보관할 수 있는 능력

【태 도】
- ㅇ LNG, LPG 가스 점검
- ㅇ 관찰태도
- ㅇ 도구 정리정돈
- ㅇ 메모태도
- ㅇ 문제 해결
- ㅇ 반복훈련
- ㅇ 안전관리
- ㅇ 안전사항 준수
- ㅇ 안전한 용모와 복장
- ㅇ 원활한 의사소통
- ㅇ 위생관리

## 〈적용범위 및 작업 상황〉

### ■ 고려사항

- 위생관리는 조리작업의 수행에 있어서 작업장, 작업자의 위생을 유지하고 관리하기 위하여 필요로 하는 능력이다.
- 안전관리는 조리작업의 수행에 있어서 작업자, 시설의 안전을 유지하고 관리하기 위하여 필요로 하는 능력이다.

### ■ 자료 및 관련서류

- 서양조리 관련 전문서적
- 식품위생법규 관련 전문서적
- 안전관리 관련 전문서적

■ 장비 및 도구

- 주방도구(Kitchen Utensil) : 믹서, 분쇄기, 오븐, 가스레인지, 반죽기, 조리용 칼·도마·계량컵·계량스푼·계량저울·조리용 젓가락·온도계·염도계·체·조리용 집게·타이머 등
- 조리용 불 또는 열도구 등
- 위생복·앞치마·모자·위생행주·1회용 위생 장갑·분리수거용 봉투 등
- 위생 관련 약품 : 소독제, 세제, 방청제 등
- 소독, 방충 및 방서 장비와 활동에는 물리적, 화학적 도구·장비와 관련 활동을 모두 포함한다.

■ 재료

- 어패류·육류·채소류·면류·유제품류·가공식품류·향신료·난류 등

〈평가지침〉

■ 평가방법

- 평가자는 능력단위 양식 기초조리의 수행준거에 제시되어 있는 내용을 평가하기 위해 이론과 실기를 나누어 평가하거나 종합적인 결과물의 평가 등 다양한 평가 방법을 사용할 수 있다.
- 피 평가자의 과정평가 및 결과평가 방법

| 평 가 방 법 | 평 가 유 형 | |
|---|---|---|
| | 과 정 평 가 | 결 과 평 가 |
| A. 포트폴리오 | ✓ | ✓ |
| B. 문제해결 시나리오 | | |
| C. 서술형 시험 | ✓ | ✓ |
| D. 논술형 시험 | ✓ | ✓ |
| E. 사례연구 | | |
| F. 평가자 질문 | ✓ | ✓ |
| G. 평가자 체크리스트 | ✓ | ✓ |
| H. 피 평가자 체크리스트 | | |

| | | |
|---|---|---|
| I. 일지/저널 | | |
| J. 역할연기 | | |
| K. 구두발표 | | |
| L. 작업장 평가 | ✓ | ✓ |
| M. 기타 | | |

■ 평가 시 고려사항

- **수행준거에 제시되어 있는 내용을 성공적으로 수행할 수 있는지를 평가해야 한다.**
- **평가자는 다음 사항을 평가할 수 있다.**
  - 조리작업에 필요한 위생관리에 대한 지식과 수행할 수 있는 능력
  - 조리작업에 필요한 안전관리를 적용할 수 있는 능력

## 〈직업기초능력〉

| 순번 | 직업기초능력 | |
|---|---|---|
| | 주요영역 | 하위영역 |
| 1 | 의사소통능력 | 문서이해능력, 문서작성능력, 경청능력, 의사표현능력, 기초외국어능력 |
| 2 | 문제해결능력 | 사고력, 문제처리능력 |
| 3 | 정보능력 | 컴퓨터 활용능력, 정보처리능력 |
| 4 | 자기개발능력 | 자아인식능력, 자기관리능력, 경력개발능력 |
| 5 | 기술능력 | 기술이해능력, 기술선택능력, 기술적용능력 |
| 6 | 직업윤리 | 근로윤리, 공동체윤리 |

| 주요업무 | 책임 및 역할 |
|---|---|
| 위생관리 하기 | · 개인위생을 관리하기 위해 신체청결을 유지하고 근무 중의 흡연, 음주, 취식 등에 대한 작업장 근무수칙을 준수한다.<br>· 법률기준에 따라 작업장 위생 관리 업무를 준비, 수행한다.<br>· 작업장 내에서 사용하는 주방도구, 장비, 작업공간을 구분하여 사용한다.<br>· 위생안전에 있어 위해요소를 파악하고, 취급규칙에 따라 다룬다.<br>· 작업 중 교차오염의 발생을 예방하기 위하여 세척, 소독, 작업순서를 조절한다.<br>· 남은 재료, 폐기물 등을 정해진 절차에 따라서 처리한다. |

| | |
|---|---|
| 안전관리 하기 | · 개인안전사고 예방을 위해 도구 및 장비의 정리정돈을 상시한다.<br>· 반복 작업에 따른 부상 및 질환에 대하여 안전 장구류를 착용하여 예방한다.<br>· 화재 발생 시 소화기 등을 사용하여 초기에 대응한다.<br>· 안전 장비류 취급 시 주의사항을 숙지하고 실천한다.<br>· 양식기구의 종류를 파악하고 사용한다.<br>· 작업장 내의 적정한 수준의 조명과 환기, 이물질, 미끄럼 및 오염을 방지한다. |

| 평가영역 | | 평가문항 | 매우미흡 | 미흡 | 보통 | 우수 | 매우우수 |
|---|---|---|---|---|---|---|---|
| 양식 조리 실무 | 위생관리 하기 | · 개인위생 위한 위생복과 안전한 복장을 착용할 수 있다. | ① | ② | ③ | ④ | ⑤ |
| | | · 개인위생을 관리하기 위해 신체청결을 유지하고 근무 중의 흡연, 음주, 취식 등에 대한 작업장 근무수칙을 준수할 수 있다. | ① | ② | ③ | ④ | ⑤ |
| | | · 법률기준에 따라 작업장 위생 관리 업무를 준비, 수행할 수 있다. | ① | ② | ③ | ④ | ⑤ |
| | | · 작업장 내에서 사용하는 주방도구, 장비, 작업공간을 구분하여 사용할 수 있다. | ① | ② | ③ | ④ | ⑤ |
| | | · 위생안전에 있어 위해요소를 파악하고, 취급규칙에 따라 다룰 수 있다. | ① | ② | ③ | ④ | ⑤ |
| | | · 작업 중 교차오염의 발생을 예방하기 위하여 세척, 소독, 작업순서 조절을 할 수 있다. | ① | ② | ③ | ④ | ⑤ |
| | | · 남은 재료, 폐기물 등을 정해진 절차에 따라서 처리할 수 있다. | ① | ② | ③ | ④ | ⑤ |
| | 안전관리 하기 | · 개인안전사고 예방을 위해 도구 및 장비의 정리정돈을 상시할 수 있다. | ① | ② | ③ | ④ | ⑤ |
| | | · 반복 작업에 따른 부상 및 질환에 대하여 안전 장구류를 착용하여 예방할 수 있다. | ① | ② | ③ | ④ | ⑤ |
| | | · 화재 발생 시 소화기 등을 사용하여 초기에 대응할 수 있다. | ① | ② | ③ | ④ | ⑤ |
| | | · 안전 장비류(가스렌지 등) 취급 시 주의사항을 숙지하고 실천할 수 있다. | ① | ② | ③ | ④ | ⑤ |
| | | · 조리기구의 종류를 파악하여 안전하게 사용할 수 있다. | ① | ② | ③ | ④ | ⑤ |
| | | · 작업장 내의 밝은 조명으로 이물질오염, 미끄럼을 방지할 수 있다. | ① | ② | ③ | ④ | ⑤ |
| | | · 작업장의 환기를 위한 동풍을 파악할 수 있다. | ① | ② | ③ | ④ | ⑤ |

| 1301010201_14v2 양식 조리실무 | | | | | | |
|---|---|---|---|---|---|---|
| 진단영역 | 진 단 문 항 | 매우미흡 | 미흡 | 보통 | 우수 | 매우우수 |
| 위생관리 하기 | 1. 나는 개인위생을 관리하기 위해 신체청결을 유지하고 근무 중의 흡연, 음주, 취식 등에 대한 작업장 근무수칙을 준수할 수 있다. | ① | ② | ③ | ④ | ⑤ |
| | 2. 나는 법률기준에 따라 작업장 위생 관리 업무를 준비, 수행할 수 있다. | ① | ② | ③ | ④ | ⑤ |
| | 3. 나는 작업장 내에서 사용하는 주방도구, 장비, 작업공간을 구분하여 사용할 수 있다. | ① | ② | ③ | ④ | ⑤ |
| | 4. 나는 위생안전에 있어 위해요소를 파악하고, 취급규칙에 따라 다룰 수 있다. | ① | ② | ③ | ④ | ⑤ |
| | 5. 나는 작업 중 교차오염의 발생을 예방하기 위하여 세척, 소독, 작업순서 조절을 할 수 있다. | ① | ② | ③ | ④ | ⑤ |
| | 6. 나는 남은 재료, 폐기물 등을 정해진 절차에 따라서 처리할 수 있다. | ① | ② | ③ | ④ | ⑤ |
| 안전관리 하기 | 1. 나는 개인안전사고 예방을 위해 도구 및 장비의 정리정돈을 상시할 수 있다. | ① | ② | ③ | ④ | ⑤ |
| | 2. 나는 반복 작업에 따른 부상 및 질환에 대하여 안전 장구류를 착용하여 예방할 수 있다. | ① | ② | ③ | ④ | ⑤ |
| | 3. 나는 화재 발생 시 소화기 등을 사용하여 초기에 대응할 수 있다. | ① | ② | ③ | ④ | ⑤ |
| | 4. 나는 안전 장비류 취급 시 주의사항을 숙지하고 실천할 수 있다. | ① | ② | ③ | ④ | ⑤ |
| | 5. 나는 양식기구의 종류를 파악하고 사용할 수 있다. | ① | ② | ③ | ④ | ⑤ |
| | 6. 나는 작업장 내의 적정한 수준의 조명과 환기, 이물질, 미끄럼 및 오염을 방지할 수 있다. | ① | ② | ③ | ④ | ⑤ |

# 중식조리실무(3)

| 분류번호 | 능력단위(수준) | 능력단위요소 | 수준 |
|---|---|---|---|
| 1301010301_14v2 | 중식조리실무(3) | 1. 위생관리 하기 | 2 |
| | | 2. 안전관리 하기 | 2 |
| | | 3. 메뉴관리 하기 | 3 |
| | | 4. 구매관리 하기 | 3 |
| | | 5. 식재료관리 하기 | 3 |
| | | 6. 중식 기초기능 익히기 | 3 |

- **분류번호** : 1301010301_14v2
- **능력단위명칭** : 중식조리실무
- **능력단위정의**

중식조리실무란 중식 기초조리작업 수행에 필요한 위생관리·안전관리·메뉴관리·식재료관리·조리 기능 익히기를 활용하는 능력이다.

| 능력단위 요소 | 수행준거 |
|---|---|
| 1301010301_14v2.1<br>위생관리 하기 | 1.1 개인위생을 관리하기 위해 신체청결을 유지하고 근무 중의 흡연, 음주, 취식 등에 대한 작업장 근무수칙을 준수할 수 있다.<br>1.2 법률기준에 따라 작업장 위생 관리 업무를 준비, 수행할 수 있다.<br>1.3 작업장 내에서 사용하는 주방도구, 장비, 작업공간을 구분하여 사용할 수 있다.<br>1.4 위생안전에 있어 위해요소를 파악하고, 취급규칙에 따라 다룰 수 있다.<br>1.5 작업 중 교차오염의 발생을 예방하기 위하여 세척, 소독, 작업순서 조절을 할 수 있다.<br>1.6 남은 재료, 폐기물 등을 정해진 절차에 따라서 처리할 수 있다.<br><br>【지 식】<br>○ 기구의 종류와 명칭·특징<br>○ 도구·장비의 종류와 특성<br>○ 미생물의 분류·성질·특성<br>○ 세제·소독제 등 약품류의 특성에 따른 취급<br>○ 식품위생<br>○ 식품위생에 관련된 질병·식중독종류와 특성<br>○ 위생관리 |

| | |
|---|---|
| | 【기 술】<br>O 냉장 냉동고의 관리 능력<br>O 방서·방충 능력<br>O 세제·소독제 등 약품류의 취급 능력<br>O 숫돌 사용 및 관리 능력<br>O 식중독 예방·대처 능력<br>O 용도별·종류별 칼 사용 능력<br>O 위생장구의 활용 능력<br>O 응급처치 능력<br>O 조리 기름 위생관리 능력<br>O 조리도구·장비 관리 능력<br>O 중식 팬 관리 능력<br>O 매뉴얼에 의한 위생적 실행 능력<br><br>【태 도】<br>O 관찰 태도<br>O 매뉴얼에 따른 위생관리<br>O 메모하는 태도<br>O 문제 해결 태도<br>O 반복훈련<br>O 안전한 용모와 복장<br>O 의사소통 태도<br>O 주방도구 정리정돈<br>O 식품위생법 준수 |
| 1301010301_14v2.2<br>안전관리 하기 | 2.1 개인안전사고 예방을 위해 도구 및 장비의 정리정돈을 상시할 수 있다.<br>2.2 반복 작업에 따른 부상 및 질환에 대하여 안전 장구류를 착용하여 예방할 수 있다.<br>2.3 화재 발생 시 소화기 등을 사용하여 초기에 대응할 수 있다.<br>2.4 안전 장비류 취급 시 주의사항을 숙지하고 실천할 수 있다.<br>2.5 중식조리기구의 종류를 파악하고 사용할 수 있다.<br>2.6 작업장 내의 적정한 수준의 조명과 환기, 이물질, 미끄럼 및 오염을 방지할 수 있다.<br><br>【지 식】<br>O 기구의 종류와 명칭, 특징, 용도파악<br>O 도구·장비의 종류와 동작특성<br>O 안전 규칙 및 법규<br>O 안전관리 지침과 산업재해<br>O 위급 시 응급 처치법<br>O 질병, 식중독·미생물의 특성<br>O LNG·LPG 등 연료용 가스 취급법(유출검사, 안전 취급) |

【기 술】
- O 냉장고·냉동고의 종류·동작특성 파악 능력
- O 도구, 장비의 종류와 동작기술
- O 매뉴얼에 의한 조리작업의 안전실행 능력
- O 숫돌 사용 능력
- O 용도별·종류별 칼 사용 기술
- O 응급처치(지혈, 소독, 화상 처치) 능력
- O 조리 기름 위생관리 능력
- O 주방도구의 활용, 관리 및 보관 능력

【태 도】
- O 관칠 태도
- O 도구 정리정돈
- O 메모하는 태도
- O 문제 해결 태도
- O 반복훈련
- O 안전관리
- O 안전사항 준수
- O 안전한 용모와 복장
- O 의사소통 태도
- O 위생관리
- O LNG, LPG 가스 점검

## 〈적용범위 및 작업 상황〉

### ■ 고려사항

- **중식조리실무 능력단위는 다음 범위가 포함된다.**
  - 위해요소중점관리기준(HACCP) 활용에 대한 이해
  - 안전을 위한 가스밸브와 전기를 관리하는 능력
  - 안전화 착용 수칙을 지킬 수 있는 능력
  - 위생과 안전을 위한 위생복 착용을 기본으로 하는 능력

### ■ 자료 및 관련서류

- **중식 관련 전문서적**
- **식품위생법규 관련 전문서적**

- 식품위생법규
- 공중보건관련서적
- 안전관리수칙 서적

■ 장비 및 도구

- 주방 장비 : 화덕, 반죽기, 제면기
- 소화기, 응급처치 도구
- 위생복·안전화·앞치마·모자·위생행주·1회용 위생 장갑·분리수거용 봉투 등
- 위생 관련 약품 : 소독제, 세제, 방청제 등
- 소독, 방충 및 방서 장비와 활동에는 물리적, 화학적 도구·장비와 관련 활동을 모두 포함한다.
  - 물리적 방법 : 방충망, 방서망, 자외선램프, 통로 차단

■ 재료

- 어패류, 육류, 가금류, 곡류, 채소류, 버섯류, 해초류, 과일류, 두류(두부) 등
- 밑반찬류, 소스류, 조미료류, 기름류, 장류, 조미술류, 향신료류

〈평가지침〉

■ 평가방법

- 평가자는 능력단위 중식조리실무의 수행준거에 제시되어 있는 내용을 평가하기 위해 이론과 실기를 나누어 평가하거나 종합적인 결과물 등 다양한 평가 방법을 사용할 수 있다.
- 피 평가자의 과정평가 및 결과평가 방법

| 평가방법 | 평가유형 | |
|---|---|---|
| | 과정평가 | 결과평가 |
| A. 포트폴리오 | | |
| B. 문제해결 시나리오 | | |
| C. 서술형 시험 | | ✓ |
| D. 논술형 시험 | | ✓ |

| E. 사례연구 | | |
|---|---|---|
| F. 평가자 질문 | ✓ | ✓ |
| G. 평가자 체크리스트 | ✓ | ✓ |
| H. 피 평가자 체크리스트 | | |
| I. 일지/저널 | | |
| J. 역할연기 | | |
| K. 구두발표 | | |
| L. 작업장 평가 | ✓ | ✓ |
| M. 기타 | | |

## ■ 평가 시 고려사항

- **수행준거에 제시되어 있는 내용을 성공적으로 수행할 수 있는지를 평가해야 한다.**
- **평가자는 다음 사항을 평가해야 한다.**
  - 조리 시 위생관리를 할 수 있는 능력
  - 안전관리를 지킬 수 있는  능력
  - 식재료를 구매, 검수, 저장 관리하는 능력
  - 중식조리 기구의 종류와 기능을 활용 할 수 있는 능력
  - 조리도구를 다룰 수 있는 능력
  - 조리도구를 보관, 관리할 수 있는 능력
  - 중식조리에 필요한 조리기능을 작업하고 활용할 수 있는 능력
  - 중식 기초 조리에 필요한 자료를 수집할 수 있는 능력
  - 중식조리 레시피를 보고 이해할 수 있는 능력
  - 조리의 숙련 정도
  - 시간준수 능력

## 〈직업기초능력〉

| 순번 | 직업기초능력 | |
|---|---|---|
| | 주요영역 | 하위영역 |
| 1 | 의사소통능력 | 문서이해능력, 문서작성능력, 경청능력, 의사표현능력, 기초외국어능력 |
| 2 | 문제해결능력 | 사고력, 문제처리능력 |
| 3 | 자기개발능력 | 자아인식능력, 자기관리능력, 경력개발능력 |
| 4 | 대인관계능력 | 팀워크능력, 리더십능력, 갈등관리능력, 협상능력, 고객서비스능력 |
| 5 | 기술능력 | 기술이해능력, 기술선택능력, 기술적용능력 |
| 6 | 직업윤리능력 | 근로윤리, 공동체윤리 |

| 주요업무 | 책임 및 역할 |
|---|---|
| 위생관리 하기 | · 개인위생을 관리하기 위해 신체청결을 유지하고 근무 중의 흡연, 음주, 취식 등에 대한 작업장 근무수칙을 준수한다.<br>· 법률기준에 따라 작업장 위생 관리 업무를 준비, 수행한다.<br>· 작업장 내에서 사용하는 주방도구, 장비, 작업공간을 구분하여 사용한다.<br>· 위생안전에 있어 위해요소를 파악하고, 취급규칙에 따라 다룬다.<br>· 작업 중 교차오염의 발생을 예방하기 위하여 세척, 소독, 작업 순서 조절을 한다.<br>· 남은 재료, 폐기물 등을 정해진 절차에 따라서 처리한다. |
| 안전관리 하기 | · 개인안전사고 예방을 위해 도구 및 장비의 정리정돈을 상시한다.<br>· 반복 작업에 따른 부상 및 질환에 대하여 안전 장구류를 착용하여 예방한다.<br>· 화재 발생 시 소화기 등을 사용하여 초기에 대응한다.<br>· 안전 장비류 취급 시 주의사항을 숙지하고 실천한다.<br>· 중식조리기구의 종류를 파악하고 사용한다.<br>· 작업장 내의 적정한 수준의 조명과 환기, 이물질, 미끄럼 및 오염을 방지한다. |

| 1301010301_14v2 중식 조리실무 | | | | | | |
|---|---|---|---|---|---|---|
| 진단영역 | 진 단 문 항 | 매우미흡 | 미흡 | 보통 | 우수 | 매우우수 |
| 위생관리 하기 | 1. 나는 개인위생을 관리하기 위해 신체청결을 유지하고 근무 중의 흡연, 음주, 취식 등에 대한 작업장 근무수칙을 준수할 수 있다. | ① | ② | ③ | ④ | ⑤ |
| | 2. 나는 법률기준에 따라 작업장 위생 관리 업무를 준비, 수행할 수 있다. | ① | ② | ③ | ④ | ⑤ |
| | 3. 나는 작업장 내에서 사용하는 주방도구, 장비, 작업공간을 구분하여 사용할 수 있다. | ① | ② | ③ | ④ | ⑤ |
| | 4. 나는 위생안전에 있어 위해요소를 파악하고, 취급규칙에 따라 다룰 수 있다. | ① | ② | ③ | ④ | ⑤ |
| | 5. 나는 작업 중 교차오염의 발생을 예방하기 위하여 세척, 소독, 작업순서 조절을 할 수 있다. | ① | ② | ③ | ④ | ⑤ |
| | 6. 나는 남은 재료, 폐기물 등을 정해진 절차에 따라서 처리할 수 있다. | ① | ② | ③ | ④ | ⑤ |
| 안전관리 하기 | 1. 나는 개인안전사고 예방을 위해 도구 및 장비의 정리정돈을 상시할 수 있다. | ① | ② | ③ | ④ | ⑤ |
| | 2. 나는 반복 작업에 따른 부상 및 질환에 대하여 안전 장구류를 착용하여 예방할 수 있다. | ① | ② | ③ | ④ | ⑤ |
| | 3. 나는 화재 발생 시 소화기 등을 사용하여 초기에 대응할 수 있다. | ① | ② | ③ | ④ | ⑤ |
| | 4. 나는 안전 장비류 취급 시 주의사항을 숙지하고 실천할 수 있다. | ① | ② | ③ | ④ | ⑤ |
| | 5. 나는 중식조리기구의 종류를 파악하고 사용할 수 있다. | ① | ② | ③ | ④ | ⑤ |
| | 6. 나는 작업장 내의 적정한 수준의 조명과 환기, 이물질, 미끄럼 및 오염을 방지할 수 있다. | ① | ② | ③ | ④ | ⑤ |

# 일식조리실무(3)

| 분류번호 | 능력단위(수준) | 능력단위요소 | 수준 |
|---|---|---|---|
| 1301010401_14v2 | 일식조리실무(5) | 1. 위생관리 하기 | 3 |
| | | 2. 안전관리 하기 | 3 |
| | | 3. 메뉴관리 하기 | 5 |
| | | 4. 구매관리 하기 | 3 |
| | | 5. 식재료관리 하기 | 5 |
| | | 6. 일식 기초기능 익히기 | 5 |

- **분류번호** : 1301010401_14v2
- **능력단위명칭** : 일식조리실무
- **능력단위정의**

일식조리실무란 일식 기초조리작업 수행에 필요한 위생관리. 안전관리, 메뉴관리, 구매관리, 식재료관리, 조리기초기능을 습득하는 능력이다.

| 능력단위 요소 | 수행준거 |
|---|---|
| 1301010401_14v2.1<br>위생관리 하기 | 1.1 개인위생을 관리하기 위해 신체청결을 유지하고 근무 중의 흡연, 음주, 취식 등에 대한 작업장 근무수칙을 준수할 수 있다.<br>1.2 법률기준에 따라 작업장 위생 관리 업무를 준비, 수행할 수 있다.<br>1.3 작업장 내에서 사용하는 주방도구, 장비, 작업공간을 구분하여 사용할 수 있다.<br>1.4 위생안전에 있어 위해요소를 파악하고, 취급규칙에 따라 다룰 수 있다.<br>1.5 작업 중 교차오염의 발생을 예방하기 위하여 세척, 소독, 작업순서 조절을 할 수 있다.<br>1.6 남은 재료, 폐기물 등을 정해진 절차에 따라서 처리할 수 있다.<br><br>【지 식】<br>ㅇ 미생물의 분류, 성질, 특성<br>ㅇ 식품위생법<br>ㅇ 식품위생에 관련된 질병, 식중독, 미생물의 특성<br>ㅇ 위생관리 기초지식<br>ㅇ 일식 조리기구의 종류와 명칭, 특징<br>ㅇ 조리도구·장비의 종류와 특성<br>ㅇ 조리원리 |

| | |
|---|---|
| | 【기 술】<br>○ 냉장 냉동고의 관리능력<br>○ 매뉴얼에 의해 실행, 관리할 수 있는 능력<br>○ 방서, 방충기술<br>○ 세제, 소독제 등 약품 류의 취급기술<br>○ 숫돌 사용 및 관리 능력<br>○ 식중독 예방, 대처 능력<br>○ 용도별, 종류별 칼 사용 기술과 관리능력<br>○ 위생장구의 활용능력<br>○ 조리도구·장비 관리기술<br><br>【태 도】<br>○ 메모 하는 태도<br>○ 매뉴얼에 따른 위생관리수칙 실행 자세<br>○ 반복 훈련 태도<br>○ 식품위생법 준수 태도<br>○ 원활한 의사소통<br>○ 위생관리 준수 정시<br>○ 적극적인 질문 태도<br>○ 적합한 용모와 복장<br>○ 주방도구 정리정돈 태도<br>○ 주의 깊게 관찰하는 태도 |
| 1301010401_14v2.2<br>안전관리 하기 | 2.1 개인안전사고 예방을 위해 도구 및 장비의 정리정돈을 상시할 수 있다.<br>2.2 반복 작업에 따른 부상 및 질환에 대하여 안전 장구류를 착용하여 예방할 수 있다.<br>2.3 화재 발생 시 소화기 등을 사용하여 초기에 대응할 수 있다.<br>2.4 안전 장비류 취급 시 주의사항을 숙지하고 실천할 수 있다.<br>2.5 일식 조리기구의 종류를 파악하고 사용할 수 있다.<br>2.6 작업장 내의 적정한 수준의 조명과 환기, 이물질, 미끄럼 및 오염을 방지할 수 있다.<br><br>【지 식】<br>○ 냉장 냉동고의 관리방법<br>○ 매뉴얼에 의해 실행, 관리할 수 있는 지식<br>○ 방서, 방충방법<br>○ 세제, 소독제 등 약품 류의 취급 법<br>○ 숫돌 사용 및 관리 지식<br>○ 식중독 예방, 대처 방법<br>○ 용도별, 종류별 칼 사용 기술과 관리방법<br>○ 위생장구의 활용지식<br>○ 조리도구·장비 관리법 |

【기 술】

- O LNG, LPG 등 연료용 가스 취급기술(유출검사, 안전 취급)
- O 냉장고, 냉동고의 종류, 동작특성, 관리능력
- O 매뉴얼에 의해 실행, 관리할 수 있는 능력
- O 숫돌 사용 및 관리 능력
- O 용도별, 종류별 칼 사용 기술과 관리능력
- O 응급처치기술(지혈, 소독, 화상 처치 등)
- O 조리도구·장비의 종류와 동작특성, 관리기술
- O 주방도구의 활용, 관리, 보관 능력

【태 도】

- O 메모 하는 태도
- O 매뉴얼에 따른 안전관리 수칙실행 자세
- O 반복 훈련 태도
- O 식품위생법 준수 태도
- O 안전관리 준수 정신
- O 안전사항 준수 태도
- O 원활한 의사소통
- O 적극적인 질문 태도
- O 적합한 용모와 복장
- O 주방도구 정리정돈 태도
- O 주의 깊게 관찰하는 태도

## 〈적용범위 및 작업 상황〉

### ■ 고려사항

- **위생관리는 조리작업의 수행에 있어서 작업장, 작업자의 위생을 유지하고 관리하기 위하여 필요로 하는 능력이다.**
- **안전관리는 조리작업의 수행에 있어서 작업자, 시설의 안전을 유지하고 관리하기 위하여 필요로 하는 능력이다.**
- **이 능력단위는 다음 범위가 포함된다.**

  - 식품위생법규, 개인위생, 식품위생, 공중위생
  - 위해요소중점관리기준(HACCP) 활용에 대한 이해
  - 가스, 전기, 화재, 위험물 관리 등

■ 자료 및 관련서류

- 일식  전문 서적
- 식품위생법규
- 안전관리 전문서적

■ 장비 및 도구

- 칼, 도마, 계량컵, 계량스푼, 계량저울, 조리용 젓가락, 온도계, 염도계, 체, 조리용 집게, 타이머 등
- 불과 열 도구, 냉장고 등
- 주방기물 및 장비
- 소화기, 응급처치 도구
- 위생복·앞치마·모자·위생행주·1회용 위생 장갑·분리수거용 봉투 등
- 위생 관련 약품 : 소독제, 세제, 방청제 등
- 소독, 방충 및 방서 장비와 활동에는 물리적, 화학적 도구·장비와 관련 활동을 모두 포함한다.
  - 물리적 방법 : 방충망, 방서구 (쥐덫, 끈끈이), 자외선램프, 통로 차단)

〈평가지침〉

■ 평가방법

- 평가자는 능력단위 일식 조리실무의 수행준거에 제시되어 있는 내용을 평가하기 위해 이론과 실기를 나누어 평가하거나 종합적인 결과물 등 다양한 평가 방법을 사용할 수 있다.
- 피 평가자의 과정평가 및 결과평가 방법

| 평 가 방 법 | 평 가 유 형 | |
|---|---|---|
| | 과 정 평 가 | 결 과 평 가 |
| A. 포트폴리오 | | |
| B. 문제해결 시나리오 | | |
| C. 서술형 시험 | ✓ | ✓ |
| D. 논술형 시험 | ✓ | ✓ |

| | | |
|---|---|---|
| E. 사례연구 | | |
| F. 평가자 질문 | ✓ | ✓ |
| G. 평가자 체크리스트 | ✓ | ✓ |
| H. 피 평가자 체크리스트 | | |
| I. 일지/저널 | | |
| J. 역할연기 | | |
| K. 구두발표 | | |
| L. 작업장 평가 | ✓ | ✓ |
| M. 기타 | | |

■ 평가 시 고려사항

- **수행준거에 제시되어 있는 내용을 성공적으로 수행할 수 있는지를 평가해야 한다.**
- **평가자는 다음 사항을 평가해야 한다.**

– 조리 시 위생관리를 할 수 있는 능력

– 안전관리를 지킬 수 있는 능력

## 〈직업기초능력〉

| 순번 | 직업기초능력 | |
|---|---|---|
| | 주요영역 | 하위영역 |
| 1 | 의사소통능력 | 문서이해능력, 문서작성능력, 경청능력, 의사표현능력 |
| 2 | 문제해결능력 | 사고력, 문제처리능력 |
| 3 | 자기개발능력 | 자아인식능력, 자기관리능력, 경력개발능력 |
| 4 | 대인관계능력 | 팀워크능력, 리더십능력, 갈등관리능력, 고객서비스능력 |
| 5 | 기술능력 | 기술이해능력, 기술선택능력, 기술적용능력 |
| 6 | 직업윤리능력 | 근로윤리, 공동체윤리 |

| 주요업무 | 책임 및 역할 |
|---|---|
| 위생관리 하기 | · 개인위생을 관리하기 위해 신체청결을 유지하고 근무 중의 흡연, 음주, 취식 등에 대한 작업장 근무수칙을 준수한다.<br>· 법률기준에 따라 작업장 위생 관리 업무를 준비, 수행한다.<br>· 작업장 내에서 사용하는 주방도구, 장비, 작업공간을 구분하여 사용한다.<br>· 위생안전에 있어 위해요소를 파악하고, 취급규칙에 따라 다룬다.<br>· 작업 중 교차오염의 발생을 예방하기 위하여 세척, 소독, 작업순서 조절을 한다.<br>· 남은 재료, 폐기물 등을 정해진 절차에 따라서 처리한다. |
| 안전관리 하기 | · 개인안전사고 예방을 위해 도구 및 장비의 정리정돈을 상시한다.<br>· 반복 작업에 따른 부상 및 질환에 대하여 안전 장구류를 착용하여 예방한다.<br>· 화재 발생 시 소화기 등을 사용하여 초기에 대응한다.<br>· 안전장비류 취급 시 주의사항을 숙지하고 실천한다.<br>· 일식 조리기구의 종류를 파악하고 사용한다.<br>· 작업장 내의 적정한 수준의 조명과 환기, 이물질, 미끄럼 및 오염을 방지한다. |

| 평가영역 | | 평가문항 | 매우미흡 | 미흡 | 보통 | 우수 | 매우우수 |
|---|---|---|---|---|---|---|---|
| 일식 조리 실무 | 위생관리 하기 | · 개인위생을 관리하기 위해 신체청결을 유지하고 근무 중의 흡연, 음주, 취식 등에 대한 작업장 근무수칙을 준수할 수 있다. | ① | ② | ③ | ④ | ⑤ |
| | | · 법률기준에 따라 작업장 위생 관리 업무를 준비, 수행할 수 있다. | ① | ② | ③ | ④ | ⑤ |
| | | · 작업장에서 사용하는 주방도구, 장비, 작업공간을 구분하여 사용할 수 있다. | ① | ② | ③ | ④ | ⑤ |
| | | · 위생안전에 있어 위해요소를 파악하고, 취급규칙에 따라 다룰 수 있다. | ① | ② | ③ | ④ | ⑤ |
| | | · 작업 중 교차오염의 발생을 예방하기 위하여 세척, 소독, 작업순서 조절을 할 수 있다. | ① | ② | ③ | ④ | ⑤ |
| | | · 남은 재료, 폐기물 등을 정해진 절차에 따라서 처리할 수 있다. | ① | ② | ③ | ④ | ⑤ |

| | | | | | | |
|---|---|---|---|---|---|---|
| 안전관리 하기 | · 개인안전사고 예방을 위해 도구 및 장비의 정리정돈을 상시할 수 있다. | ① | ② | ③ | ④ | ⑤ |
| | · 반복 작업에 따른 부상 및 질환에 대하여 안전 장구류를 착용하여 예방할 수 있다. | ① | ② | ③ | ④ | ⑤ |
| | · 화재 발생 시 소화기 등을 사용하여 초기에 대응할 수 있다. | ① | ② | ③ | ④ | ⑤ |
| | · 안전 장비류 취급 시 주의사항을 숙지하고 실천할 수 있다. | ① | ② | ③ | ④ | ⑤ |
| | · 일식조리기구의 종류를 파악하고 사용할 수 있다. | ① | ② | ③ | ④ | ⑤ |
| | · 작업장 내의 적정한 수준의 조명과 환기, 이물질, 미끄럼 및 오염을 방지할 수 있다. | ① | ② | ③ | ④ | ⑤ |

| 1301010401_14v2 일식조리실무 | | | | | | |
|---|---|---|---|---|---|---|
| 진단영역 | 진 단 문 항 | 매우미흡 | 미흡 | 보통 | 우수 | 매우우수 |
| 위생관리 하기 | 1. 나는 개인위생을 관리하기 위해 신체청결을 유지하고 근무 중의 흡연, 음주, 취식 등에 대한 작업장 근무수칙을 준수할 수 있다. | ① | ② | ③ | ④ | ⑤ |
| | 2. 나는 법률기준에 따라 작업장 위생 관리 업무를 준비, 수행할 수 있다. | ① | ② | ③ | ④ | ⑤ |
| | 3. 나는 작업장 내에서 사용하는 주방도구, 장비, 작업공간을 구분하여 사용할 수 있다. | ① | ② | ③ | ④ | ⑤ |
| | 4. 나는 위생안전에 있어 위해요소를 파악하고, 취급규칙에 따라 다룰 수 있다. | ① | ② | ③ | ④ | ⑤ |
| | 5. 나는 작업 중 교차오염의 발생을 예방하기 위하여 세척, 소독, 작업순서 조절을 할 수 있다. | ① | ② | ③ | ④ | ⑤ |
| | 6. 나는 남은 재료, 폐기물 등을 정해진 절차에 따라서 처리할 수 있다. | ① | ② | ③ | ④ | ⑤ |

| | | | | | | |
|---|---|---|---|---|---|---|
| 안전관리 하기 | 1. 나는 개인안전사고 예방을 위해 도구 및 장비의 정리정돈을 상시할 수 있다. | ① | ② | ③ | ④ | ⑤ |
| | 2. 나는 반복 작업에 따른 부상 및 질환에 대하여 안전 장구류를 착용하여 예방할 수 있다. | ① | ② | ③ | ④ | ⑤ |
| | 3. 나는 화재 발생 시 소화기 등을 사용하여 초기에 대응할 수 있다. | ① | ② | ③ | ④ | ⑤ |
| | 4. 나는 안전 장비류 취급 시 주의사항을 숙지하고 실천할 수 있다. | ① | ② | ③ | ④ | ⑤ |
| | 5. 나는 일식조리기구의 종류를 파악하고 사용할 수 있다. | ① | ② | ③ | ④ | ⑤ |
| | 6. 나는 직입장 내의 석정한 수준의 조명과 환기, 이물질, 미끄럼 및 오염을 방지할 수 있다. | ① | ② | ③ | ④ | ⑤ |

## 과자류제품 위생안전관리(4)

| 분류번호 | 능력단위(수준) | 능력단위요소 | 수준 |
|---|---|---|---|
| 2102010108_14v2 | 과자류제품 위생안전관리(4) | 1. 개인 위생안전관리하기 | 3 |
| | | 2. 환경 위생안전관리하기 | 3 |
| | | 3. 기기 안전관리하기 | 3 |
| | | 4. 공정 안전관리하기 | 4 |

- **분류번호** : 2102010108_14v2
- **능력단위명칭** : 과자류제품 위생안전관리
- **능력단위정의**

과자류제품 위생안전관리란 완제품의 위생적이고 안전한 제조를 위해서 개인, 환경, 기기, 공정의 위생안전관리를 수행하는 능력이다.

| 능력단위 요소 | 수행준거 |
|---|---|
| 2102010108_14v2.1<br>개인 위생안전관리하기 | 1.1 식품위생법에 준해서 개인위생안전관리 지침서를 만들 수 있다.<br>1.2 식품위생법에 준한 작업복, 복장, 개인건강, 개인위생 등을 관리할 수 있다.<br>1.3 식품위생법에 준한 개인위생으로 발생하는 교차오염 등을 관리할 수 있다.<br>1.4 식중독의 발생 요인과 증상 및 대처방법에 따라 개인위생에 대하여 점검 관리할 수 있다.<br><br>【지 식】<br>○ 식품위생법에 대한 지식<br>○ 개인위생관리에 대한 지식<br>○ 식중독 예방에 대한 지식<br><br>【기 술】<br>○ 종업원 개인청결을 통한 식중독 예방 능력<br>○ 시계, 반지, 팔찌 등 개인 장식품에 의한 오염원 예방 능력<br>○ 손씻기를 통한 개인위생관리 능력<br>○ 작업복, 모자 등 착용으로 인한 오염원 제거 능력<br><br>【태 도】<br>○ 개인위생에 대한 청결한 태도<br>○ 개인위생 오염원 발견 시 적극적인 제거 의지<br>○ 개인위생절차 준수 |
| 2102010108_14v2.2<br>환경 위생안전관리하기 | 2.1 작업환경 위생안전관리 시 식품위생법규에 따라 작업환경 위생안전관리 지침서를 작성할 수 있다.<br>2.2 작업환경 위생안전관리 시 지침서에 따라 작업장주변 정리 정돈 및 소독 등을 관리 점검할 수 있다.<br>2.3 작업환경 위생안전관리 시 지침서에 따라 제품을 제조하는 작업장 및 매장의 온·습도관리를 통하여 미생물 오염원인, 안전위해요소 등을 제거할 수 있다.<br>2.4 작업환경 위생안전관리 시 지침서에 따라 방충, 방서, 안전 관리를 할 수 있다.<br>2.5 작업환경 위생안전관리 시 지침서에 따라 작업장 주변 환경을 점검 관리할 수 있다.<br><br>【지 식】<br>○ 작업장 위생안전에 관한 지식 ○ 미생물에 대한 지식<br>○ 방충, 방서관리 방법 ○ 구역별 환경 위생관리 방법<br><br>【기 술】<br>○ 문, 창문의 방충망 설치와 해충이 먹을 수 있는 음식물제거 능력<br>○ 모든 물품의 바닥에서 15cm, 벽에서 15cm 떨어진 상태로 보관하는 능력<br>○ 작업장 내 이물, 거미줄, 먼지, 곰팡이, 응결수 등을 제거하는 능력<br>○ 하수시설의 관리 능력 |

| | |
|---|---|
| | 【태 도】<br>O 작업장환경에 대한 적극적인 위생관리 의지<br>O 작업장환경에 대한 안전성을 고려하는 자세<br>O 작업장환경의 오염원 발견 시 적극적인 제거 의지<br>O 작업장환경의 정리 정돈을 잘하는 자세 |
| 2102010108_14v2.3<br>기기 안전관리하기 | 3.1 기기관리 시 내부안전규정에 따라 기기관리 지침서를 작성할 수 있다.<br>3.2 기기관리 시 지침서에 따라 기자재관리를 할 수 있다.<br>3.3 기기관리 시 지침서에 따라 소도구관리를 할 수 있다.<br>3.4 기기관리 시 지침서에 따라 설비관리를 할 수 있다.<br><br>【지 식】<br>O 기자재 위생관리방법<br>O 소도구 위생관리방법<br>O 설비 위생관리방법<br>O 기기 운용관리방법<br><br>【기 술】<br>O 기자재의 청결유지 및 소독 능력<br>O 소도구의 청결유지 및 소독 능력<br>O 설비 및 기기의 청결유지 및 소독 능력<br>O 제조업체 관리지침서에 따라 기기 안전성유지 능력<br><br>【태 도】<br>O 정기적인 기기 안전관리절차 준수<br>O 제조업체 기기관리 지침서 숙지 태도<br>O 적극적인 청결유지 및 소독 자세 |
| | 4.1 공정관리 시 내부공정관리규정에 따라 공정관리 지침서를 작성할 수 있다.<br>4.2 공정관리 지침서에 따라 제품설명서를 작성할 수 있다.<br>4.3 공정관리 지침서에 따라 제빵공정도 및 작업장 평면도 등 공정 흐름도를 작성할 수 있다.<br>4.4 공정관리 지침서에 따라 제과공정별 생물적, 화학적, 물리적 위해요소를 도출할 수 있다.<br>4.5 공정관리 지침서에 따라 제과공정별 중요 관리점을 도출할 수 있다.<br>4.6 공정관리 지침서에 따라 발효, 굽기, 냉각 등 공정에 대해 한계기준, 모니터링, 개선조치 등이 포함된 관리계획을 작성할 수 있다.<br>4.7 공정별로 작성된 관리계획에 따라 발효, 굽기. 냉각 등 공정을 관리할 수 있다.<br>4.8 공정관리 한계기준 이탈 시 적절한 개선조치를 취할 수 있다. |

| | |
|---|---|
| 21210209_14v1.4<br>공정 안전관리하기 | 【지 식】<br>O 제품특성에 관한 지식<br>O 제조공정흐름에 관한 지식<br>O 공정별 위해요소의 종류와 발생에 관한 지식<br>O 중요 관리점 관리원칙에 관한 지식<br><br>【기 술】<br>O 제품설명서, 공정 흐름도 작성을 통한 제품에 대한 정확한 분석 능력<br>O 제과공정별 위해요소 도출을 통한 식중독의 발생원인 인식 능력<br>O 제과공정별 중요 관리점 도출과 관리계획 작성을 통한 식중독 예방 능력<br>O 제과공정별 공정관리 실천을 통한 식중독발생원인 제거 능력<br><br>【태 도】<br>O 안전한 공정관리절차 준수<br>O 위해요소에 대한 합리적인 분석 자세<br>O 위해요소해결에 대한 전문적이고 객관적인 자세<br>O 공정관리기준에 대한 정확한 수용 태도<br>O 공정관리에 대한 책임감 있는 자세 |

## 〈적용범위 및 작업 상황〉

### ■ 고려사항

- 이 능력단위는 제과제품의 위생과 안전을 관리하는 모든 업무에 적용한다.
- 개인위생안전이란 머리카락, 손톱, 피부상처 등으로 인하여 식품에 위해 될 수 있는 것을 방지하고 작업복, 모자, 장갑, 앞치마, 마스크 등의 위생상태를 관리하는 것을 말한다.
- 환경위생이라 함은 제과생산과 판매에 필요한 도구, 기기, 작업장, 판매장과 저장고 등 주변의 환경에 의해 식품에 위해 될 수 있는 요인을 미연에 방지하기 위한 주변 환경 위생관리를 말한다.
- 기기 관리란 제과제조에 필요한 도구, 기기 등을 청결하게 관리하고 고장에 대한 수리까지도 포함하는 것을 말한다.
- 식품위생법이란 대한민국에서는 모든 식품을 제조 시 식품위생법에 준하여 제조할 의무를 가지고 있으며 이를 위반 시 식품위생법에 따른 처벌을 받게 됨을 인식해야 한다.
- 기기관리 지침서라 함은 기기의 생산 출고 시 첨부되어 있는 작동방법과 관리에 대한 지침 등이 표기된 책자를 말한다.

- 기자재란 진열대, 진열대(상온, 냉동, 냉장 등), POS, 에어컨, 정수기 등을 의미한다.
- 소도구란 집게, 쟁반, 장갑 등을 의미한다.
- 설비란 작업대, 냉동, 냉장기기, 제빙기, 오븐, 믹서기, 각종 팬, 파이롤러 등을 의미한다.
- 작업장에는 원료처리실, 제조가공실, 포장실을 포함한다.
- 작업장 주변 환경에는 설비, 바닥, 벽, 천정, 수도, 하수, 전기, 가스, 조명, 환기, 창고, 화장실, 쓰레기 처리구역, 재활용품 처리방법 등을 포함한다.
- 공정관리란 제과의 제조공정관리에 필요한 제품설명서와 공정 흐름도를 작성하고 위해요소 분석을 통해 중요 관리점을 결정하며, 결정된 중요 관리점에 대한 세부적인 관리계획을 수립하여 공정관리하는 것을 말한다.

## ■ 자료 및 관련서류

- 식품위생법규
- 위생안전관리 지침서
- 제품설명서
- 위해요소분석표
- 중요 관리점의 관리계획서
- 기기 관련 지침서
- 식품위해요소 중점관리기준
- 공정 흐름도
- 중요 관리점 결정표
- 중요 관리점 모니터링 양식

## ■ 장비 및 도구

- 세척 건조기
- 소독기기(자외선 살균기, 알코올 소독기, 에어필터) 등
- 간이 위생검사 장치(미생물 분석키트) 등
- 온도계 혹은 온도 자동기록 장치
- 방서, 방충 설비
- 세척. 건조. 소독 설비
- 간이 위생검사 장치
- 금속 탐지기
- 습도계 혹은 습도 자동기록 장치
- 컴퓨터
- 청소도구 및 용품

## ■ 재료

- 소독제
- 세정제
- 배지

〈평가지침〉

## ■ 평가방법

- 평가자는 능력단위 과자류제품 위생안전관리의 수행준거에 제시되어 있는 내용을 평가하기 위해 이론과 실기를 나누어 평가하거나 종합적인 결과물의 평가 등 다양한 평가 방법을 사용할 수 있다.
- 피 평가자의 과정평가 및 결과평가 방법

| 평 가 방 법 | 평 가 유 형 | |
|---|---|---|
| | 과 정 평 가 | 결 과 평 가 |
| A. 포트폴리오 | | |
| B. 문제해결 시나리오 | | |
| C. 서술형 시험 | ✓ | |
| D. 논술형 시험 | | |
| E. 사례연구 | ✓ | ✓ |
| F. 평가자 질문 | | ✓ |
| G. 평가자 체크리스트 | | ✓ |
| H. 피 평가자 체크리스트 | ✓ | |
| I. 일지/저널 | | |
| J. 역할연기 | | |
| K. 구두발표 | | |
| L. 작업장 평가 | | ✓ |
| M. 기타 | | |

## ■ 평가 시 고려사항

- 수행준거에 제시되어 있는 내용을 성공적으로 수행할 수 있는지를 평가해야 한다.
- 평가자는 다음 사항을 평가해야 한다.

  – 식품위생법에 대한 이해 능력

- 개인위생에 대한 이해 능력
- 환경위생에 대한 이해 능력
- 기기관리 및 고장수리에 대한 이해 능력
- 공정관리, 위해요소 및 중요 관리점에 대한 이해 능력

## 〈직업기초능력〉

| 순번 | 직업기초능력 | |
|---|---|---|
| | 주요영역 | 하위영역 |
| 1 | 의사소통능력 | 문서이해능력, 문서작성능력, 경청능력, 의사표현능력, 기초외국어능력 |
| 2 | 문제해결능력 | 사고력, 문제처리능력 |
| 3 | 대인관계능력 | 팀워크능력, 리더십능력, 갈등관리능력, 협상능력, 고객서비스능력 |
| 4 | 정보능력 | 컴퓨터활용능력, 정보처리능력 |
| 5 | 기술능력 | 기술이해능력, 기술선택능력, 기술적용능력 |

## 〈개발 이력〉

| 구분 | | 내용 |
|---|---|---|
| 직무명칭 | | 제과 |
| 분류번호 | | 2102010108_14v2 |
| 개발연도 | 현재 | 2014 |
| | 최초(1차) | 2006 |
| 버전번호 | | v2 |
| 개 발 자 | 현재 | 대한제과협회 |
| | 최초(1차) | 대한제과협회 |
| 향후 보완 연도(예정) | | 2019 |

<table>
<tr><th colspan="2">평가영역</th><th>평가문항</th><th>매우미흡</th><th>미흡</th><th>보통</th><th>우수</th><th>매우우수</th></tr>
<tr><td rowspan="16">과자류 제품 위생 안전 관리</td><td rowspan="4">개인 위생 안전관리하기</td><td>· 식품위생법에 준해서 개인위생안전관리 지침서를 만들 수 있다.</td><td>①</td><td>②</td><td>③</td><td>④</td><td>⑤</td></tr>
<tr><td>· 식품위생법에 준한 작업복, 복장, 개인건강, 개인위생 등을 관리할 수 있다.</td><td>①</td><td>②</td><td>③</td><td>④</td><td>⑤</td></tr>
<tr><td>· 식품위생법에 준한 개인위생으로 발생하는 교차오염 등을 관리할 수 있다.</td><td>①</td><td>②</td><td>③</td><td>④</td><td>⑤</td></tr>
<tr><td>· 식중독의 발생 요인과 증상 및 대처방법에 따라 개인위생에 대하여 점검관리할 수 있다.</td><td>①</td><td>②</td><td>③</td><td>④</td><td>⑤</td></tr>
<tr><td rowspan="5">환경 위생 안전관리하기</td><td>· 작업환경 위생안전관리 시 식품위생법규에 따라 작업환경 위생안전관리 지침서를 작성할 수 있다.</td><td>①</td><td>②</td><td>③</td><td>④</td><td>⑤</td></tr>
<tr><td>· 작업환경 위생안전관리 시 지침서에 따라 작업장주변 정리 정돈 및 소독 등을 점검관리할 수 있다.</td><td>①</td><td>②</td><td>③</td><td>④</td><td>⑤</td></tr>
<tr><td>· 작업환경 위생안전관리 시 지침서에 따라 제품을 제조하는 작업장 및 매장의 온·습도관리를 통하여 미생물 오염원인, 안전위해요소 등을 제거할 수 있다.</td><td>①</td><td>②</td><td>③</td><td>④</td><td>⑤</td></tr>
<tr><td>· 작업환경 위생안전관리 시 지침서에 따라 방충, 방서, 안전관리를 할 수 있다.</td><td>①</td><td>②</td><td>③</td><td>④</td><td>⑤</td></tr>
<tr><td>· 작업환경 위생안전관리 시 지침서에 따라 작업장 주변 환경을 점검관리할 수 있다.</td><td>①</td><td>②</td><td>③</td><td>④</td><td>⑤</td></tr>
<tr><td rowspan="4">기기 안전관리하기</td><td>· 기기관리 시 내부안전규정에 따라 기기관리 지침서를 작성할 수 있다.</td><td>①</td><td>②</td><td>③</td><td>④</td><td>⑤</td></tr>
<tr><td>· 기기관리 시 지침서에 따라 기자재관리를 할 수 있다.</td><td>①</td><td>②</td><td>③</td><td>④</td><td>⑤</td></tr>
<tr><td>· 기기관리 시 지침서에 따라 소도구관리를 할 수 있다.</td><td>①</td><td>②</td><td>③</td><td>④</td><td>⑤</td></tr>
<tr><td>· 기기관리 시 지침서에 따라 설비관리를 할 수 있다.</td><td>①</td><td>②</td><td>③</td><td>④</td><td>⑤</td></tr>
<tr><td rowspan="3"></td><td>· 공정관리 시 내부공정관리규정에 따라 공정관리 지침서를 작성할 수 있다.</td><td>①</td><td>②</td><td>③</td><td>④</td><td>⑤</td></tr>
<tr><td>· 공정관리 지침서에 따라 제품설명서를 작성할 수 있다.</td><td>①</td><td>②</td><td>③</td><td>④</td><td>⑤</td></tr>
<tr><td>· 공정관리 지침서에 따라 제빵공정도 및 작업장 평면도 등 공정 흐름도를 작성할 수 있다.</td><td>①</td><td>②</td><td>③</td><td>④</td><td>⑤</td></tr>
</table>

| | | | | | | |
|---|---|---|---|---|---|---|
| 공정 안전관리하기 | · 공정관리 지침서에 따라 제과공정별 생물적, 화학적, 물리적 위해요소를 도출할 수 있다. | ① | ② | ③ | ④ | ⑤ |
| | · 공정관리 지침서에 따라 제과공정별 중요 관리점을 도출할 수 있다. | ① | ② | ③ | ④ | ⑤ |
| | · 공정관리 지침서에 따라 발효, 굽기, 냉각 등 공정에 대해 한계기준, 모니터링, 개선조치 등이 포함된 관리 계획을 작성할 수 있다. | ① | ② | ③ | ④ | ⑤ |
| | · 공정별로 작성된 관리계획에 따라 발효, 굽기. 냉각 등 공정을 관리할 수 있다. | ① | ② | ③ | ④ | ⑤ |
| | · 공정관리 한계기준 이탈 시 적절한 개선조치를 취할 수 있다. | ① | ② | ③ | ④ | ⑤ |

| 2102010108_14v2 과자류제품 위생안전관리 | | | | | | |
|---|---|---|---|---|---|---|
| 진단영역 | 진 단 문 항 | 매우미흡 | 미흡 | 보통 | 우수 | 매우우수 |
| 개인 위생 안전관리하기 | 1. 나는 식품위생법에 준해서 개인위생안전관리 지침서를 만들 수 있다. | ① | ② | ③ | ④ | ⑤ |
| | 2. 나는 식품위생법에 준한 작업복, 복장, 개인건강, 개인위생 등을 관리할 수 있다. | ① | ② | ③ | ④ | ⑤ |
| | 3. 나는 식품위생법에 준한 개인위생으로 발생하는 교차오염 등을 관리할 수 있다. | ① | ② | ③ | ④ | ⑤ |
| | 4. 나는 식중독의 발생 요인과 증상 및 대처방법에 따라 개인위생에 대하여 점검 관리할 수 있다. | ① | ② | ③ | ④ | ⑤ |
| 환경 위생 안전관리하기 | 1. 나는 작업환경 위생안전관리 시 식품위생법규에 따라 작업환경 위생안전관리 지침서를 작성할 수 있다. | ① | ② | ③ | ④ | ⑤ |
| | 2. 나는 작업환경 위생안전관리 시 지침서에 따라 작업장주변 정리 정돈 및 소독 등을 관리 점검할 수 있다. | ① | ② | ③ | ④ | ⑤ |
| | 3. 나는 작업환경 위생안전관리 시 지침서에 따라 제품을 제조하는 작업장 및 매장의 온·습도관리를 통하여 미생물 오염원인, 안전위해요소 등을 제거할 수 있다. | ① | ② | ③ | ④ | ⑤ |

| | | | | | | |
|---|---|---|---|---|---|---|
| | 4. 나는 작업환경 위생안전관리 시 지침서에 따라 방충, 방서, 안전 관리를 할 수 있다. | ① | ② | ③ | ④ | ⑤ |
| | 5. 나는 작업환경 위생안전관리 시 지침서에 따라 작업장 주변 환경을 점검 관리할 수 있다. | ① | ② | ③ | ④ | ⑤ |
| 기기 안전관리 하기 | 1. 나는 기기관리 시 내부안전규정에 따라 기기관리 지침서를 작성할 수 있다. | ① | ② | ③ | ④ | ⑤ |
| | 2. 나는 기기관리 시 지침서에 따라 기자재관리를 할 수 있다. | ① | ② | ③ | ④ | ⑤ |
| | 3. 나는 기기관리 시 지침서에 따라 소도구관리를 할 수 있다. | ① | ② | ③ | ④ | ⑤ |
| | 3. 나는 화재 발생 시 소화기 등을 사용하여 초기에 대응할 수 있다. | ① | ② | ③ | ④ | ⑤ |
| | 4. 나는 기기관리 시 지침서에 따라 설비관리를 할 수 있다. | ① | ② | ③ | ④ | ⑤ |
| 공정 안전관리 하기 | 1. 나는 공정관리 시 내부공정관리규정에 따라 공정관리 지침서를 작성할 수 있다. | ① | ② | ③ | ④ | ⑤ |
| | 2. 나는 공정관리 지침서에 따라 제품설명서를 작성할 수 있다. | ① | ② | ③ | ④ | ⑤ |
| | 3. 나는 공정관리 지침서에 따라 제빵공정도 및 작업장 평면도 등 공정 흐름도를 작성할 수 있다. | ① | ② | ③ | ④ | ⑤ |
| | 4. 나는 공정관리 지침서에 따라 제과공정별 생물적, 화학적, 물리적 위해요소를 도출할 수 있다. | ① | ② | ③ | ④ | ⑤ |
| | 5. 나는 공정관리 지침서에 따라 제과공정별 중요 관리점을 도출할 수 있다. | ① | ② | ③ | ④ | ⑤ |
| | 6. 나는 공정관리 지침서에 따라 발효, 굽기, 냉각 등 공정에 대해 한계기준, 모니터링, 개선조치 등이 포함된 관리계획을 작성할 수 있다. | ① | ② | ③ | ④ | ⑤ |
| | 7. 나는 공정별로 작성된 관리계획에 따라 발효, 굽기. 냉각 등 공정을 관리할 수 있다. | ① | ② | ③ | ④ | ⑤ |
| | 8. 나는 공정관리 한계기준 이탈 시 적절한 개선조치를 취할 수 있다. | ① | ② | ③ | ④ | ⑤ |

# 빵류제품 위생안전관리(4)

| 분류번호 | 능력단위(수준) | 능력단위요소 | 수준 |
|---|---|---|---|
| 2102010209_14v2 | 빵류제품 위생안전관리(4) | 1. 개인 위생안전관리하기 | 3 |
| | | 2. 환경 위생안전관리하기 | 3 |
| | | 3. 기기 안전관리하기 | 3 |
| | | 4. 공정 안전관리하기 | 4 |

- **분류번호** : 2102010209_14v2
- **능력단위명칭** : 빵류제품 위생안전관리
- **능력단위정의**

빵류제품 위생안전관리란 완제품의 위생적이고 안전한 제조를 위해서 개인, 환경, 기기, 공정의 위생안전관리를 수행하는 능력이다.

| 능력단위 요소 | 수행준거 |
|---|---|
| 2102010209_14v2.1<br>개인 위생안전관리하기 | 1.1 식품위생법에 준해서 개인위생안전관리 지침서를 만들 수 있다.<br>1.2 식품위생법에 준한 작업복, 복장, 개인건강, 개인위생 등을 관리할 수 있다.<br>1.3 식품위생법에 준한 개인위생으로 발생하는 교차오염 등을 관리할 수 있다.<br>1.4 식중독의 발생 요인과 증상 및 대처방법에 따라 개인위생에 대하여 점검 관리할 수 있다.<br><br>【지 식】<br>ㅇ 식품위생법에 대한 지식<br>ㅇ 개인위생관리에 대한 지식<br>ㅇ 식중독 예방에 대한 지식<br><br>【기 술】<br>ㅇ 종업원 개인청결을 통한 식중독 예방 능력<br>ㅇ 시계, 반지, 팔찌 등 개인 장식품에 의한 오염원 예방 능력<br>ㅇ 손씻기를 통한 개인위생관리 능력<br>ㅇ 작업복, 모자 등 착용으로 인한 오염원 제거 능력<br><br>【태 도】<br>ㅇ 개인위생에 대한 청결한 태도<br>ㅇ 개인위생 오염원 발견 시 적극적인 제거 의지<br>ㅇ 개인위생절치 준수 |

| | |
|---|---|
| 2102010209_14v2.2<br>환경 위생안전관리하기 | 2.1 작업환경 위생안전관리 시 식품위생법규에 따라 작업환경 위생안전관리 지침서를 작성할 수 있다.<br>2.2 작업환경 위생안전관리 시 지침서에 따라 작업장주변 정리 정돈 및 소독 등을 관리 점검할 수 있다.<br>2.3 작업환경 위생안전관리 시 지침서에 따라 제품을 제조하는 작업장 및 매장의 온·습도관리를 통하여 미생물 오염원인, 안전위해요소 등을 제거할 수 있다.<br>2.4 작업환경 위생안전관리 시 지침서에 따라 방충, 방서, 안전 관리를 할 수 있다.<br>2.5 작업환경 위생안전관리 시 지침서에 따라 작업장 주변 환경을 점검 관리할 수 있다.<br><br>【지 식】<br>O 작업장 위생안전에 관한 지식<br>O 미생물에 대한 지식<br>O 방충, 방서관리 방법<br>O 구역별 환경 위생관리 방법<br><br>【기 술】<br>O 문, 창문의 방충망 설치와 해충이 먹을 수 있는 음식물제거 능력<br>O 모든 물품의 바닥에서 15cm, 벽에서 15cm 떨어진 상태로 보관하는 능력<br>O 작업장 내 이물, 거미줄, 먼지, 곰팡이, 응결수 등을 제거하는 능력<br>O 하수시설의 관리 능력<br><br>【태 도】<br>O 작업장환경에 대한 적극적인 위생관리 의지<br>O 작업장환경에 대한 안전성을 고려하는 자세<br>O 작업장환경의 오염원 발견 시 적극적인 제거 의지<br>O 작업장환경의 정리 정돈을 잘하는 자세 |
| 2102010209_14v2.3<br>기기 안전관리하기 | 3.1 기기관리 시 내부안전규정에 따라 기기관리 지침서를 작성할 수 있다.<br>3.2 기기관리 시 지침서에 따라 기자재관리를 할 수 있다.<br>3.3 기기관리 시 지침서에 따라 소도구관리를 할 수 있다.<br>3.4 기기관리 시 지침서에 따라 설비관리를 할 수 있다.<br><br>【지 식】<br>O 기자재 위생관리방법<br>O 소도구 위생관리방법<br>O 설비 위생관리방법<br>O 기기 운용관리방법<br><br>【기 술】<br>O 기자재의 청결유지 및 소독 능력<br>O 소도구의 청결유지 및 소독 능력<br>O 설비 및 기기의 청결유지 및 소독 능력 |

| | |
|---|---|
| | ㅇ 제조업체 관리지침서에 따라 기기 안전성유지 능력<br><br>【태 도】<br>ㅇ 정기적인 기기 안전관리절차 준수<br>ㅇ 제조업체 기기관리 지침서 숙지 태도<br>ㅇ 적극적인 청결유지 및 소독 자세 |
| 2102010209_14v2.4<br>공정 안전관리하기 | 4.1 공정관리 시 내부공정관리규정에 따라 공정관리 지침서를 작성할 수 있다.<br>4.2 공정관리 지침서에 따라 제품설명서를 작성할 수 있다.<br>4.3 공정관리 지침서에 따라 제빵공정도 및 작업장 평면도 등 공정 흐름도를 작성할 수 있다.<br>4.4 공정관리 지침서에 따라 제빵공정별 생물적, 화학적, 물리적 위해요소를 도출할 수 있다.<br>4.5 공정관리 지침서에 따라 제빵공정별 중요 관리점을 도출할 수 있다.<br>4.6 공정관리 지침서에 따라 발효, 굽기, 냉각 등 공정에 대해 한계기준, 모니터링, 개선조치 등이 포함된 관리계획을 작성할 수 있다.<br>4.7 공정별로 작성된 관리계획에 따라 발효, 굽기. 냉각 등 공정을 관리할 수 있다.<br>4.8 공정관리 한계기준 이탈 시 적절한 개선조치를 취할 수 있다.<br><br>【지 식】<br>ㅇ 제품특성에 관한 지식<br>ㅇ 제조공정흐름에 관한 지식<br>ㅇ 공정별 위해요소의 종류와 발생에 관한 지식<br>ㅇ 중요 관리점 관리원칙에 관한 지식<br><br>【기 술】<br>ㅇ 제품설명서, 공정 흐름도 작성을 통한 제품에 대한 정확한 분석 능력<br>ㅇ 제빵공정별 위해요소 도출을 통한 식중독의 발생원인 인식 능력<br>ㅇ 제빵공정별 중요 관리점 도출과 관리계획 작성을 통한 식중독 예방 능력<br>ㅇ 제빵공정별 공정관리 실천을 통한 식중독발생원인 제거 능력<br><br>【태 도】<br>ㅇ 안전한 공정관리절차 준수<br>ㅇ 위해요소에 대한 합리적인 분석 자세<br>ㅇ 위해요소해결에 대한 전문적이고 객관적인 자세<br>ㅇ 공정관리기준에 대한 정확한 수용 태도<br>ㅇ 공정관리에 대한 책임감 있는 자세 |

〈적용범위 및 작업 상황〉

■ 고려사항

- 이 능력단위는 제빵제품의 위생과 안전을 관리하는 모든 업무에 적용한다.
- 개인위생안전이란 머리카락, 손톱, 피부상처 등으로 인하여 식품에 위해가 될 수 있는 것을 방지하고 작업복, 모자, 장갑, 앞치마, 마스크 등의 위생 상태를 관리하는 것을 말한다.
- 환경위생이라 함은 제빵생산과 판매에 필요한 도구, 기기, 작업장, 판매장과 저장고 등 주변의 환경에 의해 식품에 위해 될 수 있는 요인을 미연에 방지하기 위한 주변 환경 위생 관리를 말한다.
- 기기관리라 함은 제빵제조에 필요한 도구, 기기 등을 청결하게 관리하고 고장에 대한 수리까지도 포함하는 것을 말한다.
- 식품위생법이란 대한민국에서는 모든 식품을 제조 시 식품위생법에 준하여 제조할 의무를 가지고 있으며 이를 위반 시 식품위생법에 따른 처벌을 받게 됨을 인식해야 한다.
- 기기관리 지침서라 함은 기기의 생산 출고 시 첨부되어 있는 작동방법과 관리에 대한 지침 등이 표기된 책자를 말한다.
- 기자재란 진열대(상온, 냉동, 냉장 등), POS, 에어컨, 정수기 등을 의미한다.
- 소도구란 집게, 쟁반, 장갑 등을 의미한다.
- 설비란 작업대, 냉동, 냉장기기, 제빙기, 오븐, 믹서기, 각종 틀, 파이롤러 등을 의미한다.
- 작업장에는 원료처리실, 제조가공실, 포장실을 포함한다.
- 작업장 주변 환경에는 설비, 바닥, 벽, 천정, 수도, 하수, 전기, 가스, 조명, 환기, 창고, 화장실, 쓰레기 처리구역, 재활용품 처리방법 등을 포함한다.
- 공정관리란 제빵의 제조공정관리에 필요한 제품설명서와 공정 흐름도를 작성하고 위해요소 분석을 통해 중요 관리점을 결정하며, 결정된 중요 관리점에 대한 세부적인 관리계획을 수립하여 공정관리하는 것을 말한다.

■ 자료 및 관련서류

- 식품위생법규
- 위생안전관리 지침서
- 기기 관련 지침서
- 식품위해요소 중점관리기준

- 제품설명서
- 공정 흐름도
- 위해요소분석표
- 중요 관리점 결정표
- 중요 관리점의 관리계획서
- 중요 관리점 모니터링 양식

■ 장비 및 도구

- 세척 건조기
- 소독기기(자외선 살균기, 알코올 소독기, 에어필터) 등
- 간이 위생검사 장치(미생물 분석기트) 등
- 금속 탐지기
- 온도계 혹은 온도 자동기록 장치
- 습도계 혹은 습도 자동기록 장치
- 방서, 방충 설비
- 컴퓨터
- 세척, 건조, 소독 설비
- 청소도구 및 용품
- 간이 위생검사 장치

■ 재료

- 소독제
- 세정제
- 배지

〈평가지침〉

■ 평가방법

- 평가자는 능력단위 빵류제품 위생안전관리의 수행준거에 제시되어 있는 내용을 평가하기 위해 이론과 실기를 나누어 평가하거나 종합적인 결과물의 평가 등 다양한 평가 방법을 사용할 수 있다.
- 피 평가자의 과정평가 및 결과평가 방법

| 평 가 방 법 | 평 가 유 형 | |
|---|---|---|
| | 과 정 평 가 | 결 과 평 가 |
| A. 포트폴리오 | | |
| B. 문제해결 시나리오 | | |
| C. 서술형 시험 | ✓ | |

| | | |
|---|---|---|
| D. 논술형 시험 | | |
| E. 사례연구 | ✓ | ✓ |
| F. 평가자 질문 | | ✓ |
| G. 평가자 체크리스트 | | ✓ |
| H. 피 평가자 체크리스트 | ✓ | |
| I. 일지/저널 | | |
| J. 역할연기 | | |
| K. 구두발표 | | |
| L. 작업장 평가 | | ✓ |
| M. 기타 | | |

■ 평가 시 고려사항

- **수행준거에 제시되어 있는 내용을 성공적으로 수행할 수 있는지를 평가해야 한다.**
- **평가자는 다음 사항을 평가해야 한다.**

– 식품위생법에 대한 이해 능력

– 개인위생에 대한 이해 능력

– 환경위생에 대한 이해 능력

– 기기관리 및 고장수리에 대한 이해 능력

– 공정관리, 위해요소 및 중요 관리점에 대한 이해 능력

## 〈직업기초능력〉

| 순번 | 직업기초능력 | |
|---|---|---|
| | 주요영역 | 하위영역 |
| 1 | 의사소통능력 | 문서이해, 문서작성능력, 경청능력, 의사표현능력, 기초외국어능력 |
| 2 | 문제해결능력 | 사고력, 문제처리능력 |
| 3 | 대인관계능력 | 팀워크능력, 리더십능력, 갈등관리능력, 협상능력, 고객서비스능력 |
| 4 | 정보능력 | 컴퓨터활용능력, 정보처리능력 |
| 5 | 기술능력 | 기술이해능력, 기술선택능력, 기술적용능력 |

## 〈개발 이력〉

| 구 분 | | 내 용 |
|---|---|---|
| 직무명칭 | | 제빵 |
| 분류번호 | | 2102010209_14v2 |
| 개발연도 | 현재 | 2014 |
| | 최초(1차) | 2006 |
| 버전번호 | | v2 |
| 개 발 자 | 현재 | 대한제과협회 |
| | 최초(1차) | 대한제과협회 |
| 향후 보완 연도(예정) | | 2019 |

| 평가영역 | | 평가문항 | 매우미흡 | 미흡 | 보통 | 우수 | 매우우수 |
|---|---|---|---|---|---|---|---|
| 빵류 제품 위생 안전 관리 | 개인 위생안전관리 하기 | · 식품위생법에 준해서 개인위생안전관리 지침서를 만들 수 있다. | ① | ② | ③ | ④ | ⑤ |
| | | · 식품위생법에 준한 작업복, 복장, 개인건강, 개인위생 등을 관리할 수 있다. | ① | ② | ③ | ④ | ⑤ |
| | | · 식품위생법에 준한 개인위생으로 발생하는 교차오염 등을 관리할 수 있다. | ① | ② | ③ | ④ | ⑤ |
| | | · 식중독의 발생 요인과 증상 및 대처방법에 따라 개인위생에 대하여 점검관리할 수 있다. | ① | ② | ③ | ④ | ⑤ |
| | 환경 위생안전관리 하기 | · 작업환경 위생안전관리 시 식품위생법규에 따라 작업환경 위생안전관리 지침서를 작성할 수 있다. | ① | ② | ③ | ④ | ⑤ |
| | | · 작업환경 위생안전관리 시 지침서에 따라 작업장주변 정리 정돈 및 소독 등을 점검관리할 수 있다. | ① | ② | ③ | ④ | ⑤ |
| | | · 작업환경 위생안전관리 시 지침서에 따라 제품을 제조하는 작업장 및 매장의 온·습도관리를 통하여 미생물 오염원인, 안전위해요소 등을 제거할 수 있다. | ① | ② | ③ | ④ | ⑤ |
| | | · 작업환경 위생안전관리 시 지침서에 따라 방충, 방서, 안전관리를 할 수 있다. | ① | ② | ③ | ④ | ⑤ |
| | | · 작업환경 위생안전관리 시 지침서에 따라 작업장 주변 환경을 점검관리할 수 있다. | ① | ② | ③ | ④ | ⑤ |

| | | | | | | |
|---|---|---|---|---|---|---|
| 기기<br>안전관리하기 | · 기기관리 시 내부안전규정에 따라 기기관리 지침서를 작성할 수 있다. | ① | ② | ③ | ④ | ⑤ |
| | · 기기관리 시 지침서에 따라 기자재관리를 할 수 있다. | ① | ② | ③ | ④ | ⑤ |
| | · 기기관리 시 지침서에 따라 소도구관리를 할 수 있다. | ① | ② | ③ | ④ | ⑤ |
| | · 기기관리 시 지침서에 따라 설비관리를 할 수 있다. | ① | ② | ③ | ④ | ⑤ |
| 공정<br>안전관리하기 | · 공정관리 시 내부공정관리규정에 따라 공정관리 지침서를 작성할 수 있다. | ① | ② | ③ | ④ | ⑤ |
| | · 공정관리 지침서에 따라 제품설명서를 작성할 수 있다. | ① | ② | ③ | ④ | ⑤ |
| | · 공정관리 지침서에 따라 제빵공정도 및 작업장 평면도 등 공정 흐름도를 작성할 수 있다. | ① | ② | ③ | ④ | ⑤ |
| | · 공정관리 지침서에 따라 제빵공정별 생물적, 화학적, 물리적 위해요소를 도출할 수 있다. | ① | ② | ③ | ④ | ⑤ |
| | · 공정관리 지침서에 따라 제빵공정별 중요 관리점을 도출할 수 있다. | ① | ② | ③ | ④ | ⑤ |
| | · 공정관리 지침서에 따라 발효, 굽기, 냉각 등 공정에 대해 한계기준, 모니터링, 개선조치 등이 포함된 관리계획을 작성할 수 있다. | ① | ② | ③ | ④ | ⑤ |
| | · 공정별로 작성된 관리계획에 따라 발효, 굽기. 냉각 등 공정을 관리할 수 있다. | ① | ② | ③ | ④ | ⑤ |
| | · 공정관리 한계기준 이탈 시 적절한 개선조치를 취할 수 있다. | ① | ② | ③ | ④ | ⑤ |

| 2102010209_14v2 빵류제품 위생안전관리 | | | | | | |
|---|---|---|---|---|---|---|
| 진단영역 | 진 단 문 항 | 매우미흡 | 미흡 | 보통 | 우수 | 매우우수 |
| 개인<br>위생안전관리<br>하기 | 1. 나는 식품위생법에 준해서 개인위생안전관리 지침서를 만들 수 있다. | ① | ② | ③ | ④ | ⑤ |
| | 2. 나는 식품위생법에 준한 작업복, 복장, 개인건강, 개인위생 등을 관리할 수 있다. | ① | ② | ③ | ④ | ⑤ |
| | 3. 나는 식품위생법에 준한 개인위생으로 발생하는 교차오염 등을 관리할 수 있다. | ① | ② | ③ | ④ | ⑤ |
| | 4. 나는 식중독의 발생 요인과 증상 및 대처방법에 따라 개인위생에 대하여 점검 관리할 수 있다. | ① | ② | ③ | ④ | ⑤ |

| | | | | | | |
|---|---|---|---|---|---|---|
| 환경<br>위생안전관리<br>하기 | 1. 나는 작업환경 위생안전관리 시 식품위생법규에 따라 작업환경 위생안전관리 지침서를 작성할 수 있다. | ① | ② | ③ | ④ | ⑤ |
| | 2. 나는 작업환경 위생안전관리 시 지침서에 따라 작업장주변 정리 정돈 및 소독 등을 관리 점검할 수 있다. | ① | ② | ③ | ④ | ⑤ |
| | 3. 나는 작업환경 위생안전관리 시 지침서에 따라 제품을 제조하는 작업장 및 매장의 온·습도관리를 통하여 미생물 오염원인, 안전위해요소 등을 제거할 수 있다. | ① | ② | ③ | ④ | ⑤ |
| | 4. 나는 작업환경 위생안전관리 시 지침서에 따라 방충, 방서, 안전 관리를 할 수 있다. | ① | ② | ③ | ④ | ⑤ |
| | 5. 나는 작업환경 위생안전관리 시 지침서에 따라 작업장 주변 환경을 점검 관리할 수 있다. | ① | ② | ③ | ④ | ⑤ |
| 기기<br>안전관리<br>하기 | 1. 나는 기기관리 시 내부안전규정에 따라 기기관리 지침서를 작성할 수 있다. | ① | ② | ③ | ④ | ⑤ |
| | 2. 나는 기기관리 시 지침서에 따라 기자재관리를 할 수 있다. | ① | ② | ③ | ④ | ⑤ |
| | 3. 나는 기기관리 시 지침서에 따라 소도구관리를 할 수 있다. | ① | ② | ③ | ④ | ⑤ |
| | 3. 나는 화재 발생 시 소화기 등을 사용하여 초기에 대응할 수 있다. | ① | ② | ③ | ④ | ⑤ |
| | 4. 나는 기기관리 시 지침서에 따라 설비관리를 할 수 있다. | ① | ② | ③ | ④ | ⑤ |
| 공정<br>안전관리<br>하기 | 1. 나는 공정관리 시 내부공정관리규정에 따라 공정관리 지침서를 작성할 수 있다. | ① | ② | ③ | ④ | ⑤ |
| | 2. 나는 공정관리 지침서에 따라 제품설명서를 작성할 수 있다. | ① | ② | ③ | ④ | ⑤ |
| | 3. 나는 공정관리 지침서에 따라 제빵공정도 및 작업장 평면도 등 공정 흐름도를 작성할 수 있다. | ① | ② | ③ | ④ | ⑤ |
| | 4. 나는 공정관리 지침서에 따라 제과공정별 생물적, 화학적, 물리적 위해요소를 도출할 수 있다. | ① | ② | ③ | ④ | ⑤ |
| | 5. 나는 공정관리 지침서에 따라 제과공정별 중요 관리점을 도출할 수 있다. | ① | ② | ③ | ④ | ⑤ |
| | 6. 나는 공정관리 지침서에 따라 발효, 굽기, 냉각 등 공정에 대해 한계기준, 모니터링, 개선조치 등이 포함된 관리계획을 작성할 수 있다. | ① | ② | ③ | ④ | ⑤ |
| | 7. 나는 공정별로 작성된 관리계획에 따라 발효, 굽기. 냉각 등 공정을 관리할 수 있다. | ① | ② | ③ | ④ | ⑤ |
| | 8. 나는 공정관리 한계기준 이탈 시 적절한 개선조치를 취할 수 있다. | ① | ② | ③ | ④ | ⑤ |

# 식음료영업장 위생안전 관리(3)

| 분류번호 | 능력단위(수준) | 능력단위요소 | 수준 |
|---|---|---|---|
| 1301020108_14v2 | 식음료영업장 위생안전 관리(3) | 01. 개인위생 관리하기 | 3 |
| | | 02. 시설위생 관리하기 | 3 |
| | | 03. 안전관리하기 | 3 |

- **분류번호** : 1301020108_14v2
- **능력단위명칭** : 식음료영업장 위생안전 관리
- **능력단위정의**

식음료영업장 위생안전 관리는 식음료 서비스 활동의 수행에 있어서 필요한 개인위생 점검, 시설위생 관리, 안전관리를 하는 능력이다.

| 능력단위 요소 | 수행준거 |
|---|---|
| 1301020108_14v2.1<br>개인위생 관리하기 | 1.1 규정에 맞는 청결한 복장과 두발을 유지할 수 있다.<br>1.2 손과 손톱을 청결하게 유지할 수 있다.<br>1.3 규정에 맞는 액세서리 기준을 유지할 수 있다.<br>1.4 지나친 향수 사용을 삼가고 고객에게 불편을 끼칠 수 있는 불쾌한 냄새가 나지 않게 할 수 있다.<br>1.5 근무 중 흡연, 음주, 취식, 약물복용에 대해 규정에 따를 수 있다.<br>1.6 정기적인 의료검진을 받을 수 있다.<br><br>【지 식】<br>ㅇ 사내 위생 및 용모 규정<br><br>【기 술】<br>ㅇ 개인 유니폼 관리 능력<br>ㅇ 개인위생 관리 능력<br><br>【태 도】<br>ㅇ 청결을 유지하려는 태도<br>ㅇ 용모 단정<br>ㅇ 위해 요소를 사전에 방지하려는 노력 |

<table>
<tr><td>1301020108_14v2.2<br>시설위생 관리하기</td><td>2.1 공중위생 관련 법률 기준 및 지침에 따라 작업장 위생을 점검·확인할 수 있다.<br>2.2 위생상의 미흡한 사항 및 규정 위반을 지적하고 개선할 수 있다.<br>2.3 지침의 변경 등과 같은 변동 사항을 통지, 교육하고 그 반응을 확인할 수 있다.<br>2.4 위생에 관련된 경영자 및 행정 당국 등의 보고, 점검, 확인할 수 있다.<br>2.5 청결을 조직적으로 수행하기 위해서 일정별 영업장의 정리정돈 상태를 점검 할 수 있다.<br><br>【지 식】<br>ㅇ 시설 위생관리 매뉴얼<br>ㅇ 자외선 살균기 사용법<br><br>【기 술】<br>ㅇ 세척제 사용 기술<br>ㅇ 자외선 살균기 사용 기술<br>ㅇ 기물 및 비품의 정리 정돈<br><br>【태 도】<br>ㅇ ~~위생규정 준수~~<br>ㅇ 위생기기 사용설명서 준수<br>ㅇ 세척제 사용법 준수<br>ㅇ 기물 사용 설명서 준수</td></tr>
<tr><td>1301020108_14v2.3<br>안전관리하기</td><td>3.1 산업안전관련 법률 기준 및 지침에 따라 작업장 안전을 점검·확인할 수 있다.<br>3.2 안전에 관련된 위험요소 및 규칙 위반을 지적하고 개선할 수 있다.<br>3.3 응급상황이 발생했을 때 응급조치를 취하고 인원을 통제할 수 있다.<br><br>【지 식】<br>ㅇ 안전수칙 매뉴얼<br>ㅇ 접객시설의 사고와 예방<br>ㅇ 응급 시의 행동지침<br>ㅇ 소방안전 관련 지식<br>ㅇ 인사사고처리 절차에 관한 지식<br><br>【기 술】<br>ㅇ 소방 시설 점검 능력<br>ㅇ 전기 상태 점검 능력<br>ㅇ 안전수칙 이행 능력<br>ㅇ 응급조치 능력<br><br>【태 도】<br>ㅇ 안전수칙 매뉴얼 준수<br>ㅇ 사고를 예방하기 위한 의지<br>ㅇ 안전 점검을 위한 세심하고 주의 깊은 태도</td></tr>
</table>

〈적용범위 및 작업 상황〉

■ 고려사항

- 이 능력단위는 위생안전 관리에 적용된다.
- 이 능력단위에서 관련법령 및 규정을 식품위생법, 동법 시행규칙을 포함한 규정을 의미한다.
- 개인위생 관리는 전반적인 몸의 청결, 유니폼의 관리, 구두와 양말, 악세서리 착용, 손톱 등의 관리가 포함된다.
- 시설위생 관리는 전반적인 청결상태와 위생을 말하며, 테이블과 의자, 창문, 바닥, 상품, 진열장, 수납공간, 화장실 등 모든 부분을 포함된다.
- 안전관리는 불필요한 이물질의 혼입, 병원균의 오염을 사전에 차단하여 안전성을 확보하고 위급상황으로부터 영업장을 안전하게 보호 관리하는 것을 말한다.
- 응급상황이란 식음료 영업장에서 발생할 수 있는 화재, 화상, 베임 사고, 낙상 등 긴급을 요하는 상황을 말한다.
- 응급조치에는 심폐소생술, 하임리히법, 지혈법 등이 있다.

■ 자료 및 관련서류

- 식품위생법 등 관련 법규
- 식음료 영업장 위생 및 안전수칙 매뉴얼
- 복장 및 용모 체크리스트
- 자외선 살균기 등 위생기기 사용설명서
- 개인위생 관련 세부 지침
- 응급조치 요령
- 식품위생법(식품관련 영업자 등에 대한 위생교육 지침)
- 건강관리수첩
- 시설물 배치도

■ 장비 및 도구

- 위생기기 : 자외선 살균기, 세척기, 정수필터 등

- 개인위생 관련 : 손 세정대, 핸드 드라이기, 자동 손 소독기 등

■ 재료

- 손 세정액
- 구급약품

## 〈평가지침〉

■ 평가방법

- 평가자는 능력단위 식음료 영업장 위생 안전 관리의 수행준거에 제시되어 있는 내용을 평가하기 위해 이론과 실기를 나누어 평가하거나 종합적인 결과물의 평가 등 다양한 평가 방법을 사용할 수 있다.
- 피 평가자의 과정평가 및 결과평가 방법

| 평 가 방 법 | 평 가 유 형 | |
|---|---|---|
| | 과 정 평 가 | 결 과 평 가 |
| A. 포트폴리오 | | |
| B. 문제해결 시나리오 | | |
| C. 서술형 시험 | | ✓ |
| D. 논술형 시험 | | |
| E. 사례연구 | ✓ | ✓ |
| F. 평가자 질문 | ✓ | ✓ |
| G. 평가자 체크리스트 | ✓ | ✓ |
| H. 피 평가자 체크리스트 | | |
| I. 일지/저널 | | |
| J. 역할연기 | ✓ | |
| K. 구두발표 | | |
| L. 작업장 평가 | | |
| M. 기타 | | |

■ 평가 시 고려사항

- 수행준거에 제시되어 있는 내용을 성공적으로 수행할 수 있는지를 평가해야 한다.
- 평가자는 다음 사항을 평가해야 한다.
  - 위생관리 규정 파악능력
  - 시설물 배치도 파악능력
  - 비품현황 파악능력
  - 각종 세척제의 종류파악, 사용능력
  - 자외선 살균기 등 위생기기의 종류파악, 사용능력
  - 영업장의 기물의 종류와 청결 방법 습득능력
  - 기물류별 세척방법 습득능력
  - 개인위생 관련 기기의 종류와 사용방법 습득능력
  - 응급조치 능력

〈직업기초능력〉

| 순번 | 직업기초능력 | |
|---|---|---|
| | 주요영역 | 하위영역 |
| 1 | 의사소통능력 | 문서이해능력, 문서작성능력, 의사표현능력, 경청능력, 기초외국어능력 |
| 2 | 문제해결능력 | 사고력, 문제처리능력 |
| 3 | 조직이해능력 | 국제감각, 조직체제이해능력, 경영이해능력, 업무이해능력 |
| 4 | 대인관계능력 | 팀워크능력, 리더십능력, 갈등관리능력, 협상능력, 고객서비스능력 |
| 5 | 기술능력 | 기술이해능력, 기술선택능력, 기술적용능력 |

〈개발 이력〉

| 구분 | | 내용 |
|---|---|---|
| 직무명칭 | | 식음료접객 |
| 분류번호 | | 1301020108_14v2 |
| 개발연도 | 현재 | 2014 |
| | 최초(1차) | 2006 |

| 버전번호 | | v2 |
|---|---|---|
| 개 발 자 | 현재 | 한국서비스산업진흥원 |
| | 최초(1차) | 한국산업인력공단 |
| 향후 보완 연도(예정) | | 2017~2019 |

| 주 요 업 무 | 책임 및 역할 |
|---|---|
| 개인위생 관리하기 | · 규정에 맞는 청결한 복장과 두발을 유지한다.<br>· 손과 손톱을 청결하게 유지한다.<br>· 규정에 맞는 액세서리 기준을 유지한다.<br>· 지나친 향수 사용을 삼가고 고객에게 불편을 끼칠 수 있는 불쾌한 냄새가 나지 않게 한다.<br>· 근무 중 흡연, 음주, 취식을 금지한다.<br>· 정기적인 의료검진을 받는다. |
| 시설위생 관리하기 | · 공중위생 관련 법률 기준 및 지침에 따라 작업장 위생을 점검·확인한다.<br>· 위생상의 미흡한 사항 및 규정 위반을 지적하고 개선한다.<br>· 지침의 변경 등과 같은 변동 사항을 통지, 교육하고 그 반응을 확인한다.<br>· 위생에 관련 사항을 경영자 및 관련기관에 보고한다.<br>· 청결을 조직적으로 수행하기 위해서 일정별 영업장의 정리정돈 상태를 점검한다. |
| 안전관리하기 | · 산업안전관련 법률 기준 및 지침에 따라 작업장 안전을 점검·확인한다.<br>· 안전에 관련된 위험요소 및 규칙 위반을 지적하고 개선한다.<br>· 응급상황이 발생했을 때 응급조치를 취하고 인원을 통제한다. |

| 평 가 영 역 | | 평 가 문 항 | 매우미흡 | 미흡 | 보통 | 우수 | 매우우수 |
|---|---|---|---|---|---|---|---|
| | 개인 위생안전관리 하기 | · 규정에 맞는 청결한 복장과 두발을 유지할 수 있다. | ① | ② | ③ | ④ | ⑤ |
| | | · 손과 손톱을 청결하게 유지할 수 있다. | ① | ② | ③ | ④ | ⑤ |
| | | · 규정에 맞는 액세서리 기준을 유지할 수 있다. | ① | ② | ③ | ④ | ⑤ |
| | | · 지나친 향수 사용을 삼가고 고객에게 불편을 끼칠 수 있는 불쾌한 냄새가 나지 않게 할 수 있다. | ① | ② | ③ | ④ | ⑤ |

| | | | | | | | |
|---|---|---|---|---|---|---|---|
| 식음료 영업장 위생 안전 관리 | | · 근무 중 흡연, 음주, 취식, 약물복용에 대해 규정에 따를 수 있다. | ① | ② | ③ | ④ | ⑤ |
| | | · 정기적인 의료검진을 받을 수 있다. | ① | ② | ③ | ④ | ⑤ |
| | 시설위생 관리하기 | · 공중위생 관련 법률 기준 및 지침에 따라 작업장 위생을 점검·확인할 수 있다. | ① | ② | ③ | ④ | ⑤ |
| | | · 위생상의 미흡한 사항 및 규정 위반을 지적하고 개선할 수 있다. | ① | ② | ③ | ④ | ⑤ |
| | | · 지침의 변경 등과 같은 변동 사항을 통지, 교육하고 그 반응을 확인할 수 있다. | ① | ② | ③ | ④ | ⑤ |
| | | · 위생에 관련된 경영자 및 행정 당국 등의 보고, 점검, 확인할 수 있다. | ① | ② | ③ | ④ | ⑤ |
| | | · 청결을 조직적으로 수행하기 위해서 일정별 영업장의 정리정돈 상태를 점검 할 수 있다. | ① | ② | ③ | ④ | ⑤ |
| | 영업장 점검하기 | · 산업안전관련 법률 기준 및 지침에 따라 작업장 안전을 점검·확인할 수 있다. | ① | ② | ③ | ④ | ⑤ |
| | | · 안전에 관련된 위험요소 및 규칙 위반을 지적하고 개선할 수 있다. | ① | ② | ③ | ④ | ⑤ |
| | | · 응급상황이 발생했을 때 응급조치를 취하고 인원을 통제할 수 있다. | ① | ② | ③ | ④ | ⑤ |

| 1301020108_14v2 식음료영업장 위생안전 관리 | | | | | | |
|---|---|---|---|---|---|---|
| 진단영역 | 진 단 문 항 | 매우미흡 | 미흡 | 보통 | 우수 | 매우우수 |
| 개인위생 관리하기 | 1. 나는 식품위생법에 준해서 개인위생안전관리 지침서를 만들 수 있다. | ① | ② | ③ | ④ | ⑤ |
| | 2. 나는 식품위생법에 준한 작업복, 복장, 개인건강, 개인위생 등을 관리할 수 있다. | ① | ② | ③ | ④ | ⑤ |
| | 3. 나는 식품위생법에 준한 개인위생으로 발생하는 교차오염 등을 관리할 수 있다. | ① | ② | ③ | ④ | ⑤ |
| | 4. 나는 식중독의 발생 요인과 증상 및 대처방법에 따라 개인위생에 대하여 점검 관리할 수 있다. | ① | ② | ③ | ④ | ⑤ |
| | 5. 나는 근무 중 흡연, 음주, 취식, 약물복용에 대해 규정에 따를 수 있다. | ① | ② | ③ | ④ | ⑤ |
| | 6. 나는 정기적인 의료검진을 받을 수 있다. | ① | ② | ③ | ④ | ⑤ |

| | | | | | | |
|---|---|---|---|---|---|---|
| 시설위생 관리하기 | 1. 나는 공중위생 관련 법률 기준 및 지침에 따라 작업장 위생을 점검·확인할 수 있다. | ① | ② | ③ | ④ | ⑤ |
| | 2. 나는 위생상의 미흡한 사항 및 규정 위반을 지적하고 개선할 수 있다. | ① | ② | ③ | ④ | ⑤ |
| | 3. 나는 지침의 변경 등과 같은 변동 사항을 통지, 교육하고 그 반응을 확인할 수 있다. | ① | ② | ③ | ④ | ⑤ |
| | 4. 나는 위생에 관련된 경영자 및 행정 당국 등의 보고, 점검, 확인할 수 있다. | ① | ② | ③ | ④ | ⑤ |
| | 5. 나는 청결을 조직적으로 수행하기 위해서 일정별 영업장의 정리정돈 상태를 점검할 수 있다. | ① | ② | ③ | ④ | ⑤ |
| 영업장 점검하기 | 1. 나는 산업안전관련 법률 기준 및 지침에 따라 작업장 안전을 점검·확인할 수 있다. | ① | ② | ③ | ④ | ⑤ |
| | 2. 나는 안전에 관련된 위험요소 및 규칙 위반을 지적하고 개선할 수 있다. | ① | ② | ③ | ④ | ⑤ |
| | 3. 나는 응급상황이 발생했을 때 응급조치를 취하고 인원을 통제할 수 있다. | ① | ② | ③ | ④ | ⑤ |

## 바텐더직무 위생관리

- **분류번호** : 1301020401_13v1
- **능력단위명칭** : 바텐더직무 위생관리
- **능력단위정의**

위생관리란 바(bar)를 청결하게 하고 기물, 개인위생관리, 용모 및 복장을 단정하게 하는 능력이다.

| 능력단위 요소 | 수행준거 |
|---|---|
| 1301020401_13v1.1<br>바(bar)<br>청결 유지·관리하기 | 1.1 바(bar)의 청결을 위해서 구역별 청결담당자를 지정할 수 있다.<br>1.2 바(bar)의 청결을 조직적으로 수행하기 위해서 일정별 홀, 바의 청결, 정리정돈을 할 수 있다.<br>1.3 바(bar)의 청결유지를 위해서 영업종료 시 정리정돈, 청결상태를 확인할 수 있다.<br><br>【지 식】<br>ㅇ 세척제 사용법<br>ㅇ 자외선 살균기 사용법<br><br>【기 술】<br>ㅇ 세척제 사용 기술<br>ㅇ 자외선 살균기 사용 기술<br><br>【태 도】<br>ㅇ 위생규정 준수<br>ㅇ 위생기기 사용설명서 준수 |
| 1301020401_13v1.2<br>바(bar) 기물<br>위생 관리하기 | 2.1 바(bar) 기물 위생을 위해서 칵테일 조주기구의 살균 소독을 할 수 있다.<br>2.2 재료의 위생적 보관을 위해서 냉장고, 제빙기, 정수기 청결을 유지할 수 있다.<br>2.3 음료의 위생적 보관을 위해서 음료 진열장의 청결을 유지할 수 있다.<br>2.4 기물, 기구의 위생관리를 위해서 언더 바, 수납공간을 정리정돈 할 수 있다.<br><br>【지 식】<br>ㅇ 조주기구별 세척 방법<br>ㅇ 세척제 사용법<br>ㅇ 음료진열장, 언더 바, 수납공간의 비품 현황표<br><br>【기 술】<br>ㅇ 세척제 사용 기술<br>ㅇ 바(bar) 기물 및 비품의 정리 정돈<br><br>【태 도】<br>ㅇ 위생 기준 준수<br>ㅇ 바(bar) 기물 사용 설명서 준수<br>ㅇ 세척제 사용법 준수 |

| | |
|---|---|
| 1301020401_13v1.3<br>개인위생 관리하기 | 3.1 근무하기 전에 청결한 유니폼을 항상 착용할 수 있다.<br>3.2 이물질에 의한 오염을 막기 위해서 음료를 만들 때 손을 항상 청결하게 유지할 수 있다.<br>3.3 법정 전염병이나 전염성 피부염 등이 있을 경우 근무가 불가하므로 정기적인 건강진단을 받고, 보건증을 발급받을 수 있다.<br><br>【지 식】<br>○ 개인 유니폼에 대한 위생관리 방법<br>○ 개인 용모에 대한 위생관리 방법<br>○ 위해 요소에 대한 지식<br><br>【기 술】<br>○ 개인 유니폼 위생 관리 능력<br>○ 개인 용모 위생 관리 능력<br>○ 응급조치 능력<br><br>【태 도】<br>○ 위생관리를 통한 안전한 서비스를 제공하려는 노력<br>○ 식품의 오염경로를 사전 차단하려는 의지<br>○ 위해 요소를 사전에 방지하려는 노력 |

## 〈적용범위 및 작업 상황〉

### ■ 고려사항

- 이 능력단위는 공중위생과 개인위생에 적용된다.
- 공중위생은 전반적인 청결상태와 위생을 말하며, 테이블과 의자, 창문, 바닥, 상품, 바(bar) 카운터, 진열장, 수납공간, 화장실 등 모든 부분이 포함된다.
- 개인위생은 몸의 청결, 머리의 청결, 유니폼의 관리, 구두와 양말, 화장, 액세서리 착용, 손톱 등의 관리가 포함된다.
- 바(bar) 기물은 냉장고, 제빙기, 세척기, 정수기 등을 비롯하여 칵테일 조주를 위해 필요한 기구와 비품을 포함한다.
- 위생관리란 불필요한 이물질의 혼입, 병원균의 오염을 사전에 차단하여 안전성을 확보하기 위한 수단을 말한다.

## ■ 자료 및 관련서류

- 시설물 배치도
- 비품 현황표
- 청소 매뉴얼
- 세척제 사용설명서
- 자외선 살균기 등 위생기기 사용설명서
- 기물별, 기구별 세척법
- 개인위생 관련 세부 지침
- 응급조치 요령
- 식품위생법(식품관련 영업자 등에 대한 위생교육 지침)
- 보건증

## ■ 장비 및 도구

- 위생기기 : 자외선 살균기, 세척기, 정수필터 등
- 청소도구 : 장갑, 솔, 브러시, 걸레, 쓰레기통 등
- 개인위생 관련 : 손 세정대, 핸드 드라이기, 자동 손 소독기 등
- 구급약상자

## ■ 재료

- 살균제
- 세척제

### 〈평가지침〉

## ■ 평가방법

- 평가자는 능력단위 위생관리의 수행준거에 제시되어 있는 내용을 평가하기 위해 이론과 실기를 나누어 평가하거나 종합적인 결과물의 평가 등 다양한 평가 방법을 사용할 수 있다.
- 피 평가자의 과정평가 및 결과평가 방법

| 평 가 방 법 | 평 가 유 형 | |
|---|---|---|
| | 과 정 평 가 | 결 과 평 가 |
| A. 포트폴리오 | | |
| B. 문제해결 시나리오 | | |
| C. 서술형 시험 | | |
| D. 논술형 시험 | | |
| E. 사례연구 | | |
| F. 평가자 질문 | | |
| G. 평가자 체크리스트 | | ✓ |
| H. 피 평가자 체크리스트 | ✓ | |
| I. 일지/저널 | ✓ | |
| J. 역할연기 | | |
| K. 구두발표 | | |
| L. 직입징 평가 | ✓ | ✓ |
| M. 기타 | | |

■ 평가 시 고려사항

- **수행준거에 제시되어 있는 내용을 성공적으로 수행할 수 있는지를 평가해야 한다.**
- **평가자는 다음 사항을 평가해야 한다.**
  - 위생관리 규정 파악능력
  - 시설물 배치도 파악능력
  - 비품현황 파악능력
  - 각종 세척제의 종류파악, 사용능력
  - 자외선 살균기 등 위생기기의 종류파악, 사용능력
  - 바(bar) 기물의 종류와 청결 방법 습득능력
  - 칵테일 조주기구별 세척방법 습득능력
  - 개인위생 관련 기기의 종류와 사용방법 습득능력
  - 항목별 체크리스트 작성능력

## 〈직업기초능력〉

| 순번 | 직업기초능력 | |
|---|---|---|
| | 주요영역 | 하위영역 |
| 1 | 의사소통능력 | 문서이해능력, 문서작성능력, 경청능력, 의사표현능력, 기초외국어능력 |
| 2 | 문제해결능력 | 사고력, 문제처리능력 |
| 3 | 자원관리능력 | 시간자원관리능력, 예산자원관리능력, 물적자원관리능력, 인적자원관리능력 |
| 4 | 대인관계능력 | 팀워크능력, 리더십능력, 갈등관리능력, 협상능력, 고객서비스능력 |
| 5 | 기술능력 | 기술이해능력, 기술선택능력, 기술적용능력 |

## 〈개발 이력〉

| 구분 | | 내용 |
|---|---|---|
| 직무명칭 | | 바텐더 |
| 분류번호 | | 1301020401_13v1 |
| 개발연도 | 현재 | 2013 |
| | 최초(1차) | 2013 |
| 버전번호 | | v1 |
| 개 발 자 | 현재 | (사)한국서비스산업진흥원<br>(주)미래융합연구소 |
| | 최초(1차) | (사)한국서비스산업진흥원<br>(주)미래융합연구소 |
| 향후 보완 연도(예정) | | 2018 |

# 참고문헌


- Marriot, N. G. & Gravani, R. B., Principles of Food Sanitation, 5th ed., New York : Spring, 2012.
- McSwane, D., Rue, N. R., & Linton, R., Essentials of Food Safety & Sanitation, Prentice Hall : NJ, 2003.
- National Restaurant Association, ServSafe Coursebook 2nd ed., 2002.
- National Restaurant Association, ServSafe Employee Guide, 2004.
- Payne-Palacio J. & Theis M., Foodservice Management Principles and Practicies 13th Ed., Pearson, 2016
- Rue, N. R. & William, A. G., Quick Reference to Food Safety & Sanitation, Prentice Hall : NJ, 2003.

- 대한영양사협회, 영양사 식품위생교육, 2013.
- 식품의약품안전처, HACCP제도, 2013.
- 양일선, 이보숙, 차진아, 한경수, 채인숙, 이진미, 개정판 단체급식, 교문사, 2013.
- 국가직무능력표준(www.ncs.go.kr)
- 식품의약품안전처(www.mfds.go.kr)
- 식품안전정보포털(www.foodsafetykorea.go.kr)

# 찾아보기

## ㅅ



## ㅇ

## ㅈ

## B



## C



## D



## E



## F



## G



## L



## M

## N



## O



## P



## R



## S



## T



## V



## W



## Y

## 이진미

- 연세대학교 식품영양학과(학사)
- Kansas State University, Hotel, Restaurant, Institution Management & Dietetics(M.S)
- Kansas State University, Hotel, Restaurant, Institution Management & Dietetics(Ph.D)
- 한국식생활문화학회 상임이사, 한국식품조리과학회 상임이사,
  한국가정학회 평이사, 한국급식 · 외식위생학회 평이사,
  대한지역사회영양학회 평의원, 대한영양사협회 교육위원회 위원
- 현) 백석문화대학교 외식산업학부/ 식품영양과 교수
- **저서**
  조리체계론 (공저, 2002)
  단체급식 (공저, 2003)
  개정판 단체급식 (공저, 2008)
  외식원가관리 (2009)
  개정증보 외식원가관리 (2010)
  제3판 단체급식 (공저, 2011)
  NCS 기반 외식원가관리 개정3판 (2016)

현장실무에서 관리자들이 꼭 알아야 할 NCS 기반

# 식품위생관리

| | |
|---|---|
| 발 행 일 | 2010년 3월 2일 초 판 인쇄 |
| | 2013년 3월 4일 개정판 발행 |
| | 2014년 3월 4일 2개정판 발행 |
| | 2016년 2월 15일 3개정판 발행 |
| 지 은 이 | 이 진 미 |
| 발 행 인 | 김 홍 용 |
| 펴 낸 곳 | **도서출판 효일** |
| 디 자 인 | 에스디엠 |
| 주 소 | 서울시 동대문구 용두동 102-201 |
| 전 화 | 02) 460-9339 |
| 팩 스 | 02) 927-7703 |
| 홈페이지 | www.hyoilbooks.com |
| Email | hyoilbooks@hyoilbooks.com |
| 등 록 | 1987년 11월 18일 제6-0045호 |
| ISBN | 978-89-8489-345-0 |



값 23,000원